KB081781

미술관에
간
의학자

| 일러두기 |

- 본문에 등장하는 인명의 영문명 및 생몰연도를 첨자 스타일로 국문명과 함께 표기하였다.
  (예 : 레오나르도 다 빈치Leonardo da Vinci, 1452~1519)
- 미술이나 영화 작품 및 시는 〈 〉로 묶고, 단행본은 『 』, 논문이나 정기간행물은 「 」로 묶었다.
- 본문 뒤에 작품과 인명 색인을 두어, 작가명 또는 가나다 순으로 작품과 인명을 찾아볼 수 있도록 하였다.
- 인명, 지명의 한글 표기는 원칙적으로 외래어표기법을 따랐으나, 일부는 통용되는 방식을 따랐다.
- 미술 작품 정보는 '작가명, 작품명, 제작연도, 기법, 크기, 소장처' 순으로 표시하였다.
- 작품의 크기는 세로×가로로 표기하였다.

미술관에 간 의학자

의학의 눈으로 명화를 해부하다

박광혁 지음

어바웃어북

|개정판 머리말|

타인의 고통에 응답하는 공부

7년 전 이 책의 서문을 쓸 때가 떠오릅니다. 의학자의 시선으로 미술 작품을 해부하려는 시도를 독자들이 외면하면 어쩌나, 솔직히 걱정이 앞섰습니다. 그날 제 마음을 무겁게 했던 생각들은 다행히 기우가 되어, 이렇게 또 서문을 쓰고 있습니다. 많은 책이 독자의 눈길 한 번 받아보지 못하고 사라지는 게 예삿일이 되어버린 시대에, 개정증보판이라니요. 다 독자 여러분 덕입니다. 감사하고 또 감사합니다.

개정증보판을 준비하며 책을 다시 읽다가, 페스트 편 앞에서 만감이 교차했습니다. 페스트는 쥐에 기생하는 벼룩이 페스트균을 옮겨 발생하는 급성 열성 전염병입니다. 감염 시 신체 말단이 괴사하면서 피부와 근육이 검게 변해서 '흑사병'이라고도 부릅니다. 책을 쓸 당시 저에게 페스트는 현실적인 울림이 없는 병명이었습니다. 페스트를 책과 논문 등을 통해서만 접했을 뿐, 전염병에 대한 공포가 삶을 지배하는 시대를 살아본 적이 없었기 때문입니다. 그런데 코로나19라는 전대미문의 전염병을 겪고 보니, 이 짧은 병명에 담긴 고통의 무게가 비로소 실감이 납니다.

의학은 타인의 고통에 응답하는 학문입니다. 의학의 대상이 질병의 고통으로 신음하는 인간이기 때문입니다. 환자와 소통하고 그들의 아픔을 이해하는 공감력이야말로, 의사에게 가장 중요한 능력입니다. 그런 점에서 화가가 예민한 감수성으로 포착한 작품을 감상하는 일은 공감력을 기르는 좋은 훈련입니다.

개정 작업은 우리 삶에 미치는 영향력이나 중요성에도 불구하고 우리가 홀대한 존재들을 짚어보는 데서 출발하기로 했습니다. 바로 인간의 피를 빨아먹고 사는 작지만 치명적인 생물 이야기입니다. 벼룩, 빈대, 이, 모기. 이름만 들어도 몸이 근질근질해지는 외부기생충들인데요. 인류는 번번이 이 작은 존재들에 무릎을 꿇곤 했습니다. 중세 시대는 벼룩이 옮긴 페스트로 막을 내렸고, 호모사피엔스의 출현 이래 인류의 절반가량이 모기에 목숨을 잃었습니다.

'몸이 천 냥이면 눈은 구백 냥'이라는 속담이 있을 정도로, 눈은 매우 중요한 신체 기관입니다. 눈은 다른 기관과 달리 한 번 손상되면 이전 상태를 회복하기 어렵습니다. 그러나 안과검진을 정기적으로 받으며 눈 건강을 챙기는 사람이 얼마나 될까요. 측두동맥염, 당뇨망막병증 등 실명에 이를 수 있는 눈 질환을 새롭게 살펴봅니다. '제2의 눈' 안경도 함께요.

개정 작업 과정에서 150여 개에 이르는 미술 작품 도판을 전면 교체했습니다. 실제 작품과 색감이 유사하며 질감이 느껴질 만큼 해상도 높은 도판으로 바꿨습니다. 교체한 도판은 최첨단 진단 장비만큼 또렷하게 질병의 징후를 투영할 것입니다.

『미술관에 간 의학자』가 시간을 견디고 살아남아 새옷을 갈아입고 여러분 앞에 다시 섰습니다. 부디 이 책이 더 많은 독자와 공명할 수 있기를 바랍니다.

| 머리말 |

청진기를 들고 명화와 의학의 숨결을 듣다

수만 갈래의 삶을 보듬는 그림 한 점의 힘

대학 시절 아르바이트로 돈을 모아 유럽으로 배낭여행을 떠났습니다. 화집으로만 본 수많은 명화를 직접 볼 수 있다는 설렘에 며칠 밤을 잠도 못 자고 들떠 있었지요. 지도와 함께 직접 만든 '꼭 봐야 할 명화 목록'을 챙겨 미술관 순례에 나섰습니다. 루브르박물관에 발을 들인 순간부터 입을 다물 수 없었습니다. 〈사모트라케의 승리의 여신상〉, 〈모나리자〉, 〈마담 레카미에〉, 〈호라티우스 형제의 맹세〉 등. 명작의 폭포 아래에서 두근거리는 가슴을 억누르느라 어지러울 지경이었습니다.

그러다 들라크루아Eugene Delacroix, 1798~1877의 〈민중을 이끄는 자유의 여신〉 앞에서서 저도 모르게 왈칵 눈물을 쏟고 말았습니다. 〈민중을 이끄는 자유의 여신〉은 가로 325센티미터, 세로 260센티미터에 이르는 대작으로, 드넓은 루브르박물관에서도 돋보이는 작품입니다. 이 작품은 1830년 7월 프랑스에서 발발한 '7월 혁명'을 그리고 있습니다. '7월혁명'은 출판과 언론의 자유 제한, 의회 해산, 선거권 제한을 골자로 하는 '7월 칙령' 선포에 프티 부르주아 · 노동자 · 학생 등 파리 민중이 바리케이트를 치고 군대와 맞서며 시작되었습니다. 프랑스 역사의 한 장면을 포착한 그림 앞에서 저는 오래전 그날의 기억이 떠올랐습니다.

1987년 6월, 고등학생이었던 저는 혼자 신촌으로 볼일을 보러 나갔습니다. 신

촌은 인도와 도로 가릴 것 없이 성난 사람들이 가득했습니다. 전경들이 쉴 새 없이 쏘는 최루탄 때문에 눈물이 줄줄 흐르고 숨쉬기도 어려웠습니다. 밀려오는 인파에 휩쓸리다 보니, 어느 순간 제가 시위의 중심에 서 있다는 걸 알았습니다. 어서 빨리 이 자리를 피해야겠다는 생각밖에 없던 제 앞에서, 한 청년이 피를 흘리며 쓰러졌습니다. 저는 너무나 무서워 뒤도 돌아보지 않고 아현동 방면으로 달리고 또 달렸습니다. 그리고 한 달 후 신문을 통해 청년의 이름을 알게 되었습니다. 이한열. 제 눈앞에서 피 흘리며 쓰러진 청년의 이름입니다.
민주화를 외치며 신촌 거리를 가득 메웠던 사람들과 피 흘리며 쓰러진 청년, 그리고 영문도 모른 채 시위의 중심부까지 휩쓸려갔다가 잔뜩 겁을 먹고 도망치던 제 모습이 〈민중을 이끄는 자유의 여신〉 안에 있었습니다. 이 그림 앞에서 눈물을 토해낸 이후 그 날을 떠올려도 더는 두렵지 않았습니다.
한 점의 그림은 수만 갈래의 삶을 보듬고 위로합니다. 때로는 한 점의 그림에서 오랜 상처를 치유할 처방전을 얻기도 합니다. 이것이 의사인 제가 그림에 매료된 이유일 것입니다.

의학과 미술의 공통분모, 인간

아주 상반된 분야처럼 느껴지는 의학과 미술은 '인간'이라는 커다란 공통분모를 가지고 있습니다. 의학과 미술의 대상은 생로병사를 겪는 인간입니다. 다 빈치Leonardo da Vinci, 1452~1519의 〈인체 비례도〉처럼 신체적 완전성을 담고 있는 그림이 있는가 하면, 고야Francisco de Goya, 1746~1828의 〈디프테리아〉처럼 질병에 신음하는 인간의 모습을 그린 그림이 있습니다.

브뢰헬Pieter Bruegel, 1525~1569의 〈맹인을 이끄는 맹인〉처럼 엑스레이와 CT 스캐너 같은 의료 장비보다 병세를 더 상세하게 투영하는 그림도 있습니다. 캔버스에 청진기를 대고 귀 기울이면 삶과 죽음 사이 어딘가에 서 있는 인간의 이야기가 들려옵니다. 진료실 문을 두드리는 환자들의 이야기와 결코 다르지 않습니다.

한 점의 그림은 보는 이에 따라 전혀 다른 이야기를 들려줍니다. 어떤 이에게 그림은 당시의 삶을 되짚어 볼 수 있는 사료 역할을 하고, 어떤 이에게는 화학적 분석 대상이 되기도 합니다. 의사인 제게 있어 그림은 인간의 신체와 정신적 완전성을 추구하는, 즉 건강하게 살고자 노력하는 '인간의 기록'입니다. 의학의 눈으로 명화를 보면 그림에 대한 새로운 해석의 길이 열립니다.

로트레크Henri de Toulouse-Lautrec, 1864~1901의 〈커피포트〉라는 정물화가 있습니다. 주둥이가 짧은 커피포트를 거친 붓 터치로 묘사한 그림입니다. 의학의 눈으로 보면 이 작품은 로트레크의 자화상입니다. 유전병으로 성장을 멈춘 짧은 다리와 그에 걸맞지 않게 큰 머리와 통통한 몸, 로트레크는 커피포트의 모습을 빌려 캔버스에 자신의 몸을 그렸습니다.

영국 국왕 제임스 1세JamesI, 1566~1625의 부인 앤Anne of Denmark, 1574~1619 왕비를 그린 작자 미상의 초상화는 의학적으로 많은 것을 시사합니다. 앤 왕비는 화려한 장식의 검은 상복으로 몸을 가리고 있지만 통통합니다. 두 볼은 발그레하게 홍조를 띠고 있고, 눈썹 바깥쪽 3분의 1이 매우 희미합니다. 전형적인 갑상샘

기능저하증 증세입니다.

절망 가득한 표정으로 입원했던 환자가 건강해져 환하게 웃으며 퇴원하는 모습을 보면 보람을 느끼고, 속절없이 꺼져가는 생명 앞에서는 의사로서 절망합니다. 그러나 하루 백 명이 넘는 환자들을 진료하고, 병원의 재무 상황을 고민하다 보면 초심을 잃기도 합니다. 그럴 때 질병의 고통을 그린 작품을 보면 다시금 인술(仁術)을 펼치는 의사가 될 것을 다짐하게 됩니다. 의학적 지식과 기술이 뛰어날 뿐만 아니라, 환자의 고통을 공감할 줄 아는 의사가 명의일 것입니다. 질병으로 고통받는 그림 속 인물과 마주할 때 의사는 머리가 아닌 가슴으로 환자의 아픔을 이해할 수 있게 됩니다.

사람의 생명을 다루는 의학은 차가운 이성과 뜨거운 감성이 교류하는 학문입니다. 명화는 의학에 뜨거운 온기를 불어넣습니다. 이 책은 의학의 주요 분기점들을 소개할 뿐만 아니라, 명화라는 매력적인 이야기꾼의 입을 빌려 의학을 쉽고 친근하게 설명하려 노력합니다.

일천한 의학 지식과 경험, 그리고 미술에 대한 애호가 수준을 뛰어넘지 못하는 얕은 식견……. 부끄럽게도 제가 가진 한계가 이 책 안에 그대로 남아 있습니다. 더 많은 사람과 제 삶의 일부를 나누기 위한 시도를 응원해주신다면 더할 나위 없이 감사하겠습니다. 글을 쓸 수 있게 큰 도움을 준 서양 미술사 스터디 모임인 '모나리자 스마일' 회원님들께도 감사합니다. 그리고 늘 바쁜 남편을 묵묵히 지켜봐 주는 아내와 병원과 미술에게 아빠와 보낼 시간을 양보한 다섯 딸 지원, 정원, 예원, 규원, 승원에게도 늘 미안한 마음을 전합니다.

겨울이 시작되는 길목에서
박광혁

| **개정판 머리말** | 타인의 고통에 응답하는 공부 ········ 004
| **머리말** | 청진기를 들고 명화와 의학의 숨결을 듣다 ········ 006

세상을 바꾼 질병

01. 인간의 피를 노리는 아주 작고 위험한 것들 ········ 014
02. 현대 의학 발전에 공헌한 시신들 ········ 030
03. 유럽의 근간을 송두리째 바꾼 대재앙, 페스트 ········ 040
04. 의술과 인술 사이 ········ 050
05. 제1차 세계대전의 승자, 스페인독감 ········ 058
06. 우리 안의 편견이 키운 한센병 ········ 074
07. '비애의 꽃'을 남긴 사랑 ········ 082
08. 불세출의 영웅을 무릎 꿇린 위암 ········ 090
09. 수많은 아기 천사들의 목숨을 앗아간 디프테리아 ········ 100

Chapter
02

화가의 붓이 된 질병

01. 가난한 예술가와 노동자를 위로한 '초록 요정'에게 건배! ········ 112
02. 어둠 속에서 사는 사람들 ········ 122
03. 좋은 잠, 나쁜 잠, 이상한 잠 ········ 130
04. 히포크라테스 선서를 비웃는 돌팔이 의사들 ········ 140
05. 빈센트 반 고흐와 두 명의 의사 ········ 154
06. 하나의 죽음, 엇갈린 세 개의 시선 ········ 166
07. 파멸이 예정된 게임, 도박 중독 ········ 176
08. 대재앙이 인생을 휩쓴 후 자라나는 외상후스트레스장애 ········ 190
09. '밤의 산책자'를 옭아맨 숙명, 유전병 ········ 198

캔버스에서 찾은 처방전

01. 목에 사는 나비, 갑상샘 ········ 214

02. 와인의 두 얼굴 ········ 224

03. 오리엔탈리즘, 그리고 관능적이고 신비롭게 포장된 자살 ········ 232

04. 신체적 조건으로 우월함을 따지는 세상이 만든 장애, 왜소증 ········ 244

05. 응답 없는 사랑에서 비롯된 몸과 마음의 병 ········ 254

06. 숨을 멎게 하는 매혹, 스탕달 신드롬 ········ 264

07. 아기에게 선사하는 엄마의 첫 선물, 모유 ········ 274

08. 바람이 스치기만 해도 아픈 통풍 ········ 282

09. 눈은 몸의 등불이니 네 눈이 성하면 밝을 것이요 ········ 294

의학에 풍성한 이야기의 결을 만든 신화와 종교

01. 프로이트를 꿈꾸게 한 비극적 운명의 수레바퀴 ········ 314

02. 내 안에 피어나는 수선화, 나르시시즘 ········ 326

03. 제 손으로 아이를 죽인 비정한 어머니, 의학의 기원이 되다 ········ 336

04. 자기 자신을 죽이다, 자살 ········ 346

05. 병을 진단하고 치료하는 메아리 ········ 358

06. 시선의 폭력, 관음증 ········ 368

07. 인생에서 무익하다 오해받은 잠의 재발견 ········ 382

08. 프로메테우스가 인간에게 불보다 먼저 선사한 선물 ········ 392

09. '인체의 작은 우주' 인간의 머리를 받치고 있는 아틀라스 ········ 400

| **작품 찾아보기 · 인명 찾아보기** | ········ 412

Chapter 01

세상을
바꾼
질병

인간의 피를 노리는 아주 작고 위험한 것들

중세 시대를 끝낸 전염병의 매개체

좁은 다락방에 시인이 있습니다. 침대를 살 돈이 없는 가난한 시인은 바닥에 매트리스를 깔고, 두꺼운 잠옷을 입고 이불을 덮고 있습니다. 난로가 있지만 연통에 모자가 걸쳐있는 것으로 보아 불을 피우지 않은 지 한참 된 것 같습니다. 장작이 있어야 할 자리에는 출판을 거절당한 원고 뭉치가 쌓여 있습니다. 이 원고들은 곧 불쏘시개가 되겠지요. 시인의 머리 위에는 지붕으로 새는 빗물을 막아줄 낡은 초록색 우산이 대롱대롱 매달려 있습니다.
난로 위에 켜둔 촛불이 거의 다 탄 걸로 봐서는 시를 쓰느라 밤을 새웠는지 모르겠습니다. 떠오르는 시상을 붙들 깃털 펜이 시인의 입에 물려있는 걸로 봐서, 지난밤에 시가 잘 써지지 않나 봅니다. 그런데 깃털 펜을 잡고 있어야 할 시인의 오른손이 다른 무언가를 집고 있습니다. 엄지와 검지의 모양을

칼 스피츠베크, <가난한 시인>, 1837년, 캔버스에 유채, 36.8×45cm, 밀워키 그로만박물관

봐서는 아주 작은 것이 틀림없습니다. 가난한 시인이 붙잡고 있는 생물이 우리가 다룰 주제입니다. 피를 흡혈하는 곤충, 바로 '벼룩(隱翅, flea)'입니다. 시인은 벼룩을 손가락으로 뭉개 죽이려던 참입니다.

〈가난한 시인〉은 독일 화가 칼 스피츠베크Carl Spitzweg, 1808~1885의 작품입니다. 궁색한 시인의 삶을 그리고 있는데도 유쾌하게 느껴지는 까닭은, 시인의 표정과 행동이 익살스러워서겠지요. 스피츠베크는 19세기 독일 사람들의 평범한 일상을 밝고 유쾌하게 그려 큰 인기를 끌었습니다. 원래 빈대학에서 약학을 공부하고 약사로 일했는데요. 성공한 사업가였던 아버지가 정해놓은 직업이었습니다. 스피츠베크는 아버지가 돌아가신 후에야 뒤늦게 원하던 화가의 삶을 살았습니다. 그의 나이 서른 살에요.

아주 적은 양을 '벼룩의 간'에 비유하듯이 벼룩은 몸길이가 2~4밀리미터에 불과한 작은 곤충입니다. 날개가 없고 짧고 굵은 더듬이가 있으며 세로로 납작한 모양입니다. 그래서 동물의 털 사이를 쉽게 기어다닙니다. 암수 모두 흡혈을 하는데, 대롱 모양의 주둥이로 숙주의 살갗을 뚫고 피를 빨아 먹습니다. 벼룩에 물린 자리는 매우 가렵습니다. 벼룩의 침에 알레르기 반응을 일으키는 히스타민 성분이 들어있기 때문이죠.

벼룩은 작지만 단단해서 그림 속 시인처럼 두 손가락으로 꽉 누르는 정도로는 잘 죽지 않습니다. 아마도 벼룩은 "시인 양반, 그 정도 힘으로 내가 죽을 줄 알았소?"라고 시인을 조롱한 뒤 높이 뛰어 도망칠 것입니다. 벼룩은 자기 키의 200배를 뛰어오를 수 있는 높이뛰기 선수니까요.

기생충이라고 하면 회충, 요충처럼 체내에 기생하는 생물체를 떠올리는데요. 벼룩도 기생충의 일종입니다. 한 생물체가 다른 생물체의 체내 또는 체표에 서식하면서 영양물을 탈취하는 생활양식을 '기생(寄生, parasitism)'이라고 합니다. 회충과 요충처럼 숙주 체내에 기생하는 것을 내부기생충, 벼룩과 빈대처럼 숙주의 피부 등 외부에 기생하는 것을 외부기생충이라고 합니다. 외부기생충에는 인간이나 동물의 혈액을 먹고 사는 흡혈동물이 많습니다.

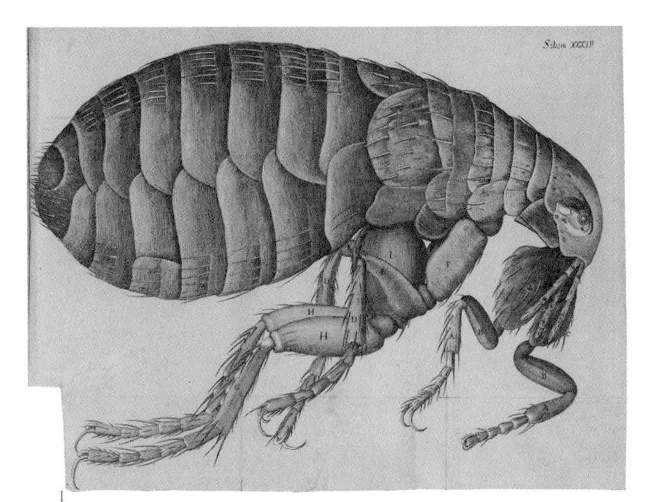
세포(cell)의 개념을 처음 사용한 영국의 과학자 로버트 훅(Robert Hooke, 1635~1703)이 1665년에『마이크로그라피아』에 수록하기 위해 그린 벼룩 그림(런던 웰컴컬렉션).

벼룩을 작다고 우습게 보면 큰일납니다. 인류 역사상 가장 참혹했던 전염병 중 하나인 14세기 페스트(40쪽)를 옮긴 것이 바로 벼룩이었습니다. 페스트는 페스트균에 감염된 쥐나 설치류에 기생하는 벼룩을 통해 사람에게 전염됩니다.

벼룩이 페스트의 매개체라는 점을 악용한 사례가 '도자기 폭탄'입니다. 제2차 세계대전 중 일본은 중국 하얼빈 근교에서 731부대를 운영했는데요. 세균전을 준비하기 위한 부대였습니다. 2011년에 731부대 군의관이 전쟁 당시 작성한 극비 보고서가 발굴되었습니다. 보고서에는 다음과 같은 충격적인 내용이 기록되어 있습니다. "1940년 10월 27일. 닝보에 2킬로그램, 약 460만 마리의 벼룩을 뿌려 페스트를 유행시킨 결과 1554명이 1 · 2차 감염됐다." 페스트균에 감염된 벼룩은 731부대 실험실에서 번식시킨 것입니다.

이 벼룩은 폭발 시 발생하는 열에도 균이 죽지 않게 고안된 도자기 폭탄에 담아 비행기 등을 통해 살포했다고 합니다. 잔혹한 생체실험과 세균전의 증거가 계속 나오는데도 불구하고 딱 잡아떼는 일본 정부의 행태에 분노를 금할 수 없습니다.

'후진국 병'이라는 수식어 뒤에 가려진 이(蝨)에 관한 진실

듬성듬성 자른 더벅머리, 낡고 헤진 옷, 고단한 삶의 흔적이 검게 묻어 있는 맨발, 바닥에 흩어져있는 음식 부스러기. 작품명을 보지 않아도 소년이 처한 상황을 충분히 짐작할 수 있는 그림입니다.

17세기 스페인 회화의 황금시대를 대표하는 화가 바르톨로메 에스테반 무리요Bartolome Esteban Murrillo, 1617~1650의 〈어린 거지〉라는 작품입니다. '성모의 화가'라고 불렸던 무리요는 종교화를 많이 그렸는데요. 부드러운 여성미를 강조한 무리요의 종교화들은 포근한 느낌이 듭니다. 무리요는 일찍이 부모를 여의고 고단하게 성장했는데요. 빈궁한 삶을 잊지 않았던 걸까요. 종교화만큼이나 하층민을 주인공으로 한 작품을 많이 남겼습니다.

그림 속 소년은 따스한 햇살을 맞으며 '이(蝨, louse)'를 잡는 중입니다. 이는 몸길이가 약 3밀리미터이고, 날개가 없으며, 배가 매우 크고, 날카로운 입과 날카로운 발톱이 달린 다리를 가지고 있습니다. 이는 사람의 피를 빨아먹고 사는 외부기생충입니다. 피를 빨아먹으면 배가 부풀어 오르면서 암갈색이던 몸통이 적갈색으로 변합니다.

바르톨로메 에스테반 무리요, 〈어린 거지〉 1645~1650년, 캔버스에 유채, 134×100cm, 파리 루브르박물관

'이'라고 하면 대부분 머릿니를 떠올리는데요. 이는 서식하는 부위에 따라 머리닛(머리카락), 몸니(옷이나 침구), 사면발이(음모)로 나뉩니다.

소년을 가렵게 만든 것은 몸니(신체이)입니다. 몸니는 사람의 몸이 아닌 옷과 침구 등에 서식합니다. 암컷은 평균 하루에 열 개씩, 일생에 300개쯤 알을 낳는데요. 특히 옷의 솔기나 접힌 부분을 집중공략합니다. 몸니는 각질이나 피지 등을 먹기도 하지만 이런 것들은 별식에 불과하고, 주식은 혈액입니다.

몸니는 오염된 옷이나 침구를 통해 전염됩니다. 몸에 서식하는 게 아니라 없애는데 특별한 방법이 필요하지 않습니다. 옷과 침구를 새것으로 교체하거나 깨끗하게 세탁해서 햇볕에 널어 살균하면 없앨 수 있습니다. 이 손쉬운 방법이 그림 속 소년에게는 어려운 일이라는 사실이 안타깝습니다.

몸니는 머릿니와 사면발이와는 다르게 발진티푸스, 참호열처럼 고열과 오한 등을 동반하는 전염병을 전파합니다. 나폴레옹Napoleon Bonaparte, 1769~1821이 이끌던 프랑스 군대가 1812년 러시아에서 퇴각하게 된 주요 원인이 몸니가 전파하는 전염병인 발진티푸스와 참호열 때문이라는 연구 결과도 있습

작자 미상, 〈서로의 머리에서 이를 잡아주는 스페인 가족〉, 1812년, 에칭 수채화, 20.2×29.5cm, 런던 웰컴컬렉션

니다.

몸니보다 익숙한 게 머리카락에 사는 머릿니입니다. 머릿니는 머리카락에 붙어 살며, 두피의 피를 빨아먹고 가려움증과 피부 질환을 유발합니다. 암컷은 '서캐'라고 부르는 알을 머리카락에 낳는데요. 암컷 한 마리가 날마다 세 개에서 다섯 개의 알을 낳습니다.

가끔 아이 손을 붙들고 진료실에 들어온 보호자 가운데 "아이, 어디가 불편한가요?"라고 물으면 쉽게 답하지 못하는 분이 있습니다. 잠시 침묵이 흐른 뒤, 난처한 표정의 보호자는 아주 작은 목소리로 이렇게 얘기합니다. "아이 머리를 날마다 감겼는데, 유치원에서 이를 옮아 온 것 같아요. 선생님 어떻게 해야 하죠?" '머릿니 = 비위생'이라고 생각하기 때문에 나타나는 모습입니다. 머릿니는 위생 불량과 크게 관련이 없습니다. 2019년까지 초등학생 5만여 명을 대상으로 머릿니 발생 추이를 조사한 결과에 따르면, 평균 유병률이 2.1%로 나타났습니다. 아이들의 머리에 머릿니가 생겨도 부모들이 창피해하며 쉬쉬하기 때문에 사라진 것처럼 느낄 뿐이죠.

머릿니는 날개가 없지만 매우 빠른 속도로 이동합니다. 그래서 머리끼리 서로 닿거나 베개나 모자, 빗 등 머리와 관련된 용품을 같이 사용하면 쉽게 전염됩니다. 미취학 아동의 경우 어린이집이나 유치원에서 생활하는 시간이 길어지고, 어린이집에서 낮잠을 자는 일이 잦아지면서 머릿니가 쉽게 전염됩니다. 머릿니는 전용 샴푸를 처방받아, 용량과 용법 등을 잘 지켜 사용하면 어렵지 않게 없앨 수 있습니다.

최근 머릿니에 관한 아주 흥미로운 연구 결과가 발표되었습니다. 미국 플로리다대학교의 데이비드 리드David Reed 교수는 전 세계에서 채집한 머릿니의 DNA를 분석해 아메리카 대륙으로 인류가 이주한 두 가지 경로를 확인했다고 합니다. 머릿니는 숙주마다 DNA가 다르다는 것이 이 연구의 핵심 아이디어입니다. 예를 들어 유럽인과 아시아인의 머릿니는 DNA가 같지 않다는 거죠. 그래서 날지도 못하고 헤엄칠 수도 없는 머릿니지만, 숙주를 따라 아시아에서 아메리카 대륙으로 이동할 수 있는 겁니다. 인간을 괴롭히는 줄만 알았던 기생충이 인류학의 보고라니! 머릿니를 너무 미워하지 말아야 할까요?

사과씨만 한 기생충 때문에
'빈데믹' 오명을 쓴 파리

영국의 소묘화가 토머스 롤랜드슨Thomas Rowlandson, 1756~1827의 작품 〈여름의 오락, 벌레 사냥〉을 함께 보실까요. 잠옷을 입은 남녀가 이불과 커튼에서 작고 붉은 벌레를 잡고 있습니다. 여성의 손에 초가 들려있는 걸로 봐서 작품에 묘사된 시간대는 밤으로 보입니다. 창문틀 위에 쥐 두 마리가 앉아 있습니다. 두 사람은 쥐는 안중에 없고 벌레 잡기에 여념이 없습니다. 두 사람이 왜 벌레를 잡고 있는지, 어떤 벌레인지는 모르겠으나 인물의 표정과 차림새 때문에 웃음이 나는군요.

한밤중에 소동을 일으킨 주범은 흡혈동물이자 외부기생충인 '빈대'입니다. 빈대는 영어로 'bed burg'라고 하는데, 라틴어로 벌레를 뜻하는 'cimex'와 침대를 뜻하는 'lectularius'에서 유래했습니다. 영어와 라틴어 이름에서 알 수 있듯이 커튼, 이불, 매트리스 등 숙주인 인간과 아주 가까운 곳이 이들의 근거지입니다.

빈대는 몸길이가 5~6밀리미터 내외로 날개가 없고 납작한 것이 특징입니다. 암수 모두 피를 빨아 먹고 살며, 10분간 몸무게의 2.5~6배까지 흡혈합니다. 피를 빤 빈대는 갈색이던 몸이 부풀며 붉게 변합니다. 그림 속 빈대가 붉게 표현된 걸로 봐서 아마도 두 사람의 피를 배불리 먹은 뒤인가 봅니다. 암컷 빈대가 흡혈을 하면 5~20개의 알을 낳습니다. 수개월을 사는 빈대가 평생 낳는 알은 100~200개 정도입니다.

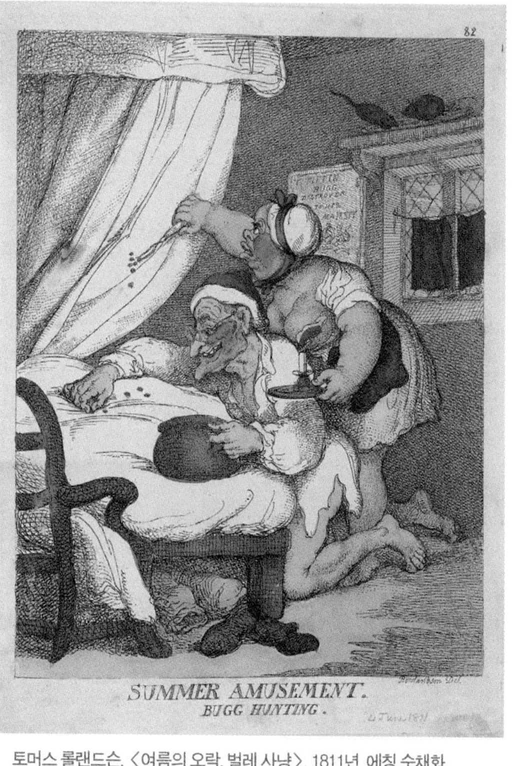

토머스 롤랜드슨, 〈여름의 오락, 벌레 사냥〉, 1811년, 에칭 수채화, 34.9×24.7cm, 뉴헤이븐 예일대학교도서관

빈대는 '빈대떡'처럼 작고 납작해서 실내의 좁은 틈 사이에 잘 숨습니다. 이들의 주 활동 시간은 밤입니다. 빈대는 따뜻한 온도와 이산화탄소에 반응하는데요. 밤이 되면 숙주 곁으로 와 피를 빨고 나서 은신처로 돌아갑니다. 그림 속 인물들은 곤히 자다가 빈대의 습격을 받고는 가려움을 참지 못하고 잠이 깼을 것입니다. 때아닌 한밤중 '사냥'은 수면을 방해하고 가렵게 만든 괘씸함에 대한 응징인 셈이죠. 빈대는 모기처럼 피를 빨 때 마취 및 혈액응고방지 성분이 섞인 타액을 피부 속으로 주입하는데요. 이 성분이 염증 반응을 일으켜 물린 곳이 부어오르고 가려워집니다. 다행인 점은 빈대가 질병을 옮기지는 않는다는 겁니다.

빈대는 1940~1950년대 광범위하게 살포된 살충제 DDT의 영향으로 개체수가 많이 감소했습니다. DDT는 생산 비용도 낮고 효과도 강력했는데요. DDT의 가장 큰 장점은 잔류 효과가 좋아서 한 번 뿌려놓으면 효과가 오래 지속된다는 것이죠. 그러나 DDT의 뛰어난 잔류 효과는 역으로 사람, 동물, 식물 등 환경을 위협했습니다. 1962년 미국의 해양생물학자 레이첼 카슨Rachel Carson, 1907~1964은 『침묵의 봄』을 통해 DDT의 위험을 고발했습니다. 이제는 빈대와 같은 해충 방제에 DDT를 사용하지 않습니다.

사라진 줄 알았던 빈대가 근래 뉴스에 자주 등장합니다. 특히 2024 하계 올림픽 개최지인 파리에 빈대의 출몰이 잦아, 프랑스가 비상이라는 뉴스를 보셨을 겁니다. 빈대를 '가난'의 상징으로 여기는 사람들에겐 이해할 수 없는 뉴스였을 텐데요. 사실 경제력과 빈대는 관련이 없다는 것이 정설입니다.

빈대는 아무것도 먹지 않고 몇 개월을 삽니다. 그래서 해외로 보내는 우편물이나 수화물, 이삿짐, 가방 등에 붙어 먼 나라까지 이동합니다. 빈대 때문에 몸살을 앓는 프랑스는 전 세계에서 여행자가 몰려드는 관광 대국입니다. 빈대 유입을 막는 데 한계가 있을 수밖에 없습니다.

빈대는 모기나 파리처럼 날아서 외부에서 집 안으로 들어오지 못합니다. 옷이나 가방 같은 물건에 붙어서 사람과 함께 유입되지요. 그래서 해외여행 후에는 옷가지 등을 뜨거운 물로 세탁하거나 건조하는 게 도움이 됩니다. 그러나 빈대는 눈으로 확인하기 어려운 좁은 곳에 살기 때문에 만일 집안에 빈대가 번식했다면 전문 방역업체에 맡기는 편이 좋습니다. "빈대 잡으려다 초가삼간 다 태운다"는 속담이 괜히 나오지 않았다는 걸 명심해야 합니다. 무기 없이 빈손으로 덤볐다가는 빈대와의 싸움에서 백전백패할 것입니다. 화학 살충제를 사용하지 않고 빈대를 박멸하는 건 불가능합니다.

역사상 인류를 가장 많이 죽인 동물

호모사피엔스로부터 출발하는 20만 년 인류 역사에서 인류를 가장 많이 죽인 동물은 무엇일까요? 사자? 호랑이? 뱀? 아니면 인간? 정답은 '모기'입니다. 빌앤멜린다게이츠재단은 20만 년 동안 살아온 1080억 명의 인류 중 약 520억 명의 목숨을 모기가 앗아간 것으로 추정합니다. 현재도 연간 72만 명이 모기 때문에 목숨을 잃습니다.

그런데 앞서 살펴본 벼룩, 이, 빈대와 모기는 다르지 않냐고요? 맞습니다. 암컷 모기가 사람의 피를 빨아먹기는 하지만, 모기는 기생충이 아닙니다. 다만, 모기 중 일부가 흡혈하는 과정에서 자기 몸속에 있는 기생충을 인간의 몸으로 옮겨 무서운 질병을 전파합니다. 1420년 『조선왕조실록』은 이 질병을 '학질(瘧疾)'이라 기록했습니다. 한자 '瘧'은 '사납다' '무섭다'는 뜻입니다. 괴로움이나 어려움에서 간신히 벗어났다는 의미의 관용구 '학을 떼다'는 학질을 이겨냈다는 얘기입니다. 모기에 의해 감염되고 낫기 어려운 질병, 바로 말라리아(malaria) 이야기입니다.

말라리아는 말라리아 원충(기생충)에 감염된 모기가 사람의 피를 빨 때 모기에 있던 원충이 사람 혈액 속으로 침투해 발생하는 질환입니다. 말라리아 원충은 얼룩날개모기류에 속하는 암컷 모기에 의해서 전파됩니다. 흡혈 과정에서 모기 몸에서 사람 몸으로 옮겨 온 원충은 적혈구에 기생하며 헤모글로빈을 영양분으로 번식합니다. 영양분을 빼앗긴 적혈구가 파괴될 때마다 발열물질이 방출되어 고열을 유발합니다.

말라리아는 여러 가지 합병증을 일으키는데요. 황달, 응고 장애, 신부전, 간부전, 쇼크, 의식 장애나 섬망, 혼수 등의 급성 뇌증이 나타납니다. 말라리아

에이브럼 게임스,
〈말라리아 모기 포스터〉,
1941년, 인쇄, 37.4×25cm,
런던 웰컴컬렉션

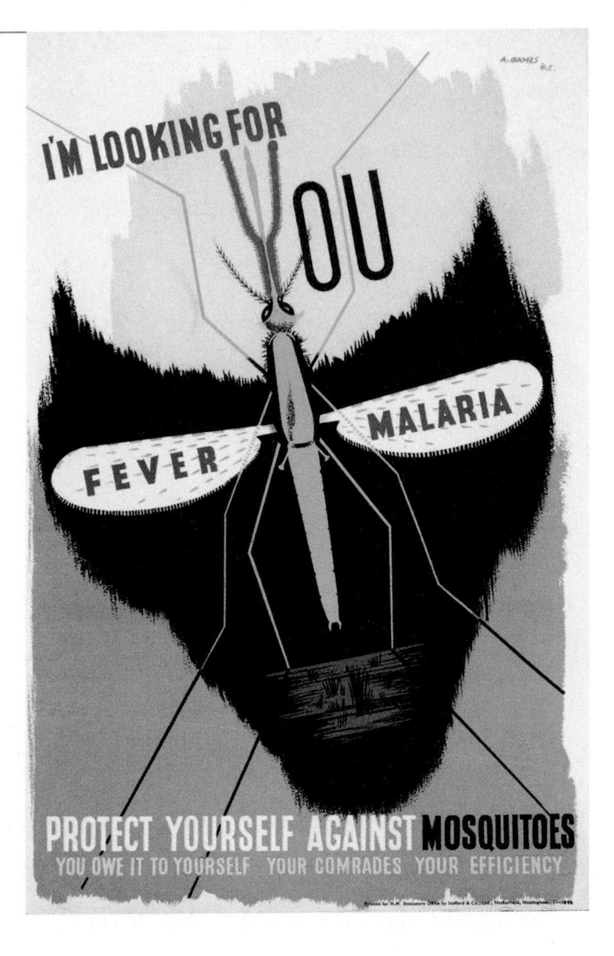

를 치료하지 않는 경우 사망률은 10퍼센트 이상이며 치료해도 0.4~4퍼센트의 환자가 사망에 이릅니다.

쫙 펼쳐진 모기 날개가 마치 해골의 눈처럼 보이는 재치 넘치는 포스터를 보시죠. 영국 그래픽디자이너 에브럼 게임스Abram Games, 1914~1966의 작품으로, 모기는 말라리아에 의한 죽음을 상징합니다. 게임스는 제2차 세계대전 기간에 100여 장이 넘는 안내물과 선전용 포스터를 디자인했습니다. 말라리아 모기의 위험성을 알리는 이 포스터는 "최대한의 의미를 최소한의 수단으로 전달한다"는 게임스의 디자인 철학을 잘 반영하고 있습니다. 말라리아는 고대 로마 시대에도 기록된 역사가 오래된 질병이지만 모기에 의해 발병한다는 사실을 알게 된 건 지금으로부터 200년이 되지 않았습니다.

말라리아 치료제 토닉워터

말라리아는 '나쁘다'는 뜻의 'mal'에 '공기'를 뜻하는 'aria'가 붙은 용어로, 나쁜 공기를 뜻합니다. 오랫동안 사람들은 습지에 떠도는 나쁜 공기가 병을 일으킨다고 보았습니다.

1879년 프랑스 식민지였던 알제리에서 군의관으로 복무하던 라베랑Charles Louis Alphonse Laveran, 1845~1922이 말라리아가 말라리아 원충에 의해 감염된다는 사실을 밝혀냈습니다. 라베랑은 말라리아로 사망한 병사의 혈액을 현미경으로 관찰하다가 원충을 처음 발견했습니다. 그리고 이탈리아의 의사 겸 동물학자인 그라시Giovanni Battista Grassi, 1854~1925가 얼룩날개모기만이 흡혈을 통해 말라리아를 사람에게 옮긴다는 사실을 밝혀냈습니다.

17세기 후반 스페인령 페루에 거주하던 한 백작 부인이 말라리아에 걸렸다 기적처럼 나았는데요. 예수회 선교사들이 안데스 고산지대에서 자라는 키나나무의 껍질을 빻아 먹인 뒤였습니다. 키나나무 껍질에 있는 퀴닌 성분에는 말라리아 원충이 헤모글로빈을 분해하지 못하도록 차단하는 기전이 있습니다.

19세기에 유럽 국가들이 경쟁적으로 식민지 건설에 나서자, 말라리아가 심

요한 에버하드 일레, 〈키나 : 꽃이 피고 열매가 맺힌 가지〉, 1801년, 에칭 수채화, 24.3×19.2cm, 런던 웰컴컬렉션
말라리아 원충이 헤모글로빈을 분해하지 못하도록 차단하는 기전을 가진 퀴닌 성분이 있는 키나나무 일러스트.
1944년 퀴닌의 인공 합성법이 개발될 때까지 키나나무에서 퀴닌 성분을 추출해 말라리아 치료에 이용했다.

각한 문제가 되었습니다. 인도를 식민지로 점령했던 영국은 가장 적극적으로 퀴닌을 이용했습니다. 퀴닌을 섞은 음료를 배급해 말라리아에 걸린 군인들을 치료한 것이죠. 영국군이 배급한 음료가 '토닉워터'입니다. 퀴닌은 쓴맛이 나는데, 지금도 토닉워터에는 미량의 퀴닌 성분이 들어 있습니다. 그리고 마침내 1944년 퀴닌의 인공 합성법이 개발되면서 말라리아 치료제의 대량 공급이 가능해졌습니다.

그리스로마신화는 신이 자신들의 모습을 본떠 인간을 창조했다고 이야기합니다. 하지만 사실 인간이 자기 모습과 속성을 투사해 신을 만든 것이죠. 신을 지극히 인간적인 모습으로 그린 이야기와 예술 작품을 보다 보면, 스스로를 가장 훌륭한 창조물이라 여기는 인간의 자만이 느껴지기도 합니다. 하지만 인류는 번번이 아주 작은 존재에 무릎을 꿇곤 했습니다. 벼룩, 이, 빈대, 모기까지 인간의 피를 빨아먹고 사는 미미한 존재들이 인류 역사의 물줄기를 바꾸어놓았습니다. 중세 시대는 벼룩이 전염시킨 페스트로 막을 내렸고, 인류의 절반가량이 모기에 목숨을 잃었습니다. 필자는 혐오스럽고, 하찮고, 미미한 존재들을 제대로 알아내려는 우리의 노력이 인류의 미래를 밝게 만들 것이라고 믿습니다. 인간의 피를 먹고 사는 기생충에 관해 빙산의 일각이라도 알게 된 여러분은 그 첫걸음을 떼신 겁니다.

현대 의학 발전에 공헌한 시신들

날카로운 첫 키스의 추억보다
오래 기억될 첫 해부학 실습

'푸코의 진자(지구 자전을 증명하기 위해 파리 판테온 천장에 설치한 추)'로 유명한 19세기 천재 물리학자 레옹 푸코Leon Foucault, 1819~1868는 젊은 시절 외과의사를 꿈꾸며 파리 의과대학에 진학했습니다. 하지만 첫 해부학 실습에서 카데바(cadaver : 의학 교육 목적의 해부용 시신)의 피를 보고 기절하고 말았습니다. 그럼에도 푸코의 재능을 높이 샀던 담당 교수는 그를 해부학 실험 조교로 채용했습니다. 푸코는 해부학 실험실에서 3년을 버텼지만, 결국 '피의 공포'를 극복하지 못하고 의과대학을 그만두었습니다.

의대생들이 카데바를 보고 기절하는 건, 예나 지금이나 마찬가지입니다. 제 첫 해부학 실습은 코를 찌르던 포르말린 냄새로 기억됩니다. 다른 수업과

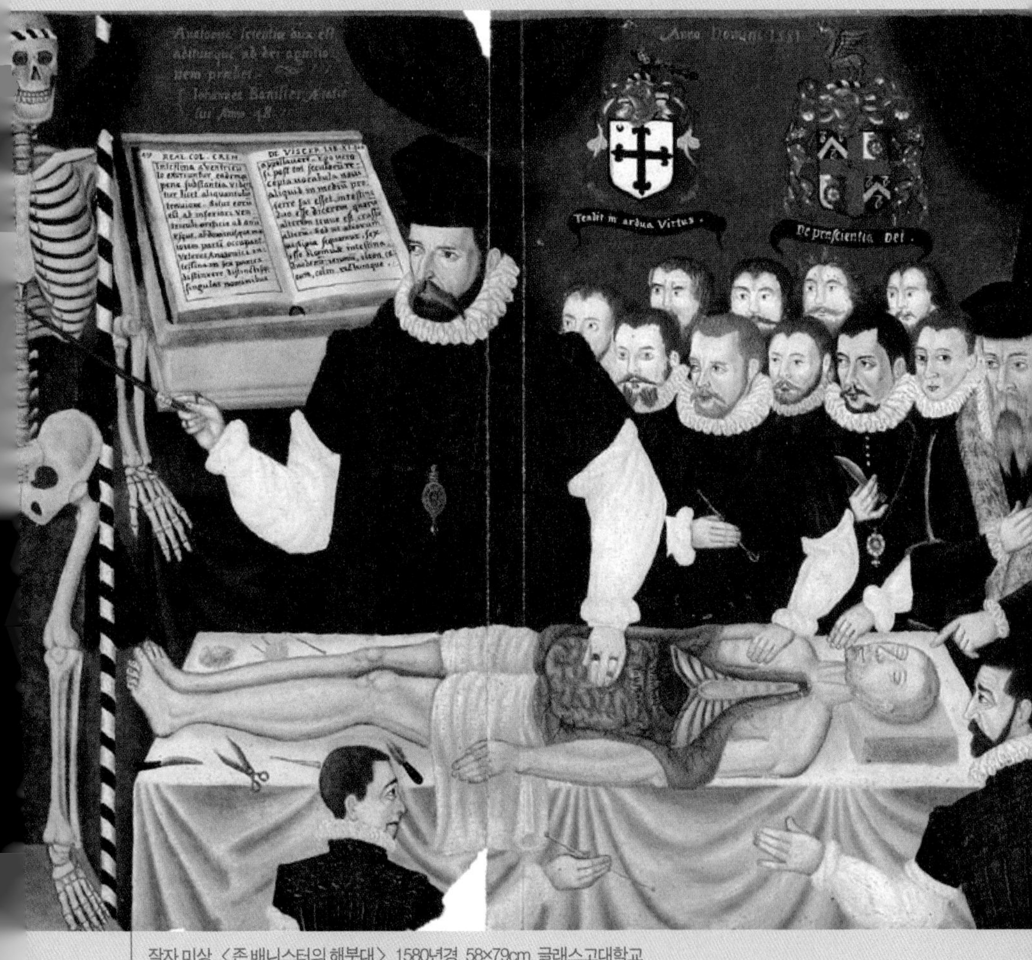

작자 미상, 〈존 배니스터의 해부대〉, 1580년경, 58×79cm, 글래스고대학교

달리 해부학 실습은 넥타이를 매고 정장을 입고 그 위에 다시 가운을 입어야만 참여할 수 있었습니다. 두려운 생각을 떨쳐버리고자 숨을 크게 들이켜 보려 했지만, 실습실을 가득 메운 포르말린 냄새 때문에 그조차 여의치 않았습니다. 떨리는 손으로 카데바를 감싸고 있던 비닐포를 벗기자 검푸른 빛의 시신이 나타났습니다. 날카로운 메스로 카데바를 가르고 수술용 집게로 장기를 끄집어내던 그 날의 기억은 25년이 지난 지금도 선명합니다.

가끔 근대 이전을 배경으로 하는 소설이나 드라마를 보면 병원에서 시체를 사고파는 장면이 나옵니다. 현대에는 있을 수 없는 일입니다. 요즘에는 무조건 기증받은 시체만 해부용으로 사용할 수 있습니다. 그래서 카데바들은 대체로 나이가 많습니다. 시체를 기증받으면 다리 쪽에서 가장 큰 동맥인 대퇴동맥(넙다리동맥)을 통해 포르말린을 주입합니다. 카데바들은 포르말린을 주입한 지 2~3년 혹은 그 이상 지난 시체입니다. 그래서 해부할 때 카데바의 피부를 벗기면 몸속에 들어있던 포르말린이 나오면서, 의대생들의 얼굴은 눈물과 콧물로 범벅됩니다.

이발사가 외과의사였던 시절

〈존 배니스터의 해부대〉는 16세기 영국 최고의 외과의사이자 내과의사인 존 배니스터John Banister, 1533~1610가 해부용 시체 앞에서 강의하는 모습을 그린 그림입니다. 중세 시대에는 해부학 수업을 할 때 교수가 중앙에 앉아 지시하고, 실제 해부는 해부에 정통한 이발사나 외과의사의 조수가 했습니다. 그리고 수업을 듣는 외과의사들은 실습대 주변에서 해부 과정을 참관하며 기본적인 외과 시술 기술을 배우곤 했습니다.

지금은 내과와 외과 의사를 구별하지 않고 의사라고 하면 대부분 '닥터(Doctor)'라고 부릅니다. 하지만 중세 유럽 특히 17세기 전까지 닥터라고 하면 내과의사를 가리켰습니다. 당시는 외과의사와 내과의사를 철저하게 구별했으며, 외과의사는 매우 천대했습니다. 내과의사는 고대로부터 내려온 체계적인 이론과 현학적인 지식으로 귀족과 상류층을 주로 진료한 반면, 외과의사는 스스로 습득한 기술로 일반인들을 치료했습니다. 종기를 째서 고름을 빼내고, 이를 뽑거나 가벼운 열상을 치료하는 등 진료 내용도 단순했지요. 그래서 외과의사들은 머리를 자르는 이발사 일을 병행했습니다.

지금도 이발소를 상징하는 빨강, 파랑, 흰색 표시등에 그 흔적이 남아 있습니다. 이발소 표시등에서 빨간색은 동맥, 파란색은 정맥, 흰색은 붕대를 뜻합니다. 이발사-외과의사는 당시 제빵사, 양조자, 공증인처럼 낮은 계층에 속했고, 이들은 도제식 교육을 통해 어깨너머로 기술을 습득했습니다. 일반적으로 이들은 한 곳에서 머물지 않고 떠돌며 일했습니다.

외과의사의 사회적 지위를 올려준 루이 14세의 '치루'

외과의사의 사회적 지위를 높이는 데 공헌한 것이 프랑스 루이 14세Louis XIV, 1638~1715를 괴롭힌 '치루'라는 질병입니다. 치루는 항문 주변에 농양이나 염증이 발생해 나중에는 항문 안쪽과 바깥쪽 사이에 구멍이 생기는 병입니다. 구멍을 통해 고름이 나오고 악취가 나며, 변을 볼 때 심한 통증을 유발하는 매우 고통스러운 질병입니다.

내과의사들은 여러 방법을 동원해 루이 14세를 치료했으나 병세는 나아지지 않았습니다. 마지막 수단으로 당시 명망 높던 외과의사 샤를 프랑수아 펠릭스Charles-Francois Felix, 1635~1703가 루이 14세를 수술하기로 했습니다. 펠릭스는 루이 14세의 수술을 앞두고 하층민 치루 환자를 대상으로 수차례 수술 연습을 한 끝에 수술에 성공할 수 있었습니다. 펠릭스는 루이 14세로부터 거금을 하사받고 귀족으로 책봉되었습니다. 이 일을 계기로 의과대학에서 외과를 정규 과목으로 개설했으며, 왕립외과학회도 창설되었습니다. 루이 14세의 치루 수술은 내과와 외과의 차별을 없앤 기념비적인 수술입니다. 지금도 유럽 의사들은 농담처럼 "외과는 치루에서 나왔다"고 얘기합니다.

17세기 네덜란드에서 벌어진 해부학 수업 인증샷

〈윌렘 반 데어 메이르 박사의 해부학 수업〉을 보면 중앙에 교수인 듯한 사람이 시체의 복부를 절개해 해부하고 있습니다. 그런데 그림을 보면 어딘지 부자연스럽습니다.

그림 속 인물들은 시체 해부에는 큰 관심이 없는 듯합니다. 그보다는 자신의 얼굴이 어떻게든지 잘 나올 수 있게 애쓰는 것 같습니다. 17세기 네덜란드 회화에는 독특한 장르가 하나 있었습니다. 바로 그룹 초상화입니다. 네덜란드 안에서도 주로 홀랜드 지역에서만 제작된 초상화의 한 장르입니다. 그룹 초상화는 다른 초상화와 달리 네덜란드 밖으로 수출되지 않고 자

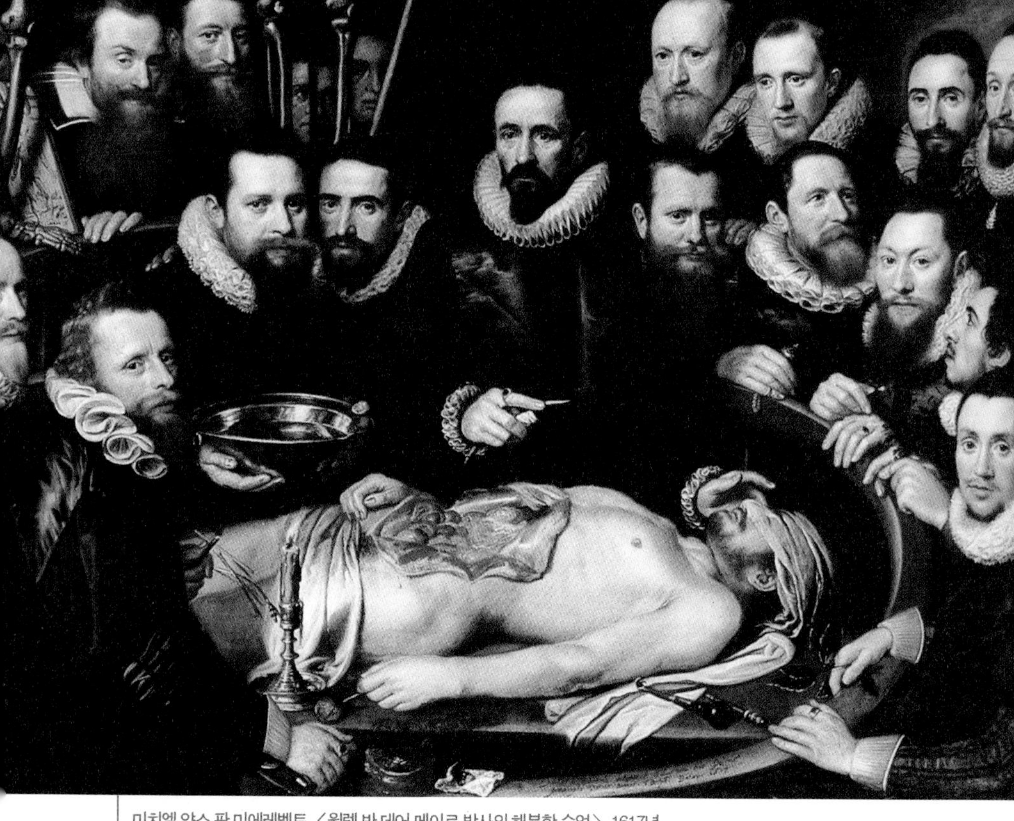

미치엘 얀스 판 미에레벨트, 〈윌렘 반 데어 메이르 박사의 해부학 수업〉, 1617년, 캔버스에 유채, 150×225cm, 델프트 프린센호프박물관

국 내에서만 소비되었습니다. 그룹 초상화는 공익적인 성격을 지니는 단체에 소속되었던 인물들을 기념하기 위해 그려졌다는 점에서, 여러 사람이 함께 등장하는 단체 초상화와 선을 긋습니다.

당시 네덜란드에서는 여러 직종의 조합 즉 '길드'라는 자체적 모임을 만들어 회원들 사이에 서로 도움을 주고받는 일이 흔했습니다. 의료인들 또한 마찬가지였습니다. 그래서 외과의사 길드에서 화가 미에레벨트Michiel Jansz van Mierevelt, 1516~1641에게 해부학 강의 장면을 그려달라고 의뢰한 결과 이 그림이 나올 수 있었던 것이지요.

툴프 박사는 왜 팔부터 해부했을까?

해부학 실습 관련해서 가장 유명한 그림은 렘브란트Rembrandt van Rijn, 1606~1669의 〈니콜라스 툴프 박사의 해부학 강의〉입니다. 그림 속 툴프 박사Nicolaes Tulp, 1593~1674는 수술용 집게로 시체의 왼팔 근육을 집어 올려 설명하고 있습니다. 이 근육이 엄지와 검지를 움직이는 데 사용하는 것이라고 설명하고 있는 듯 본인의 왼손 엄지와 검지를 움직이고 있습니다.

강의를 듣고 있는 의사 또는 교양이 있는 일반 시민들은 머리를 시체 가까이 들이밀며 호기심 어린 눈초리로 바라보거나 툴프 박사의 설명을 경청하

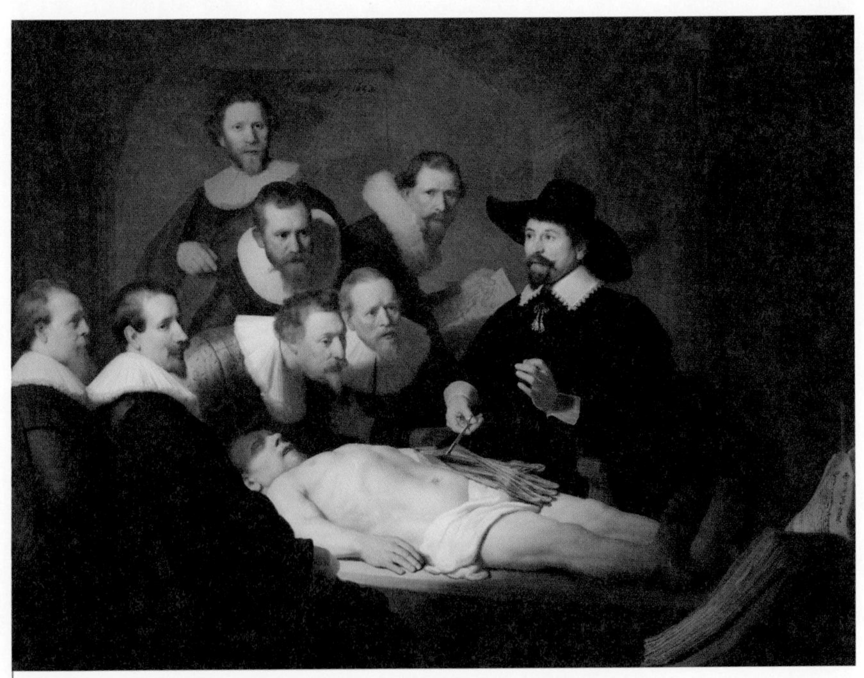

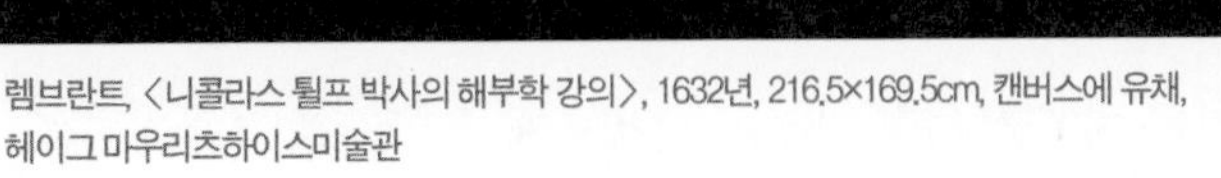

렘브란트, 〈니콜라스 툴프 박사의 해부학 강의〉, 1632년, 216.5×169.5cm, 캔버스에 유채, 헤이그 마우리츠하이스미술관

고 있습니다. 그 표정 하나하나가 재미있습니다. 화면 가운데 의사 한 명이 종이를 한 장 들고 있는데, 여기에는 수업을 참관한 사람들의 명단이 기재되어 있습니다.

그림 오른쪽에는 해부대에 누워있는 시체와 강의 중인 튈프 박사가 있고, 나머지 모델들은 모두 그림 왼쪽에 배치한 비대칭 구도입니다. 이런 연출이 마치 무대에서 공연 중인 연극의 한 장면처럼 극적 긴장감을 유발합니다. 이 작품은 비대칭적인 대각선 구도, 빛과 명암 처리로 인물들의 내면까지 정밀하게 표현했다고 찬사를 받았습니다. 〈니콜라스 튈프 박사의 해부학 강의〉는 렘브란트가 스물여섯 살에 그린 그림으로, 그의 첫 그룹 초상화입니다. 렘브란트는 이 그림을 통해 일약 대스타로 떠올랐습니다.

이 그림은 '근대 해부학의 아버지'로 불리는 베살리우스Andreas Vesalius, 1514~1564를 오마주하고 있습니다. 베살리우스는 팔과 손을 인체에서 가장 중요한 장기로 여겼습니다. 시체의 발밑에 펼쳐놓은 책은 베살리우스의 저작 『인체의 구조에 관하여』 중 한 권입니다. 베살리우스는 이전까지 이발사나 교수가 조수를 시켜 시체를 해부하던 관행을 깨고 교수 신분으로 직접 해부하며 해부학의 중요성을 설파했습니다. 베살리우스처럼 튈프 박사 또한 시체를 직접 해부하고 있습니다.

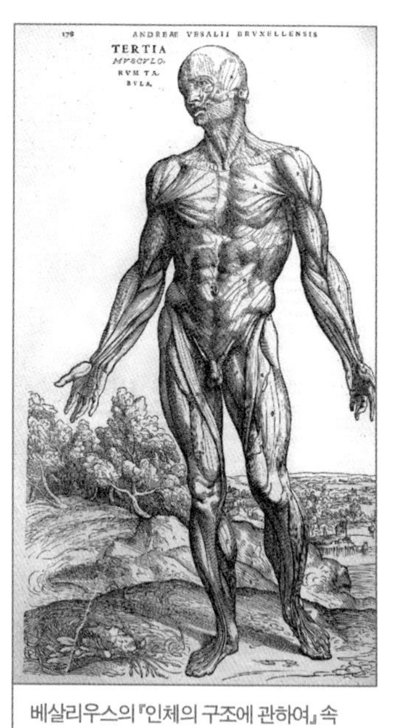

베살리우스의 『인체의 구조에 관하여』 속 삽화.

그림 속 시체는 범죄자 아리스 킨트Aris Kindt입니다. 17세기 네덜란드 형법은 매우 가혹하여 경범죄로 걸린 죄수조차 교수형을 당하는 일이 비일비재했습니다. 아리스는 신사의 외투를 훔치고 탈옥 과정에서 경비병을 다치게 했다는 이유로 사형되었고, 그의 시신은 해부 시연용으로 기증되었습니다. 해부 수업을 묘사한 다른 작품들이 시체의 얼굴을 가린 데 반해, 렘브란트는 시체의 얼굴을 적나라하게 보여주고 있습니다.

가슴이나 배꼽 또는 목 주변에 극심한 통증이 있으면서 그 부위에 수포가 생겨 내과를 방문하는 환자들이 있습니다. 이들이 걸린 병은 대상포진으로, 헤르페스 바이러스에 감염되어 발생합니다. 헤르페스 바이러스에 처음 감염되면 수두에 걸립니다. 이때 몸에 들어온 바이러스는 죽지 않고 척수의 신경절에 잠복해 있다가, 면역력이 떨어지면 그 틈을 이용해서 다시 발병합니다. 이 바이러스에 '헤르페스'라는 이름을 붙인 의사가 바로 그림 속 주인공인 튈프 박사입니다. 그는 마치 벌레가 피부 위를 기어다는 것처럼 바이러스가 퍼져 나간다는 의미에서 바이러스 이름을 '기어간다'는 의미의 그리스어 '헤르페스(herpes)'로 지었다고 합니다.

렘브란트의 <니콜라스 튈프 박사의 해부학 강의> 모델이자, 헤르페스 바이러스의 이름을 붙인 니콜라스 튈프 박사.

이 밖에도 튈프 박사는 티아민 결핍으로 생기는 각기병에 대한 논문을 발표하는 등 뛰어난 의사였을 뿐만 아니라, 암스테르담에서 늦은 시간에도 약을 살 수 있게 저녁 늦게까지 약국을 운영하며 빈민들에게 필요한 의료 서비스를 제공하던 인간적인 의사였습니다.

여러 의과대학 도서관에 〈니콜라스 튈프 박사의 해부학 강의〉 모작이 걸려 있는 이유는 작품이 예술적으로 뛰어날 뿐만 아니라, 그림 속 주인공이 의학을 공부하는 사람들에게 본보기가 되는 훌륭한 의사이기 때문일 것입니다.

우리는 모두 카데바에게 빚을 지고 있다

인체는 너무나 신비롭고 정교합니다. 그래서 책을 통해서 해부학 지식을 배우는 것보다 직접 경험해보는 것이 중요합니다. 해부학 실습은 의대생과 의사에게 그 어떤 교육 과정보다도 중요하고 큰 의미가 있습니다. 해부학 실습을 하는 의대생들과 의사들은 시신을 기증한 분의 숭고한 뜻이 훼손되지 않도록 진지한 배움의 자세를 가져야 합니다.

얼마 전 현직 의사들이 카데바 앞에서 웃으며 인증사진을 찍고 이를 SNS에 올려 논란이 된 일이 있습니다. 사진에는 카데바의 발이 그대로 노출되어 있었습니다. 「시체 해부 및 보존 등에 관한 법률」에는 시체를 해부하거나 시체의 전부 또는 일부를 표본으로 보존하는 사람은 시체를 취급할 때 정중하게 예의를 지켜야 한다고 명시되어 있습니다(제17조 1항). 위법 여부를 떠나 의사의 기본 윤리를 저버린 행동이라 할 수 있습니다.

현대 의학은 이름 모를 수많은 카데바에게 빚을 지고 있다고 할 수 있습니다. 그리고 현대 의학의 혜택을 누리는 우리는 모두 그들에게 채무자일 수밖에 없습니다.

유럽의 근간을 송두리째 바꾼 대재앙, 페스트

순식간에 유럽을 집어삼킨 괴물

인류 역사에서 짧은 시간에 가장 많은 사람이 죽은 사건은 보통 전쟁입니다. 하지만 두 차례 세계대전보다 더 많은 사람을 죽음으로 내몬 것은 '페스트'라는 질병입니다. 1347~1351년, 불과 4~5년 사이 유럽 전역에 퍼진 페스트로 유럽 인구의 30~50퍼센트가 목숨을 잃었습니다. 페스트에 걸리면 하루 이틀 만에 사망했습니다. 페스트균이 혈액을 타고 전신에 퍼지면 간, 폐, 피부 등에 출혈성 괴사가 나타나면서 마치 검게 썩은 것처럼 보입니다. 그래서 페스트의 다른 이름이 '흑사병(黑死病, black death)'입니다.

인류는 수많은 전염병과 싸워왔습니다. 페스트는 20세기 후반에 항생제가 보급되며 종적을 감춘 듯 보이지만, 아직 인류가 완전히 퇴치하지 못한 질병 중 하나입니다. 지금도 아프리카와 아시아 등지에서는 매년 천 건 이상

조스 리페랭스, 〈역병 희생자를 위해 탄원하는 성 세바스티아누스〉, 1497~1499년, 패널에 유채, 81.8×55.4cm, 볼티모어 월터스아트뮤지엄

페스트 감염 사례가 발생합니다. 인류가 전염병과의 싸움에서 완전히 승리한 것은 천연두와의 전쟁, 단 한 차례에 불과합니다(1980년 세계보건기구가 천연두 박멸을 공식 선언).

소나기처럼 쏟아지는 '죽음의 화살'을 막아줄 수호성인

페스트가 유럽을 휩쓸던 14세기 한복판으로 우리를 데리고 갈 그림 한 편이 있습니다. 조스 리페랭스Josse Lieferinxe, 1493~1503가 그린 〈역병 희생자를 위해 탄원하는 성 세바스티아누스〉는 프랑스 항구도시인 마르세유에 있는 성당에서 제단을 장식하기 위해 주문한 것입니다. 르네상스 초기 작품으로 원근법이 다소 서툴게 표현되어있지만, 인물의 표정만큼은 매우 사실적입니다.
인부가 하얀 천으로 둘둘 만 시체를 매장하고 있습니다. 그런데 왼쪽에 있는 인부는 병에 전염됐는지 시체를 매장하기도 전에 쓰러집니다. 시체의 다리를 붙들고 있는 인부 오른편에 성직자로 보이는 사람들이 찬송가를 부르며 장례를 집전하고 있습니다. 이런 일이 일상적이라는 듯 성직자들은 무표정합니다.
반대쪽에는 망자의 가족과 친지로 보이는 사람들이 있습니다. 이들은 이 광경을 안타깝게 바라보면서도, 시신 가까이 다가가지 않습니다. 그 뒤로는 하얀 천으로 감싼 시체를 둘러맨 남자가 보이고, 더 멀리 시체를 가득 실은 수레가 보입니다. 공중에서는 천사와 악마가 싸우고 있습니다. 더 위쪽에는 온몸에 화살이 꽂힌 남자가 하느님 앞에서 무릎을 꿇고 기도하고 있습니다. 이 남자는 과연 누구일까요?

그림 속 남자는 성 세바스티아누스(Sebastianus, 3세기 말경 순교)로 초기 기독교 순교자 가운데 한 사람입니다. 로마 황제의 장교였으나 몰래 기독교인들을 도와주다 발각되어 화살받이가 되는 형벌을 받습니다. 놀랍게도 성 세바스티아누스는 온몸에 화살을 맞고도 죽지 않았다고 합니다.

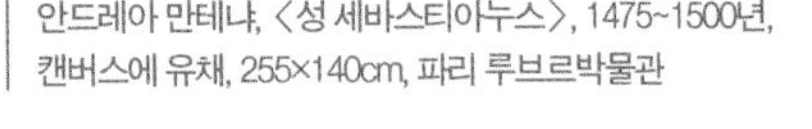

안드레아 만테냐, 〈성 세바스티아누스〉, 1475~1500년, 캔버스에 유채, 255×140cm, 파리 루브르박물관

그가 왜 페스트를 묘사한 그림에 등장하는 걸까요? 당시 사람들은 페스트가 마치 쏟아지는 화살 같아서, 어떤 이는 한 발만 맞아도 죽고 어떤 이는 운 좋게 피하기도 하고 또 어떤 이는 화살을 맞고도 죽지 않고 회복할 수 있다고 생각했습니다. 그래서 소나기처럼 쏟아지는 화살 세례에서도 살아남은 성 세바스티아누스를 페스트라는 '죽음의 화살'을 막아줄 수호성인으로 여겼던 것입니다.

대재앙의 불씨,
투석기로 날아온 시체 한 구

페스트가 유럽에 전염된 경로를 설명하는 여러 가지 학설에 공통으로 언급되는 것이 몽골 제국입니다. 몽골 제국은 실크로드를 통해 중앙아시아를 점령하고 유럽을 침공했습니다. 1347년 칭기즈 칸의 장남 주치가 세운 킵차크 칸국 기마병들은 크림 반도 남부 연안의 무역항 카파를 포위하고 있었습니다. 카파는 지중해 무역으로 번성한 이탈리아 도시국가 제노바의 무역 기지였습니다. 몽골군은 적군의 사기를 꺾기 위해 중앙아시아에서 페스트로 흉측하게 썩은 시신을 가지고 와 투석기에 실어 성안으로 던져넣고 철군했습니다. 지금 관점에서 보면 '생물학전'인 셈이지요.

제노바 상인들은 몽골군이 철군한 틈을 타 배를 타고 앞다투어 이탈리아 본토로 도망쳤습니다. 이때 쥐와 벼룩도 이들과 함께 배에 올라탔지요. 페스트는 놀랄 만큼 빠른 속도로 유럽을 집어삼켰습니다. 불과 5년 만에 유럽 대부분 지역에 페스트가 퍼졌습니다.

페스트 보다 잔혹한 인간의 광기

들로네Jules Elie Delaunay, 1828~1891의 〈로마의 흑사병〉을 보면 길바닥에 시체들이 널브러져 있습니다. 거리와 하늘은 잿빛 어둠으로 물들고 있습니다. 오른쪽 모퉁이 쪽 계단에 앉아 있는 사람은 모포를 둘러쓰고 몸을 오들오들 떨고 있습니다. 그 옆의 남자는 고개를 뒤로 젖힌 채 절규하고 있습니다. 문 앞에

쥘 엘리 들로네, 〈로마의 흑사병〉, 1869년, 패널에 유채, 36.6×45.8cm, 미니애폴리스미술관

는 이런 어둠과 대비되는 순백의 커다란 날개를 단 천사가 보입니다. 천사는 바로 앞에 있는 잿빛 얼굴의 남자에게 무엇인가를 지시하고 있습니다. 이 문을 부수라고 명령하는 걸까요? 잿빛 얼굴의 남자는 창으로 문을 내려치려 합니다. 이 작품은 신성로마제국 말기에 페스트로 신음하던 상황을 표현한 것입니다.

들로네는 신고전주의 화가입니다. 신고전주의는 18세기 후반에서 19세기 초에 프랑스를 중심으로 풍미한 미술사조입니다. 과장되고 왜곡된 표현이 특징인 바로크 양식이나 화려하고 장식성이 강한 로코코 양식에서 벗어나 그리스와 로마 예술의 부활을 목표로 했습니다. 신고전주의 화가들은 그림에 새로운 사상과 정치 이념을 담고자 했습니다. 그래서 혁명 정신을 대변할 수 있는 고대 영웅 이야기를 많이 그렸지요. 신고전주의 그림에는 연극무대처럼 한정된 공간, 단순한 구도, 건축적 배경이 자주 등장합니다. 이를 통해 작가는 주제의 극적 효과를 한층 끌어올렸습니다. 〈로마의 흑사병〉 또한 이런 장치를 적극적으로 활용해, 비극성을 극대화하고 있습니다.

페스트는 페스트균에 의해 발생하는 급성 열성 전염병입니다. 페스트균에 감염된 쥐에 기생하는 벼룩이 페스트균을 사람에게 옮겨 감염됩니다. 14세기 유럽은 도시로 물자와 사람들이 몰려들고, 도시는 제대로 처리하지 못한 오물들로 뒤덮여 있었습니다. 페스트균이 확산할 수 있는 최적의 환경이었지요.

페스트가 균에 의해 감염된다는 것은 그로부터 한참 후인 1900년대에 밝혀졌습니다. 중세 시대에 페스트는 뾰족한 치료법도 없고 감염되면 하루 이틀 만에 죽는 치사율 100퍼센트의 무시무시한 질병이었습니다. 가족과 이웃이 순식간에 질병에 희생되는 참혹한 광경을 목격하면서, 자신도 언제 죽을지 모른다는 두려움에 떨어야 했습니다.

의학도 아무 소용이 없었습니다. 당시 유럽 최고 권위의 의학기관이었던 파리 의과대학은 토성 · 목성 · 화성이 일직선 상에 놓일 때 오염된 증기가 바람에 실려 페스트가 퍼졌다고 발표했습니다.

기독교가 지배하던 중세사회에서 대다수 사람들은 페스트를 인간이 지은 죄에 대한 하느님의 응징이라고 생각했습니다. 이런 사고를 반영한 작품이 〈로마의 흑사병〉입니다. 그림 속 천사가 가리키는 집에 사는 사람은 곧 냉엄한 형벌을 받게 될 것입니다.

'심판의 날'이 다가왔다고 느낀 사람들은 공포에 울부짖었습니다. 이성이 마비된 혼돈의 세계에서 사람들에게 필요한 것은 '희생양'이었습니다. 광기의 화살은 유대인에게로 향했습니다. 유대인들이 우물에 독약을 넣어 페스트가 퍼졌다는 유언비어가 떠돌았고, 많은 유대인이 생매장당하거나 산 채로 불 속에 던져졌습니다.

유대인들에 대한 대량 학살은 몇백 년 후에 있을 홀로코스트(제2차 세계대전 때 나치 독일이 자행한 유대인 대학살)의 전초전이라고 볼 수 있습니다. 재앙과 같은 질병 앞에서 드러나는 인간의 광기와 잔혹성은 페스트의 위협보다 더 공포스럽습니다.

무자비한 괴물과 무기력한 인간

아르놀트 뵈클린Arnold Bocklin, 1827~1901이 그린 〈페스트〉를 보실까요. 해괴한 몰골의 괴물이 박쥐의 날개에 용의 꼬리를 단 기괴한 형상의 동물을 타고 골목을 누빕니다. 길에는 시신이 여러 구 널브러져 있습니다. 괴물은 손에 든 낫으로 마치 벼를 베듯 사람들의 목숨을 닥치는 대로 거둬들이고 있습니다. 골목에는 독가스 같은 연기가 퍼져있고, 도시는 완전히 괴멸된 것처럼 보입니다. 뵈클린은 스위스 바젤 출신의 상징주의 화가입니다. 이 그림은 뵈클린이 죽기 3년 전에 그리기 시작해서 완성하지 못한 작품입니다.

아르놀트 뵈클린, 〈페스트〉, 1898년, 패널에 템페라, 149.5×105cm, 바젤시립미술관

아르놀트 뵈클린, 〈죽음의 섬 : 세 번째 버전〉, 1883년, 패널에 유채, 80×150cm, 베를린 구국립미술관

뵈클린은 죽음을 주제로 많은 작품을 그렸습니다. 〈페스트〉는 북유럽 특유의 어둡고 우울한 정서와 당시 유럽의 불안정한 시대 분위기가 잘 반영된 작품입니다. 작가의 가족사도 작품에 영향을 미쳤습니다. 뵈클린은 열두 명의 자녀를 두었습니다. 그런데 그중 여섯 명이 페스트, 콜레라, 장티푸스 같은 전염병으로 사망했습니다.

뵈클린을 유명하게 만든 작품은 같은 주제로 무려 다섯 번이나 제작한 〈죽음의 섬〉입니다. 그전까지 뵈클린은 투박하고 야성적인 그림을 그리는 평범한 화가였지요. 그러나 〈죽음의 섬〉이 발표된 이후 인기가 급상승하며 복제품과 판화가 불티나게 팔리는 화가가 되었습니다. 라흐마니노프Sergei Rachmaninoff, 1873~1943는 〈죽음의 섬〉에서 영감을 얻어 동명의 교향시를 작곡했고, 히틀러Adolf Hitler, 1889~1945는 뵈클린의 열렬한 팬으로 그의 작품을 소장하기도 했습니다.

페스트, 봉건제도를 붕괴시키다!

역사학자 윌리엄 H. 맥닐William H. Mcneill, 1917~2016은 『전염병과 인류의 역사』라는 책에서 전염병과의 오랜 싸움은 유럽의 과학과 의료기술을 발달시켰으며, 그로 인해 새로운 이성의 시대가 열렸다고 주장합니다. 페스트가 중세 유럽 사회를 붕괴시키고 개편하는 데 일조했다는 것은 대다수 학자가 동의하는 내용입니다.

신께 아무리 기도해도 페스트가 누그러지지 않자 사람들의 믿음에 균열이 생기기 시작했습니다. 차츰 사람들이 교회로부터 멀어지기 시작하면서 교회의 지배력도 흔들렸습니다. 이러한 사회적 분위기는 종교개혁의 단초가 되었으며, 인본주의를 태동시켰습니다.

페스트가 창궐하기 전까지 유럽 대다수 나라는 교회와 봉건귀족이 장악하고 있었습니다. 성직자와 귀족이라고 해서 페스트의 광풍을 비켜갈 수는 없었지요. 페스트로 많은 성직자가 죽자 라틴어를 읽고 쓸 수 있는 사람들이 줄어들면서 영어, 프랑스어, 이탈리아어 등 자국어를 사용하는 빈도가 늘어났고, 이는 민족주의 출현으로 이어졌습니다.

유럽 인구의 3분의 1이 목숨을 잃자 노동력이 부족해지고 농민들은 더 좋은 노동 조건을 찾아 도시로 떠났습니다. 이에 따라 농민들의 지위가 향상되면서 봉건제도가 붕괴하기에 이르렀습니다.

페스트와 같은 불가항력적인 시련을 맞닥뜨렸을 때 우리는 어떻게 해야 할까요? 알베르 카뮈Albert Camus, 1913~1960는 소설 『페스트』에서 현실이 아무리 잔혹하다 할지라도 희망을 버리지 않고 자신의 자리에서 최선을 다하는 것이 우리가 나아갈 길이라고 말합니다. 저도 카뮈의 생각에 동의합니다.

의술과 인술 사이

의술을 앞선 인술

의사가 환자의 급박한 상황 앞에서 환자의 안위보다는 환자의 경제적 능력을 먼저 살필 수밖에 없는 것이 오늘날 의료 현실입니다. 효율성을 추구하는 의료시스템의 지원 아래 의사들은 하루에 백 명이 넘는 환자를 진료하며 점차 '진료 기계'가 되어갑니다. 환자들은 이런 의사에게 가장 과학적이면서 인도적인 치료를 바랍니다. 서로 다른 상황이 충돌하며, 의료 현장에서 인술(仁術)을 찾는 것이 점점 더 어려워지고 있습니다.

여기 우리가 생각하는 이상적인 의사 상을 화폭에 담은 루크 필데스Luke Fildes, 1843~1927의 〈의사〉라는 작품이 있습니다. 필자가 진료에 치여 힘겹다 느끼는 순간, 진료실에서 살며시 들여다보는 그림입니다.

자그마한 오두막집 안에 아이가 잠자듯 누워 있고, 아이 옆으로는 고뇌하는

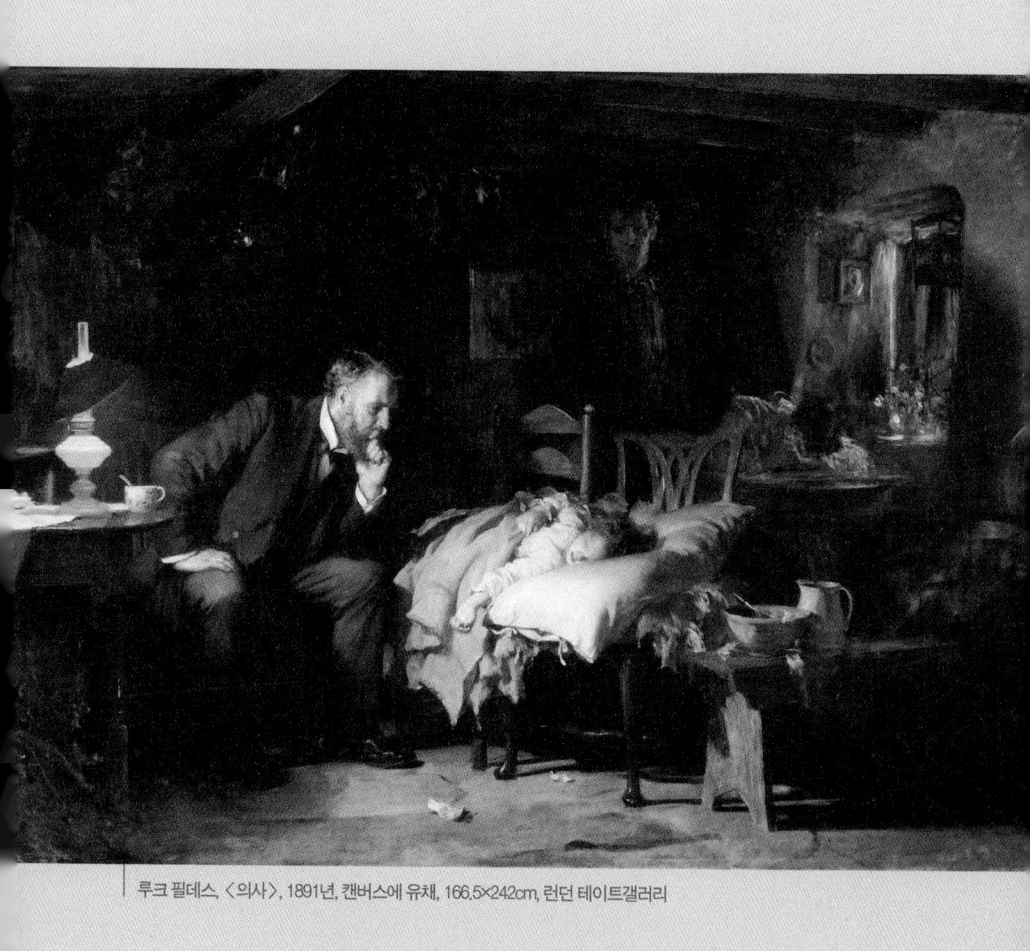

루크 필데스, 〈의사〉, 1891년, 캔버스에 유채, 166.5×242cm, 런던 테이트갤러리

부모와 죽음의 괴력 앞에 두 손을 놓은 채 묵묵히 아이의 머리맡을 지키고 있는 의사가 보입니다.

필데스는 테이트갤러리를 설립한 테이트 경Sir Henry Tate, 1819~1899으로부터 이제까지 살아오면서 가장 감동적인 순간을 그려 달라는 주문을 받았습니다. 필데스에게는 1877년 폐렴으로 죽은 두 살배기 아들이 있었습니다. 그는 삼일 밤을 아들 곁에서 헌신적으로 간호한 의사가 떠올랐습니다. 필데스는 그에 대한 존경과 감사의 마음을 그림에 담았습니다. 그림 속 의사의 모델이 누구인지 궁금해하는 사람들에게 필데스는 특정한 인물을 옮긴 것이 아니라 "우리 시대 의사의 지위를 구현하기 위해 그림을 그렸다"고 밝혔습니다.

그림 속 집안 풍경은 환자의 경제 사정을 간접적으로 알려줍니다. 아이가 누워있는 침대는 의자 두 개를 임시방편으로 붙여 만든 것이고, 집안은 좁고 누추합니다. 그림은 환자를 응시하고 있는 의사에 초점이 맞춰져 있으며, 어둠 속으로 환자의 아버지가 넋이 나간 표정으로 망연자실한 아내의 어깨에 손을 얹고 위로하고 있습니다.

더 자세히 들여다보면 의사가 환자를 간호할 때 사용하였던 기구들이 보입니다. 그림 우측에 막자와 막자사발, 물병이 있습니다. 아마 물약이나 찜질제를 만들 때 사용한 기구들일 것입니다. 청진기나 체온계 같은 기구들은 보이지 않네요. 19세기 말에도 의사들은 이미 청진기와 같은 의료 기구를 사용했고 환자들은 이런 기구를 사용하는 것만으로도 의사를 매우 신뢰했다고 합니다.

필자는 작품을 감상하다가 과연 어린 환자가 치유될 것인지 궁금해졌습니다. 아이 얼굴에 쏟아지는 밝은 빛에서 아이가 병을 훌훌 털고 일어날 것이

라는 낙관적인 해석을 해 볼 수 있습니다. 하지만 깊은 고민에 빠진 의사의 표정과 '폐렴'이라는 환자의 병명에 생각이 미치자, 슬퍼집니다. 이 작품은 항생제가

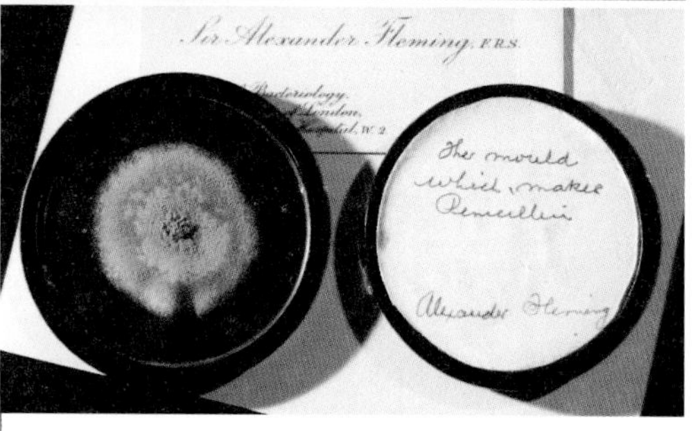

알렉산더 플레밍이 페드리디쉬(뚜껑이 달린 얇고 둥근 유리 접시)에 미생물을 배양하고 있는 모습과 그가 최초로 페니실린을 배양한 푸른곰팡이 샘플.

발견되기 전인 1891년 그려졌습니다. 최초의 항생제는 1928년 알렉산더 플레밍Alexander Fleming, 1884~1955이 푸른곰팡이에서 세균을 죽이는 항균 작용을 하는 페니실린을 발견함으로써 탄생했습니다. 그로부터 10년 뒤인 1938년이 돼서야 페니실린을 대량 생산할 기술이 개발됐습니다. 폐렴은 대부분 세균이나 바이러스, 진균 등에 감염돼 발생하는 질환으로, 페니실린이 상용화되는 1940년 이전까지만 해도 사망률이 무려 90퍼센트에 이르는 무서운 질병이었습니다. 특히 면역력이 약한 어린이들의 목숨을 숱하게 앗아갔습니다.

시대적 배경을 고려해보면 아이는 세균성 폐렴에 의한 패혈증(미생물에 감염되어 전신에 걸쳐 염증 반응이 나타나는 상태)으로 곧 죽을 운명이고, 의사는 아이를 지켜보며 슬퍼하는 일 말고는 해줄 게 없었을 것입니다. 그리고 서두에서 언급했듯이 필데스의 아이는 폐렴으로 사망했습니다.

필데스는 노동자와 가난한 사람들의 삶을 작품을 통해 사실적으로 보여주고자 했던 '사회 사실주의' 화가였습니다. 그런데도 그는 작품 속 '의사'를 마치 '인류애의 화신'처럼 이상적으로 그려냈습니다. 아마도 많은 이들이 원하는 보편적인 의사의 모습을 보여주기 때문일까요, 이 작품은 당시뿐만 아니라 지금까지도 널리 사랑받고 있습니다.

소년 피카소의 눈에 비친 의사

의사를 그린 다른 작품을 하나 더 살펴볼까요. 파블로 피카소Pablo Picasso, 1881~1973의 〈과학과 자비〉입니다. 그런데 어딘가 좀 이상하네요. 우리가 익히 알고 있던 피카소의 화풍과는 달라도 너무 다릅니다.

〈과학과 자비〉는 피카소가 열다섯에 그린 작품으로, 피카소가 화가의 길을 걷게 한 작품입니다. 어린 나이에 이미 천재성을 인정받은 피카소는 사실적인 아카데미 화풍에 질려 전통 회화의 원칙을 모두 파괴해 단순화시키고 자신의 스타일대로 구현하는 '예술의 파괴자'가 되었습니다. 피카소는 자신의 화풍 변화에 대해 친구들에게 다음과 같이 말했습니다. "난 열두 살 때 라파엘로처럼 그릴 수 있었네. 하지만 난 어린아이처럼 그리는 법을 배우기 위해서 내 인생 전부를 바쳐야 했네."

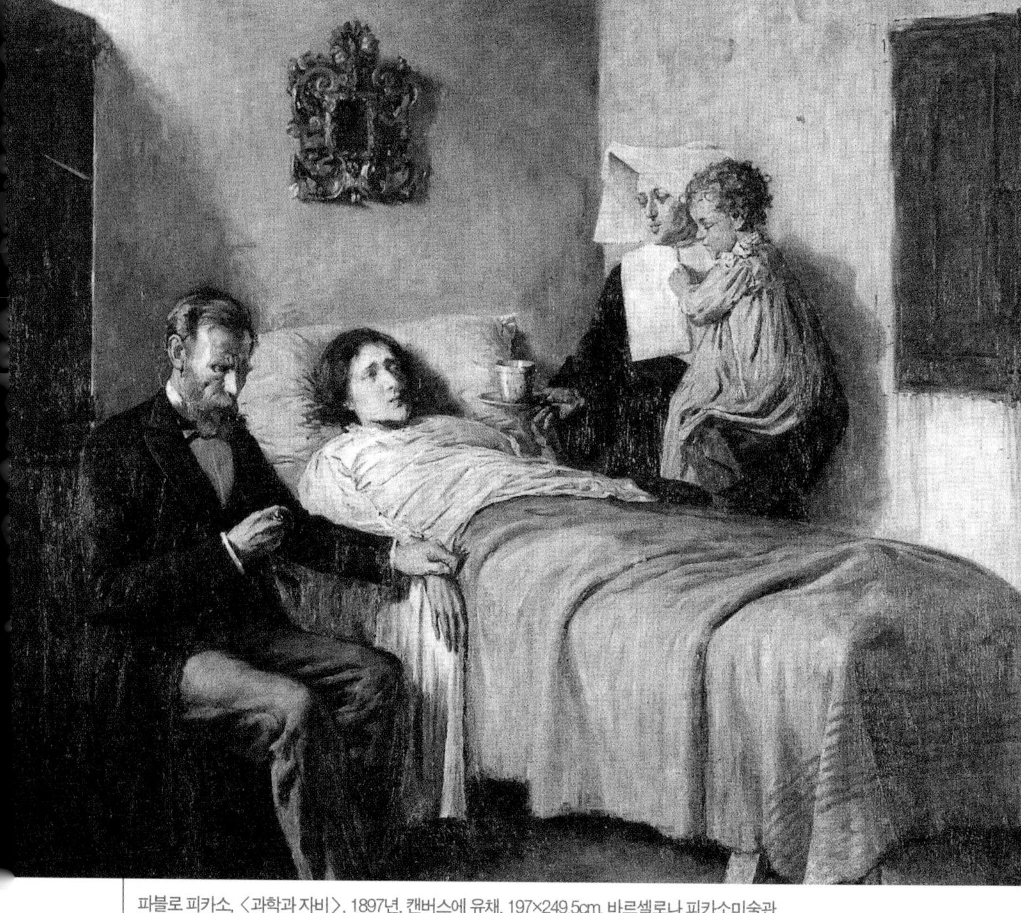

파블로 피카소, 〈과학과 자비〉, 1897년, 캔버스에 유채, 197×249.5cm, 바르셀로나 피카소미술관

의사와 수녀가 임종을 앞둔 젊은 여인을 돌보고 있습니다. 소생할 가망이 없는 듯 여인의 얼굴에는 병색이 완연합니다. 환자의 맥을 짚고 맥박시계를 보는 의사는 '과학'을, 아기를 안고 병자에게 물을 먹여주는 수녀는 '자비'를 상징합니다.

의사는 여인을 치유하기 위해 노력하지만, 그 노력이 한계에 이른듯합니다.

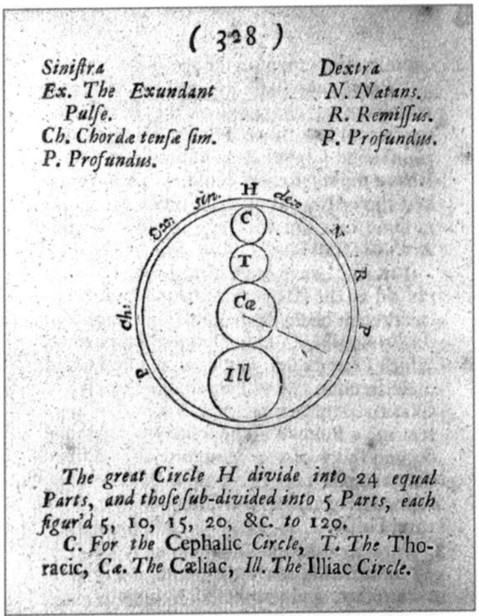

(328)

Sinistra
Ex. The Exundant Pulse.
Ch. Chordæ tensæ sim.
P. Profundus.

Dextra
N. Natans.
R. Remissus.
P. Profundus.

The great Circle H divide into 24 equal Parts, and those sub-divided into 5 Parts, each figur'd 5, 10, 15, 20, &c. to 120.
C. For the Cephalic Circle, T. The Thoracic, Ca. The Cæliac, Ill. The Illiac Circle.

존 플로어의 맥박시계 구조도

어두운 색상의 옷을 입고 검은 배경 속에 미동도 없이 앉아 맥을 짚는 의사의 표정에는 희망보다는 자기 역할이 끝났다는 체념이 앞섭니다. 그는 앞으로 닥쳐올 상황을 담담히 받아들이고 오로지 질병에만 집중하고 있는 듯합니다.

여인의 핏기 없이 축 처진 손과 창백하고 고통스러운 얼굴, 무겁게 떨어지는 침대 시트는 작품의 분위기를 더욱 어둡게 합니다. 그러나 따듯한 하얀 색상을 배경으로 아이를 안고 서 있는 수녀는 여인을 지긋이 바라보며 조용히 찻잔을 내밉니다. 불안하고 고통스러운 여인의 마음을 어루만지는 듯합니다. 인간에 대한 측은지심과 더불어 정확한 과학적(의학적) 지식과 기술로 환자를 치료하는 것이 진정한 의술일 것입니다. 소년 피카소가 무슨 연유로 이런 장면을 그렸는지는 알 수 없으나, 작품의 제목과 내용에서 의학의 정수를 제대로 표현했다고 볼 수 있습니다.

그림에 등장하는 맥박시계는 1707년 영국인 의사 존 플로어Sir John Floyer, 1649~1734가 발명한 것입니다. 1분간 정확하게 작동하는 시계로 초 단위 측정이 가능해지면서, 의사들은 환자의 분당 심장 박동수를 잴 수 있게 되었습니다. 정상적인 심장 박동수는 성인의 경우 1분 동안 대략 60~100회이고 맥박은 호흡에 따라 달라진다는 사실을 알게 되면서, 의사들은 맥박을 통해 다양한 질병을 진단할 수 있게 되었습니다.

필데스가 그린 〈의사〉 속 아이의 맥박을 잰다면, 아마도 매우 빠를 겁니다. 폐렴 같은 급성 호흡기 질환은 고열을 동반하는 감염성 질환으로 맥박도 빨라지기 때문입니다. 폐렴이 진행되면 패혈증(敗血症)을 일으킬 수 있습니다. '피가 부패했다'는 의미의 패혈증은 세균이 혈액을 통해 온몸에 퍼져, 전신에서 심각한 염증 반응이 나타나는 상태입니다. 38도 이상의 고열이 나고 맥박이 빨라지며 호흡수가 증가하는 것이 패혈증의 대표적인 증상입니다.

차가운 머리, 뜨거운 가슴

〈의사〉와 〈과학과 자비〉 속 '의사'에 대한 시선은 극명하게 갈립니다. 필데스 작품 속 의사는 따뜻하며 헌신적입니다. 손자의 아픈 배를 밤새 쓸어 주시던 할머니의 모습이 겹쳐집니다. 아마도 그는 병으로 피폐해진 마음까지 어루만져 줄 것입니다. 환자 대신 당시 첨단 과학의 산물인 맥박시계를 응시하고 있는 피카소 작품 속 의사에게는 전문성이 느껴집니다. 아마도 그는 정확한 지식과 세련된 기술로 완치를 위해 노력할 것입니다. 하지만 환자의 마음속 상처까지는 치유하지 못할 것 같습니다.

이제 인간의 영역이던 의술을 기계가 넘보는 시대가 되었습니다. 의술에서 완벽함과 정밀함을 요구하는 부분은 기계에 자리를 내줄 수밖에 없을 것입니다. 그럼에도 불구하고 치유하는 사람으로서 의사는 필요할 것입니다. 환자와 마찬가지로 불완전한 인간인 의사만이 환자의 불안과 고통을 공감하고 이해해줄 수 있기 때문입니다.

제1차 세계대전의 승자, 스페인독감

인류 역사상 최악의 재앙, 스페인독감

'스페인독감(Spanish influenza)'은 1918년 3월부터 1920년 6월까지 제1차 세계대전(1914~1918년)과 맞물러 대유행한 바이러스 질환입니다. 유럽에서는 제1차 세계대전으로 인해 목숨을 잃은 사람이 1500만 명 정도였습니다. 그런데 스페인독감으로 사망한 사람은 2100만 명에서 5000만 명 또는 1억 명으로 추정됩니다. 당시 유럽 인구가 약 16억 명 정도였는데, 유럽 인구의 3분의 1이 넘는 약 6억 명의 사람이 스페인독감에 걸렸습니다. 인류 역사를 뒤흔든 무시무시한 전염병이었지요.

통계마다 사망자 수에서 많은 차이가 나는 이유는 스페인독감의 빠른 전염 속도 탓도 있습니다. 당시 스페인독감이라고 진단할 겨를도 없이 사망한 사람이 많았습니다. 야전에서 스페인독감으로 사망한 군인들과 부상당한 군

에곤 실레, 〈가족〉, 1918년, 캔버스에 유채, 150×160.8cm, 빈 벨베데레오스트리아갤러리

인들이 독감 합병증으로 사망한 경우에는 스페인독감 사망자에 포함시키지 않기도 했습니다. 근본적으로 제대로 된 통계 체계가 없었기 때문에 정확한 사망자 수를 추정할 수 없었습니다.

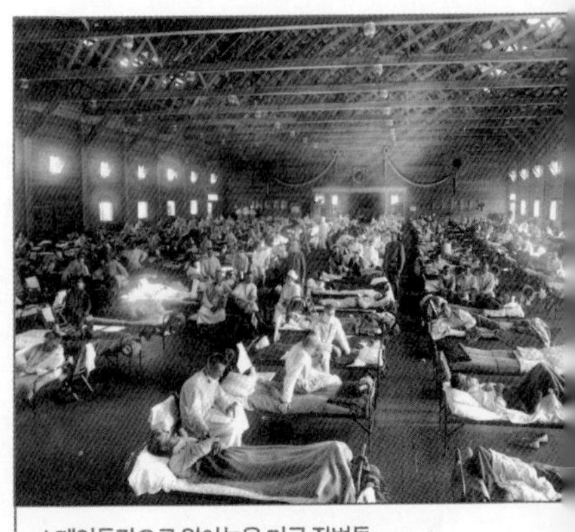
스페인독감으로 앓아누운 미군 장병들.

스페인독감이라는 이름 때문에 스페인은 최초 발생지(발생원)라는 오해를 사지만, 사실 스페인독감의 최초 발생지는 1918년 3월 미국 시카고 부근이었습니다. 미군 병영에서 처음 발생했으며 군인들의 이동 경로를 따라 세계로 퍼졌습니다. 하지만 미국과 유럽은 당시 제1차 세계대전으로 전시 보도 검열이 철저하게 이루어졌습니다. 군인 사망 소식은 군사력 감소를 판단할 수 있는 중요한 정보이기 때문에 언론에서 다루는 것이 금지되었지요. 스페인은 제1차 세계대전 참전국이 아니었습니다. 스페인 언론은 여러 나라에서 많은 민간인이 놀라운 속도로 병들고 죽어간다는 특종 보도를 실었습니다. 그래서 최초 발생지와는 아무런 관련이 없음에도 스페인독감이라고 이름 지어진 것입니다.

스페인독감, 무오년에 조선을 강타!

스페인독감은 인류를 통째로 집어삼킬 듯 전 세계로 퍼져나갔습니다. 우리나라에서 '무오년 독감'이라고 부르는 것도 바로 스페인독감입니다. 1918년 조선 사람 742만여 명(당시 조선 총인구 1670만여 명)이 스페인독감에 걸렸고, 이 중 14만여 명이 목숨을 잃었습니다. 조선인의 약 37퍼센트가 스페인독감에 걸린 셈이며, 이 중 약 2퍼센트가 사망했습니다. 전염병으로 흉흉해진 민심이 이듬해인 1919년 3.1운동의 불씨를 지핀 원인 중 하나로 꼽힙니다.

인도는 전체 인구의 5퍼센트에 해당하는 1700만 명의 국민이 스페인독감으로 사망했습니다. 알래스카와 태평양 섬은 전염병의 불모지와 같았기 때문에 면역학적으로 특히 취약했지요. 타히티와 사모아 제도 인구의 10~20퍼센트가 스페인독감으로 목숨을 잃었습니다.

한 보고에 의하면 스페인독감은 페스트가 100년 동안 죽인 것보다 더 많은 사람을 죽였습니다. 또한 후천면역결핍증(에이즈)이 24년 동안 죽인 것보다 더 많은 사람을 24주 동안 죽였습니다. 스페인독감은 '인류 역사상 최악의 재앙'이라는 명성에 걸맞게 수많은 사람을 죽음으로 내몰았습니다.

스페인독감 때문에 미완으로 남은 한 화가의 가족 그림

〈가족〉이라는 제목의 작품을 보실까요. 눈을 동그랗게 뜨고 정면을 응시하고 있는 젊은 남자가 벌거벗은 채로 침대에 앉아 있습니다. 평소 그림에 좀 관심이 있으신 분이라면 단박에 그가 누구인지 알아채셨을 것입니다. 남자는 이 그림을 그린 에곤 실레Egon Schiele, 1890~1918입니다. 남자 앞쪽에는 벌거벗은 여인이 웅크려 앉아 한 곳을 멍하니 바라보고 있습니다. 여인의 다리 사이에는 귀여운 얼굴의 아기가 밝은색 이불로 몸을 감싼 채 앉아 있습니다.

에곤 실레, 〈줄무늬 옷을 입은 에디트 실레의 초상〉, 1915년, 캔버스에 유채, 180×110cm, 헤이그시립미술관

1915년 에곤 실레는 에디트 하름스Edith Harms, 1893~1918와 결혼합니다. 에곤 실레는 결혼 후 각종 전시회에서 성공을 거두며, 본격적인 유명세를 타기 시작하며 작가로서 명성과 부를 얻게 됩니다. 그러나 그에게 일에서의 성공보다 더 기쁜 소식은 아내 에디트가 임신했다는 사실입니다. 실레는 너무나 기쁜 나머지 조카를 모델 삼아 아직 태어나지 않은 아이의 얼굴을 그려 〈가족〉을 완성합니다.

〈가족〉은 실레의 후기작품 중 가장 중요한 작품으로 평가받고 있습니다. 실레의 다른 작품과 이 그림의 가장 큰 차이는 그가 '가족'이라는 관계 속에서 자신의 모습을 담아냈다는 점입니다. 실레의 작품 가운데 온전한 가족의 모습이 등장하는 건 이 작품이 유일합니다. 그만큼 실레에게 가족이 주는 의미는 컸다고 할 수 있겠지요.

당시 유럽을 관통한 무시무시한 위력의 스페인독감에 아내 에디트가 감염되면서, 실레는 아내와 배 속의 아이까지 함께 잃고 맙니다. 그리고 아내를 지극히 간호하던 실레 또한 아내가 죽은 지 3일 만에 사망합니다. 그가 그린 〈가족〉의 모습은 끝내 현실 세계에서 이루어지지 못합니다.

에곤 실레는 오스트리아를 대표하는 표현주의 화가입니다. 초기에는 그의 동료이자 선배 화가인 구스타프 클림트Gustav Klimt, 1862~1918를 연상시키는 그림을 그리다가, 점차 자신만의 독창적인 스타일을 완성합니다. 실레의 그림 속에는 죽음, 욕망, 원초적 성본능, 동성애 같은 주제가 자주 등장합니다. 이러한 주제가 인간의 죽음에 대한 공포와 내밀한 욕망, 그리고 인간의 실존을 둘러싼 고통스러운 투쟁을 담고 있기 때문입니다.

실레는 스물여덟이라는 짧은 생을 살면서, 생전에 3000점 넘는 작품을 남겼습니다. 그중 유화도 300점에 이릅니다. 그가 스페인독감으로 요절할 때까지 그에 대한 대중의 평가는 극과 극을 달렸습니다. 1911년 4월에는 실레의 첫 개인전이 열렸습니다. 분리파(19세기 말 독일과 오스트리아 각 도시에서 일어난 회화, 건축, 공예 운동으로, 아카데미즘이나 관 주도의 미술에서 독립하고자 했다)의 세련되고 웅장한 그림에 익숙하던 오스트리아 빈의 관람객들은 실레의 노골적이고 원색적인 자화상을 보고 강한 인상을 받았습니다.

왜 젊은 층에서 스페인독감 치사율이 가장 높았을까?

평소 건강하던 실레와 그의 아내는 젊은 나이에 독감으로 사망했습니다. 다른 바이러스는 어린아이나 노약자처럼 면역체계가 약한 사람에게 주로 전염되는 데 비해, 스페인독감은 특이하게도 20~30대 전반의 젊고 건강한 사람들에게 가장 맹위를 떨쳤습니다. 젊고 건강한 사람일수록 치사율이 높았던 이유는 '사이토카인 폭풍(cytokine storm ; 염증물질 과다활성)'으로 설명할 수 있습니다.

'사이토카인'은 세포 간에 정보를 주고받는 물질입니다. 몸에 외부 침입자가 들어오면 침입자를 물리치기 위해 면역세포들은 다른 면역세포들에게 와서 도와줄 것과 면역세포의 숫자를 불리도록 신호를 보냅니다. 이 신호가 바로 사이토카인입니다. 사이토카인은 염증 반응을 유도하기도 하고 억제하기도 합니다. 사이토카인 폭풍은 면역 반응이 과도하게 일어남으로써 지나치게 많은 사이토카인이 분비되어 정상적인 신체 조직을 공격해 정상 세포에 해를 입히는 현상을 말합니다.

사이토카인 폭풍은 주로 치사율이 매우 높은 바이러스 전염병이 유행해 사망자가 대규모로 발생하는 원인을 설명하는 병리기전으로 자주 등장합니다. 2015년 우리나라에서 메르스(MERS; 중동호흡기증후군)가 발생했을 때 사망한 사람 가운데 사이토카인 폭풍의 희생자가 많았을 것으로 추정하고 있습니다. 사이토카인 폭풍은 면역력이 강한 젊고 건강한 사람들에게서 더 쉽게 일어날 수 있습니다. 스페인독감에 젊고 건강한 사람들이 유독 많이 목숨을 잃은 이유를 사이토카인 폭풍에서 찾고 있습니다. 하지만 아직 사이토카인 폭풍이라는 병리기전에 대해서는 논란이 있으며, 좀 더 많은 연구가 필요합니다.

비극적 운명의 화가 뭉크,
노년에 찾아온 스페인독감을 극복하다!

노년의 남자가 침대 옆 의자에 긴 검은색 가운을 입고 가지런히 손을 모으고 앉아 있습니다. 노인은 입을 벌리고 초췌한 모습으로 멍하니 앞을 바라보고 있습니다. 벽은 붉은색으로 칠해져 있고 검은색 가운으로 인해 그림은 다소 어두운 분위기입니다.

〈스페인독감을 앓은 후의 자화상〉이라는 제목처럼 인류 역사상 가장 치명

에드바르 뭉크, 〈스페인독감을 앓은 후의 자화상〉, 1919년, 캔버스에 유채, 150×131cm, 오슬로국립미술관

적인 전염병 중 하나인 스페인독감에서 회복된 후 에드바르 뭉크Edvard Munch, 1863~1944가 그린 자신의 모습입니다. 병마에 시달려 극도로 수척해진 모습이지만, 곧 병을 털고 새로운 삶을 이어가려는 의지를 표현하기 위해 그린 작품일까요? 그림을 그릴 당시에 뭉크는 50대 중반이었지만 병마와 처절한 사투를 벌인 직후라 할아버지처럼 머리도 벗겨지고 맥이 빠진 모습입니다.

뭉크는 노르웨이 출신의 표현주의 화가이자 판화가입니다. 북유럽 신화와 전설을 보면 유난히 음침하고 어둠의 그림자가 드리워져 있습니다. 오랜 시간 동안 피오르드(fjord : 빙하가 깎아 만든 U자 골짜기에 바닷물이 유입되어 형성된 좁고 기다란 만)와 빙하에 둘러싸여 있고 오로라가 밤도 낮도 아닌 북구의 하늘에 빛의 그림자를 드리우는 곳이 노르웨이입니다. 노르웨이 로이텐에서 태어난 뭉크는 그림을 통해서 자신의 인생과 질병을 표현한 화가입니다.

뭉크의 할아버지는 고위 성직자였고, 아버지는 군의관으로 일하다 나중에는 오슬로 근교 빈민가에서 의사로 활동했습니다. 뭉크는 다섯 남매 가운데 둘째로 태어났습니다. 태어났을 때부터 매우 병약해서 어린 시절부터 류머티즘에 의한 고열과 기관지천식이 늘 그를 괴롭혔습니다. 다섯 살 무렵에는 어머니가 결핵으로 세상을 떠나고, 그로 인해 아버지는 우울증으로 인한 정신분열증으로 종교에 집착하는 증상을 보였습니다. 어머니 사망 후 집안일은 누나 소피에와 이모가 맡아서 꾸려나갔지요. 뭉크가 열다섯 살이 되었을 때 누나 소피에가 결핵으로 죽고, 1895년 남동생 안드레아스가 결혼한 지 얼마 되지 않아서 급성 폐렴으로 사망합니다. 이어 1898년에는 여동생 라우라가 정신분열증으로 정신병원에 입원하게 됩니다. 이런 상황에 뭉크는 "우리 가족에게는 병과 죽음밖에 없네, 그게 우리 핏속에 있어"라는 자조적인 말로 푸념했다고 합니다.

하지만 뭉크는 홀로 끝까지 살아남아 그림을 그렸습니다. 평생을 괴롭히던 천식도 이겨냈습니다. 알코올 중독과 신경쇠약에 의한 정신분열증이 나타나기도 했지만 9개월 동안 입원한 후 일상으로 돌아와서 다시 그림을 그렸습니다. 1918년에 전 세계를 휩쓸고 숱한 사망자를 냈던 스페인독감까지 병약한 뭉크를 공격했습니다. 뭉크는 구스타프 크림트와 에곤 실레의 목숨을 앗아간 스페인독감도 끝내 이겨냈습니다. 많은 사람들이 뭉크 작품 전반에 흐르는 우울하고 불안한 정서 때문에 그가 고흐Vincent van Gogh, 1853~1890처럼 젊은 나이에 자살로 생을 마감할 것이라고 지레짐작했습니다. 하지만 뭉크는 모두의 예상을 뛰어넘어 여든 살 넘게 살았고, 그림을 그리고 또 그렸습니다.

인류를 모조리 집어삼킬 듯 맹위를 떨치던 스페인독감은 왜 갑자기 사라졌을까?

아시아를 비롯해 우리나라에서 확산되고 있는 조류독감(AI : Avian Influenza)이 '스페인독감 바이러스'와 매우 유사하다는 보고가 나오자, 모두가 공포에 떨었습니다. 다행히도 조류독감은 비교적 많은 희생자를 낳지는 않았습니다. 지난 80년 동안 인류에게 엄청난 피해를 준 수준의 돌연변이가 발생한 독감은 없었습니다.

조류독감이 발견됐을 당시에는 조류에만 전염되는 바이러스로 알려졌습니다. 그런데 1997년 홍콩에서 변종 바이러스에 감염된 인간 희생자가 발생했습니다. 이후 조류의 배설물을 통해 새에게서 사람에게로 감염될 수 있다는 사실이 밝혀졌지요. 지금까지 조류독감으로 열여섯 명이 사망했으며, 사람 간의 전파 가능성도 완전히 배제할 수 없으므로 감염자가 적다고 해서 안심할 수 없습니다.

본래 독감은 조류에게 유행하는 바이러스 질병이었습니다. 비교적 가벼운 질병이었으나 돌연변이 바이러스가 출현하면서 새들이 떼죽음을 당하게 되었지요. 돌연변이를 일으킨 일부 바이러스는 조류에서 사람 간의 감염 즉, 종간장벽을 넘어서 인간까지 감염시켰습니다.

대다수의 바이러스 질환은 바이러스를 일으키는 질병을 가볍게 앓고 나면 항체가 생성돼 이 병으로부터 우리 몸을 보호할 힘, 즉 면역력을 얻게 됩니다. 이를 자연면역이라고 합니다. 하지만 돌연변이를 일으킨 변종 바이러스가 인체에 들어오면 인체의 면역체계가 무너집니다. 변종 바이러스에 대항할 항체가 없어 병을 심하게 앓게 되고, 최악에는 목숨을 잃기도 합니다. 돌연변이 바이러스는 면역성이 없는 집단을 공격해 대규모로 확산됩니다. 바이러스에 공격당할 만큼 당한 후, 즉 어느 정도 유행하면 바이러스에 감염됐던 집단 가운데 생존자를 중심으로 면역력이 생기게 됩니다. 이렇게 바이러스의 병독성이 약해지면서 감기처럼 가벼운 질병이 되지요. 스페인독감의 치료약제인 항바이러스 약물이 없었던 시기에, 스페인독감이 거짓말처럼 저절로 사라진 것도 이런 원리입니다.

모델과 닮지 않은 것으로 유명한 루소의 초상화

공원에 두 명의 남녀가 서 있습니다. 순진한 얼굴의 남자는 한 쪽 손에는 종이를 움켜쥐고 있고 또 다른 손에는 깃털 펜을 들고 있습니다. 그가 시인이라는 표현입니다. 왼쪽에 있는 여자는 다소 뚱뚱한데, 푸른색 드레스가 그녀를 오페라 주인공처럼 보이게 합니다. 여자는 남자의 등을 살포시 두드리며 하늘을 가리키며, 남자를 격려하고 있습니다. 이들 앞에는 '시인의 꽃'이라고 알려진 패랭이꽃이 피어 있습니다.

〈시인에게 영감을 주는 뮤즈〉는 파리 뤽상부르 공원을 배경으로 앙리 루소Henri Rousseau, 1844~1910가 기욤 아폴리네르Guillaume Apollinaire, 1880~1918와 그의 연인 마리 로랑생Marie Laurencin, 1883~1956을 그린 작품입니다. "미라보 다리 아래 센 강은 흐르고 우리 사랑도 흐른다"라고 시작하는 시 〈미라보 다리〉가 기욤 아폴리네르의 작품입니다. 스물일곱 살의 젊은 시인과 스물네 살의 전도유망한 여류 화가는 피카소Pablo Picasso, 1881~1973의 소개로 만나 사랑을 시작했습니다.

1911년까지 두 사람은 열렬히 사랑했으며, 누구보다도 서로 이해하고 서로의 작품에 많은 영향을 주었습니다. 특히 아폴리네르는 이 시기에 로랑생에게 보내는 연애편지와 다름없는 주옥같은 많은 사랑 시를 씁니다.

앙리 루소, 〈시인에게 영감을 주는 뮤즈〉, 1909년, 캔버스에 유채, 146×97cm, 바젤미술관

앙리 루소가 그린 초상화는 사실 모델과 닮지 않은 것으로 유명합니다. 정규 미술 교육을 받지 않은 루소는 기본적인 데생 실력도 떨어지고 원근법에 어긋나게 그리는 경우가 많습니다. 그래서 그가 그린 초상화 속 인물들은 보통 인체 비율이 맞지 않고 사실적인 느낌도 들지 않습니다. 〈시인에게 영감을 주는 뮤즈〉를 그리기 전에 루소는 모델의 얼굴 치수를 자로 재보기도 하고 피부의 정확한 색을 찾기 위해 물감의 여러색들을 찾아서 모델 얼굴과 비교까지 했다고 합니다. 고생한 루소에게는 미안한 말이지만, 이 그림 역시 아폴리네르와 로랑생과는 전혀 닮지 않았습니다.

기욤 아폴리네르와 마리 로랑생 사진.

20세기에 파리를 중심으로 한 미술 흐름은 크게 변화하고 있었지요. 이상적이고 아름다움을 추구하던 아카데미 화풍의 그림은 서서히 빛을 잃게 되고, 인상파 화풍의 그림에도 사람들은 서서히 지겨움을 느낍니다. 이른바 새로운 취향의 시대가 열리기 시작했습니다. 피카소, 마티스Henri Matisse, 1869~1954, 브라크Georges Braque, 1882~1963, 블라맹크Maurice de Vlaminck, 1875~1853를 포함한 파리의 젊은 아방가르드 화가들은 더 이상 규범화된 그림을 그리지 않고 원시적이고 이국적인 작품을 그리려고 했습니다. 여기에 앙리 루소도 포함됩니다.

루소와 같은 아마추어 화가들을 보통 '소박파'라고 부릅니다. 소박파는 야수파나 입체파 같이 어떤 이념이나 목표를 공유하는 화가들이 아니고 기본적으로 앙데팡당(independent, 독립) 화가들입니다. 세관원이던 루소처럼 이들은 보통 직업을 가지고 있으며 취미 삼아 틈틈이 휴일에 그림을 그렸으며, 직장을 그만둔 후부터 본격적으로 자신만의 작품 세계를 펼쳤습니다.

루소는 환상적이고 생명력이 넘치는 독창적인 스타일의 작품으로, 당대 전위 화가들의 지지를 받았습니다. 루소와 같은 동시대 인물인 미술 평론가 루이스 로이스는 "그의 그림이 불가사의하고 이상해 보일지 모르지만, 그 이유는 우리가 이전에 봤던 어떠한 것들과도 다르기 때문이다. 왜 이전에 보지 못한 것은 비웃음의 대상이 되어야 하는가? 루소는 새로운 예술을 지향하는 것이다"라고 루소에게 찬사를 보냈습니다.

스페인독감이 앗아간 천재 시인의 삶

아폴리네르와 로랑생은 5년간 열애를 한 후에 엉뚱한 이유로 헤어졌습니다. 바로 1911년 프랑스는 물론 전 유럽을 떠들썩하게 만들었던 '〈모나리자〉

마리 로랑생, 〈예술가들〉, 1908년, 캔버스에 유채, 65.1×81cm, 파리 마르모탕미술관

도난 사건' 때문입니다. 〈모나리자〉를 훔친 범인이 이탈리아 남자라는 소문이 돌았고, 아폴리네르는 단지 아버지가 이탈리아인이라는 이유만으로 용의자로 몰려 어처구니없게 1주일간 감옥에 갇힙니다. 이 사건으로 인해 아폴리네르와 로랑생의 관계는 소원해지고 결국, 소소한 문제로 두 사람은 헤어지게 됐습니다.

두 사람은 헤어진 후 각자의 삶을 열심히 살았습니다. 로랑생은 화가로서 개인전을 여는 등 사회적으로 인정받는 화가가 되었고, 아폴리네르는 피카소나 브라크 같은 입체파 화가를 옹호하는 미술 평론가로서 그리고 시인으로 맹활약했습니다. 그러다가 제1차 세계대전이 발발하고 아폴리네르는 자원해 참전했습니다. 그는 전투 중에 날아온 탄환에 머리에 총상을 입어 당시로는 매우 위험한 뇌수술을 받고도 살아남았습니다. 하지만 총상에서 회복되던 차에 스페인독감으로 종전을 삼일 남겨 두고 생을 마감했습니다. 그

때 그의 나이는 서른여덟이었습니다.
총상으로 두개골 관통상을 당하고 두 번이나 수술한 후 회복기에 스페인독감으로 생명을 잃었으니 사실 아폴리네르가 전사한 것인지 병사한 것인지는 다소 모호합니다. 어쨌든 아폴리네르는 참전 대가로 그렇게 열망하던 프랑스 국적을 얻고 프랑스인으로 죽었습니다. 아폴리네르의 부고를 들은 로랑생은 충격에 빠져 식음을 전폐하고 한동안 절망에 빠져 일상생활을 못했다고 전해집니다. 로랑생이 그린 〈예술가들〉에서 비극적인 운명으로 엇갈리기 전 두 사람의 모습을 볼 수 있습니다. 한가운데 책을 들고 있는 남성이 아폴리네르, 붉은 꽃을 들고 있는 여성이 로랑생, 왼쪽에 넥타이를 맨 남성이 피카소, 오른쪽 구석에 팔로 얼굴을 괴고 있는 여성이 피카소의 첫사랑 페르낭드 올라비에Fernande Olivier, 1881~1966입니다.

독감 백신 탓에 달걀이 귀해졌다?

오랜 연구 끝에 인류는 독감의 원인은 세균이 아닌 더 작은 물질, 즉 바이러스라는 것을 입증했습니다. 그리고 독감에서 회복된 사람의 혈청에서 중화물질을 확인했습니다. 얼마 후 개발된 전자현미경에 의해 바이러스를 직접 맨눈으로 확인할 수 있을 정도로 과학 기술은 발전했지요.
현대에는 병을 앓아 면역력을 키우는 위험한 자연면역 방법 대신 백신을 접종받아 병을 가볍게 앓고 항체를 생성하는 인공면역 방법을 사용합니다. 미국의 병리학자 굿페스처Ernest William Goodpasture, 1886~1960는 바이러스가 달걀(유정란)에서 배양되는 것을 관찰했고, 토머스 프랜시스 주니어Thomas Francis Jr.,

1900~1969는 이를 응용해서 1945년 드디어 독감 백신을 개발했습니다.

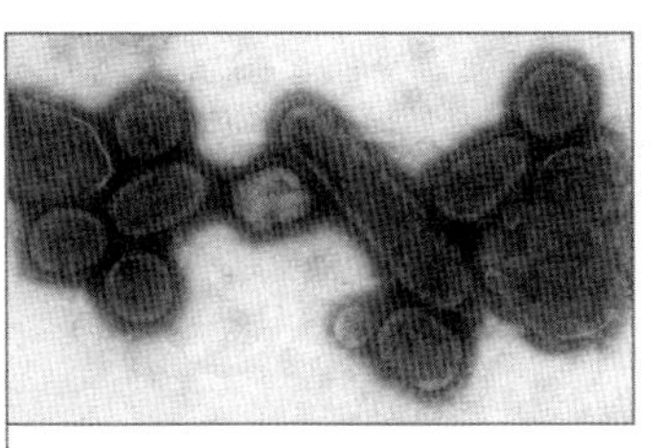

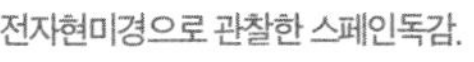

전자현미경으로 관찰한 스페인독감.

미군은 백신 개발을 적극적으로 지원했고, 백신이 개발되자 바로 군인들을 대상으로 예방 접종을 시행했습니다. 스페인독감의 악몽 때문이었지요. 스페인독감으로 미국인 평균 수명이 10년 줄었다는 통계가 있을 만큼 미국의 피해도 컸습니다.

처음에 개발된 독감 백신은 불활성화 백신(죽은 병원체를 사용하는 백신)으로 효과가 낮고 어린아이에게 발열과 같은 부작용이 자주 나타났습니다. 독감 바이러스는 워낙 변종이 많이 생기고, 해마다 유행하는 바이러스가 달라지므로 평생 면역은 불가능합니다. 그래서 1973년부터 세계보건기구(WHO)는 그해 겨울에 유행할 바이러스 타입을 예측하고, 제약회사들은 이에 맞는 백신을 만듭니다.

최근에는 한 번 접종으로 네 종류의 독감 바이러스를 동시에 예방할 수 있는 '4가 독감 백신'을 접종하는 것이 대세가 된 듯합니다. 4가 독감 백신은 기존 3가 독감 백신에 B형 바이러스 1종이 추가된 백신입니다. 한 번 접종으로 A형 인플루엔자 바이러스 2종(H1N1, H3N2)과 B형 인플루엔자 바이러스 2종 즉 네 종류의 독감 바이러스를 모두 예방할 수 있습니다. 특별한 경우가 아니라면 매년 10월부터 시행하는 독감 예방 접종을 꼭 하시라고 권고합니다.

새에게 전염된 바이러스 하나에도 인류 역사가 송두리째 흔들릴 만큼 인간은 지구 생태계 안에서 아주 약한 존재입니다. 자연 앞에서 그리고 질병 앞에서 인간은 '만물의 영장'이라는 자만심을 내려놔야 합니다.

우리 안의 편견이 키운 한센병

꽃처럼 붉은 울음을 밤새 울어야 했던 사람들

해와 하늘빛이

문둥이는 서러워

보리밭에 달 뜨면

애기 하나 먹고

꽃처럼 붉은 울음을 밤새 울었다

– 서정주, 〈문둥이〉

'한센병' 하면 미당(未堂) 서정주가 1936년 발표한 〈문둥이〉라는 짧은 시가

피테르 브뤼헐, 〈걸인들〉, 1568년, 패널에 유채, 18.5×21.5cm, 파리 루브르박물관

생각납니다. 시에 묘사한 것처럼 80년 전만 해도 한센병 환자(문둥이)가 병을 고치려고 아기 간을 꺼내 먹는다는 이야기가 심심치 않게 돌았습니다. '애기 하나 먹고'라는 시 구절은 한센병 환자가 맞이한 운명의 비극성을 강조하기 위한 표현입니다. 한센병 환자들은 천륜을 어긴 죄로 손발이 잘려나가고 피부가 문드러지는 벌을 받는다는 누명을 쓴 채, 사람들의 멸시와 냉대 속에서 삶을 이어가야 했습니다.

미당의 시와 오버랩되는 그림이 〈걸인들〉 또는 〈장애인들〉이라고 불리는 피테르 브뤼헐Pieter Bruegel, 1525~1569의 작품입니다. 그림 속에는 다리가 불편한 다섯 명의 사내와 이들을 등지고 있는 한 사람이 등장합니다. 다섯 명의 사내는 무릎 아래를 잃었거나 발목 아래를 잃었거나 장애의 정도가 조금씩 다릅니다. 그런데 이들의 얼굴은 하나같이 기괴하게 일그러져 있습니다. 눈이 보이는 두 남자의 얼굴을 자세히 보면 모두 눈썹이 없습니다. 이들의 장애는 사고나 외상이 원인일 수도 있지만, 질병에 의한 것일 수도 있습니다. 다섯 사내를 등지고 있는 검은 옷을 입은 사람은 얼굴의 상처를 가리거나 보호할 요량으로 붕대를 감고 있는 것 같습니다. 이런 상황을 종합해 그림 속 인물들이 한센병 환자라고 추측해 볼 수 있습니다.

피테르 브뤼헐은 16세기 중반 농민들의 평범한 삶을 해학적으로 그려 '농민의 브뤼헐'이라 불리던 화가입니다. 당대 화가들이 주로 인물화를 그린 데 반해 브뤼헐은 풍경을 많이 그렸습니다. 당시 대다수 그림 속 정중앙은 그림을 주문한 상류층 사람들 차지였습니다. 하지만 브뤼헐의 작품은 지극히 평범한 사람들이 캔버스를 빼곡히 채우고 있습니다. 음식을 먹고, 볼일을 보고, 농사를 짓고, 일하다 잠시 쉬기도 하는 일상의 소소한 행동이 그림 안에 있습니다. 그리고 장애인, 걸인처럼 사회에서 소외된 사람들이 등장하기도 하고, 수백 명의 아이가 등장해 갖가지 놀이를 하기도 합니다. 그의 작품은 명확한 주제를 잡아내기 쉽지 않아서, 아주 세심한 눈길로 화면 구석구석을 천천히 관찰하듯 감상해야만 나름 이해할 수 있습니다.

〈걸인들〉에서 목발을 짚은 다섯 명의 사내는 모두 다양한 신분으로 변장하고 있습니다. 왕관을 쓴 사람은 귀족 또는 신부, 모피 모자를 쓴 사람은 부자, 종이 투구를 쓴 사람은 군인, 두건을 두른 사람은 농민을 상징합니다. 브뤼헐은 사지를 잃고 피부가 문드러지는 한센병 환자의 고통을 보여줌과 동시에, 지배계급을 신체가 불완전한 장애인으로 묘사하면서 그들 역시 이들과 다를 바 없다고 풍자하고 있습니다.

『성경』에도 언급된 신의 저주

한센병은 결핵균과 흡사한 '나균'에 의해 발생하는 감염병입니다. 감염 초기에는 아무 증상이 없으며, 잠복기가 짧으면 5년에서 길면 20년가량입니다. 증상이 발현하면 나균이 신경계, 기도, 피부, 눈을 주로 침범합니다. 치료가 늦어져 감각이 마비돼 통증을 느끼지 못하는 상태가 되면 자신도 모르는 사이 신체 말단이 다치거나 감염이 반복되어 썩어 문드러지거나 떨어져 나갑니다. 신체 변형으로 말미암은 흉한 외모 탓에 한센병은 '천형(天刑)', '신의 저주'라고 불리기도 했습니다.

과거 한센병이라 확진 받은 순간, 사형선고를 받은 것과 다르지 않았습니다. 병이 주는 아픔보다 더 고통스러운 사람들의 냉대와 조롱을 견디며 살아야 한다는 측면에서 오히려 사형수보다 더 괴로웠을지 모르겠습니다.
한센병은 『성경』에도 언급되어 있을 만큼 역사가 매우 오래된 질병입니다. 구약 「레위기」 등 많은 곳에서 한센병을 언급하고 있습니다. 그런데 『성경』도 한센병을 하나님을 거역한 부정과 저주의 상징으로 묘사하고 있습니다. 중세 시대 한센병 환자들은 마녀에 버금가는 혹독한 학대를 받았습니다.

진물이 흐르고 잘려나간
한센병 환자의 손을 잡은 성 프란체스코

안색이 매우 창백하고 비쩍 마른 환자가 겨우 고개를 들고 앞에 있는 사람의 이야기를 듣고 있습니다. 〈죽어가는 이 앞에 나타난 프란체스코 성인〉이라는 작품명으로 알 수 있듯이 하얀 옷을 입은 사람은 죽어가고 있습니다. 그는 눈썹이 없고 머리칼은 듬성듬성하며 손과 다리가 뒤틀리고 변형된 것으로 보아 한센병 환자인 듯합니다. 죽어가는 사람의 손을 잡고 있는 사람은 아시시의 프란체스코Francesco, 1182~1226 성인입니다. 그를 가리켜 마하트마 간디Mahatma Gandhi, 1869~1948는 "백 년마다 한번 성 프란체스코가 태어난다면 세상의 구원은 보장될 것이다"라고 했지요.
성 프란체스코는 이탈리아 아시시에서 부유한 포목상의 아들로 태어났습니다. 워낙 집이 부유해 어릴 때는 친구들과 어울려 흥청망청 돈을 쓰며 방탕하게 살았습니다. 그러던 중 전쟁 포로로 잡혀 1년간 감옥살이를 하고 풀려난 뒤 큰 병을 앓은 후 깨달음을 얻었습니다. 아시시의 한센병 환자촌에서 비참한 모습의 환자들을 본 성 프란체스코는 한센병 환자에게 입을 맞

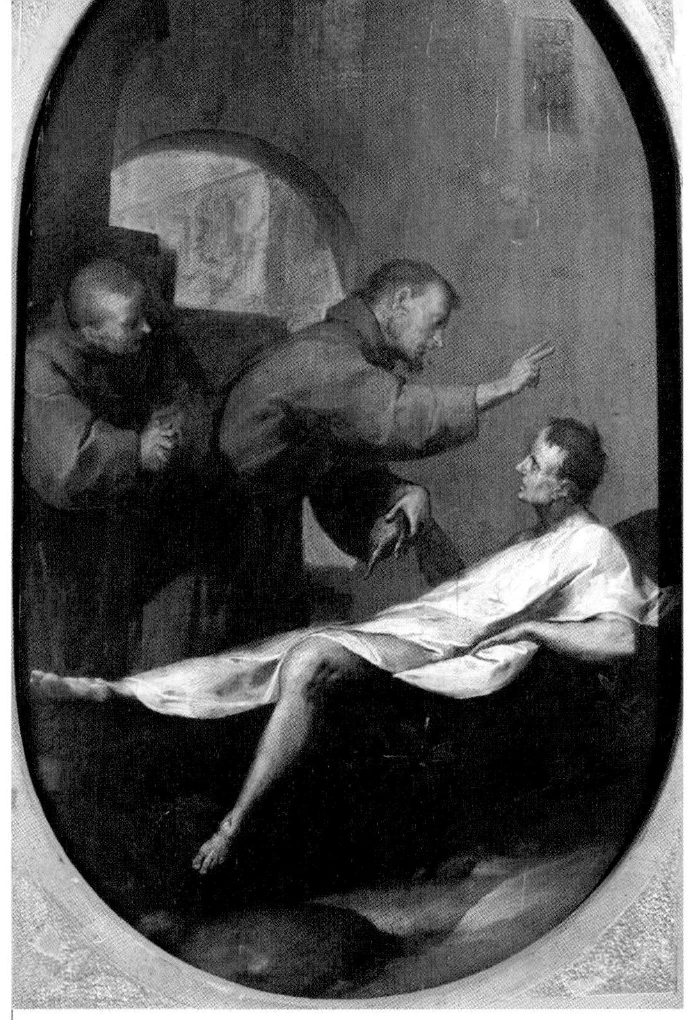

조반니 크레스피, 〈죽어가는 이 앞에 나타난 프란체스코 성인〉, 1610~1620년경, 패널에 유채, 밀라노 스포르체스코성미술관

추고 일생을 가난한 사람들과 함께했습니다.

믿음과 수도 생활에 투철한 성인이었으나, 그의 인간적인 모습도 전해지고 있습니다. 성 프란체스코는 신앙생활을 위해 혼인을 앞둔 여인과 이별했습니다. 하지만 그도 인간의 본능적인 욕망을 억누르는 것은 매우 힘들었던 모양입니다. 욕망을 억제하기 위해 기도하면서 틈만 나면 장미 가시덤불 위를 맨몸으로 데굴데굴 굴렀다고 합니다. 온몸이 피투성이가 된 그를 가엾이 여긴 하느님은 유혹을 이길 수 있는 은총을 주고, 장미 가시를 모두 없애셨습니다.

실제로 성 프란체스코가 생을 마감한 산타 마리아 델리 안젤라 성당에 가면 뒤쪽 장미정원에서 가시 없는 장미를 볼 수 있습니다. 놀랍게도 이 장미는 다른 곳에 옮겨 심으면 도로 가시가 난다고 합니다.

〈죽어가는 이 앞에 나타난 프란체스코 성인〉을 그린 크레스피Giovanni Battista Crespi, 1575~1632는 주류 화풍인 바로크풍의 아카데미 전통을 버리고 당대에는 찾아볼 수 없었던 사실주의 양식으로 주제에 접근했던 화가입니다. 그는 종교화에도 혁신적인 양식을 적용해 인물을 이상화하지 않고 사실적인 모습으로 묘사했습니다.

이제는 항생제 한 알로 낫는 가벼운 피부질환

우리나라에서도 서양과 마찬가지로 한센병 환자들이 적절한 치료를 받지 못하고 사회적으로 냉대와 학대를 받았습니다. 지금도 경상도 지역에서는 '문둥이'라는 말이 욕설로 통용되고 있을 만큼, 한센병 환자들은 멸시의 대상이었습니다.

일제가 1916년부터 한센병 환자를 강제로 격리 수용한 소록도에서 그들은 힘겨운 노역에 시달리면서 강제 불임수술까지 받아야 했습니다.

한센병이 천형 취급을 받았던 이유는 무엇일까요. 신경과 피부 조직을 괴사시켜 손발에서 진물이 나고 피부와 근육, 심지어는 뼈까지 오그라지고 썩어들어가는 한센병의 외적인 증상 때문입니다.

세균학자 게하르트 아르마우어 한센의 얼굴이 인쇄된 노르웨이 우표.

1874년 노르웨이 의사인 한센Gerhard Henrik Armauer Hansen, 1841~1912이 한센병의 원인균을 밝혀냈습니다. 하지만 당시에는 치료 방법을 알지 못한 채 전염병이라는 사실만 증명되었기 때문에, 사람들이 한센병을 더욱 두려워해 환자들을 격리 조치했습니다. 그 후 값싸고 효과적인 항생제가 개발되어 초기에 치료하면 한센병의 가장 무서운 후유증인 인체 변형을 남기지 않고 충분히 완치할 수 있게 됐습니다. 한센병은 기존에 알려진 것처럼 신의 저주도, 대물림되는 유전병도 아닙니다. 그리고 격리 치료해야 할 만큼 전염성이 높지 않습니다. 한센병의 정확한 감염 경로는 아직 밝혀지지 않았지만, 한센병 환자를 치료하거나 같은 직장에서 일하는 정도의 접촉으로는 한센병에 걸릴 위험이 증가하지 않습니다. 현재에는 드물게 발병하는 병이고, 발병하더라도 '리팜피신'이라는 항생제를 딱 한 번만 먹으면 3일 이내 전염성이 사라지는 가벼운 피부 질환입니다.

소록도 사람들은 스스로 세 번 죽는다고 합니다. 처음에는 한센병이 발병해 세상과 격리돼 죽고, 두 번째는 죽은 후 검시대 위에서 해부 받으며 죽고, 세 번째는 시신이 뜨거운 불 속에서 타죽는다고 합니다. 아마도 그들을 가장 아프게 했던 건 병의 고통이 아닌 무지(無智)에서 비롯한 우리 안의 편견일지 모릅니다.

'비애의 꽃'을 남긴 사랑

한때 찬미의 대상이었던 동성애

'좌천(左遷)'이라는 단어를 글자 그대로 풀이하면 '왼쪽으로 옮겼다'는 뜻입니다. 하지만 좌천의 정확한 의미는 '낮은 자리나 지위로 떨어진다'입니다. 왼쪽과 오른쪽은 단순히 방향의 차이일 뿐인데, 종종 왼쪽에는 부정적인 의미가 따라붙습니다. 왼손잡이를 보는 시선 역시 그러했습니다. 하지만 사회적으로 왼손잡이에 대한 생각은 많이 바뀌었습니다. 심지어 어떤 면에서는 오른손잡이보다 왼손잡이가 나은 점이 있다고 생각하기도 합니다. 저는 동성애자에 대한 생각도 이처럼 자연스럽게 바뀌기를 바랍니다.

과학의 영역에서 동성애자는 피부색처럼 자신이 선택한 것이 아니라 유전적인 차이, 곧 운명이라고 인식합니다. 타고난 운명을 책임질 수 없으니 이들에 대한 시선도 달라져야 합니다.

장 브록, 〈히아킨토스의 죽음〉, 1801년, 캔버스에 유채, 175×120cm, 푸아티에 생트크루아미술관

동성애는 고대 그리스 시대부터 존재했습니다. 심지어 고대 그리스인들은 지성을 갖춘 성인과 아름다운 미소년의 결합을 가장 이상적인 사랑이라고 여겼습니다. 하지만 기독교 사상의 지배를 받는 중세에 이르러 동성애는 죄악으로 여겨지며 비난의 대상이 되었지요. 그러다가 19세기가 되어 성 정체성에 관심을 가진 과학자들이 늘어나면서 동성애에 대한 과학적인 연구가 시작되었습니다.

아폴론과 히아킨토스 왕자의 비극적 사랑

중세 시대 화가들에게도 동성애는 캔버스에 담을 수 없는 소재였습니다. 하지만 화가들은 신화를 빌려 동성애를 간접적으로 묘사했습니다.
'태양의 신' 아폴론은 스파르타의 왕자 히아킨토스를 사랑했습니다. 아폴론과 히아킨토스는 사냥을 가거나 소풍을 가거나 어딜 가든지 늘 함께했습니다. 그러던 어느 날 두 사람이 원반던지기 놀이를 하던 중 아폴론이 던진 원반이 히아킨토스의 얼굴을 강타했습니다. 히아킨토스를 남몰래 연모하던 '서풍의 신' 제피로스가 질투심에 눈이 멀어 바람의 방향을 바꿨기 때문입니다. 아폴론은 피 흘리는 연인을 안고 자책하며 슬피 울었지만 히아킨토스는 영원히 깨어나지 못했습니다. 히아킨토스의 피로 붉게 물든 대지에서 피어난 꽃이 '히아신스'입니다.
화가 장 브록Jean Broc, 1771~1850은 그리스로마신화 속 대표적인 동성애 커플이 맞은 비극적 순간을 캔버스에 옮겼습니다. 그림 속 나신의 두 남성이 아폴론과 히아킨토스입니다. 아폴론은 힘없이 축 늘어진 히아킨토스의 몸을 팔과 다리로 힘겹게 떠받치며 떠나려는 연인의 영혼을 조금이라도 더 붙들고 싶어 하는 것 같습니다.

사실주의 화가 쿠르베는 실제 레즈비언 커플을 그렸나?

구스타프 쿠르베Jean-Desire Gustave Courbet, 1819~1877의 〈잠〉은 여성 간의 동성애를 묘사한 작품 가운데 가장 많이 알려진 작품입니다. 개성이 뚜렷한 두 여성이 벌거벗은 채 잠들어 있습니다. 금발의 여성은 검은 머리 여성의 가슴에 얼굴을 기대고 있고, 길고 아름다운 손가락으로 자신의 몸에 걸쳐진 상대의 다리를 잡고 있습니다. 침대 주변에는 고급스러운 물병과 잔, 진주 목걸이,

구스타프 쿠르베, 〈잠〉, 1866년, 캔버스에 유채, 135×200cm, 파리 프티팔레미술관

제임스 휘슬러, 〈흰색의 교향곡 1번, 하얀 옷을 입은 소녀〉, 1862년, 캔버스에 유채, 214.6×108cm, 워싱턴D.C.국립미술관

머리 장식, 화병이 그려져 있습니다. 분홍빛 침대 위에서 순백으로 매끄럽게 빛나는 두 여성의 몸과 몸짓은 매우 고혹적입니다.

쿠르베는 19세기 사실주의를 대표하는 화가입니다. "나는 천사를 그릴 수 없다. 왜냐하면, 천사를 본 적이 없기 때문이다." 쿠르베의 이 말은 현실을 주관적으로 변형 · 왜곡하지 않고 있는 그대로 표현하고자 했던 사실주의 화풍을 압축적으로 설명합니다. 쿠르베는 신화나 전설 뒤에 숨지 않고 레즈비언 커플을 적나라하게 묘사합니다. 모든 그림은 사실적으로 그려야 한다는 그의 신념에 따른 표현인 셈이지요.

그런데 사실, 작품에 등장하는 모델은 실제로 동성애자가 아닙니다. 그림 속 금발 여성의 모델은 조안나 히퍼넌Joanna Hiffernan, 1843~1903입니다. 그녀는 제임스 휘슬러James Abbott McNeill Whistler, 1834~1903의 연인으로, 휘슬러의 대표작 〈흰색의 교향곡 1번, 하얀 옷을 입은 소녀〉의 모델이기도 합니다. 휘슬러가 여행을 떠나 집을 비운 사이, 그의 친구 쿠르베가 모델 제의를 하자 조안나가 흔쾌히 수락해 탄생한 작품입니다. 후에 이 작품을 본 휘슬러는 그림 속 조안나가 매춘부처럼 보인다며 혹평을 퍼부었습니다.

이 작품은 1866년 파리에 주재하던 튀르키예 제국 대사 칼릴 베이Khalil-Bey, 1831~1879의 주문으로 제작되었습니다. 에로틱한 그림을 좋아했던 칼릴 베이가 자신의 취향에 맞춰 그림을 의뢰했던 것이죠. 여성의 음부를 노골적으로 묘사해 오르세미술관을 찾은 관람객들을 놀라게 하는 〈세상의 기원〉도 칼릴 베이가 주문한 작품입니다.

지친 삶을 위로하는 입맞춤

두 사람이 다정히 키스하고 있습니다. 그런데 자세히 보니 두 사람은 여성입니다. 이 작품은 툴루즈 로트레크Henri de Toulouse Lautrec, 1864~1901가 그린 〈침대에서의 키스〉입니다. 그림 속 두 여성은 매춘부입니다. 이들은 비슷한 처지에 있는 상대방에게 진심 어린 사랑을 느끼고, 그 사랑을 표현하는 데 주저하지 않습니다.

로트레크는 남프랑스 귀족 집안 출신으로 가계의 빈번한 근친혼과 사촌 간이었던 부모의 영향으로 병약하게 태어났습니다. 어린 시절 양쪽 다리가 부러져 하반신이 더 이상 자라지 않아, 키가 152센티미터에 불과했습니다. 귀족 사회와 가족들에게 외면받은 로트레크는 파리 몽마르트르의 카페와 물랭루주에서 배우, 매춘부들을 모델로 그림을 그렸습니다. 사창가에 머무르면서 매춘부들의 꾸밈없는 모습을

툴루즈 로트레크, 〈침대에서의 키스〉, 1892년, 카드보드지에 유채, 41×56cm, 개인 소장

화폭에 담기도 했지요. 매춘부들은 그런 로트레크를 신뢰해 자신들의 생활을 가감 없이 보여주었습니다. 〈침대에서의 키스〉 역시 로트레크가 사창가에서 생활하던 시절 그린 작품입니다. 뒷이야기를 알고 작품을 보니 에로틱함보다는 서로가 서로를 위로하는, 사회적 약자들 간의 연대감이 느껴집니다.

동성애자를 차별할 권리는 누구에게도 없다

2015년에 발표된 한 연구에 따르면, 지역마다 차이가 있지만 동성애자와 양성애자는 전체 인구의 5~7퍼센트에 이른다고 합니다. 2003년 조사에서 1~4퍼센트 정도였던 비율이 왜 이렇게 높아졌을까요? 동성애자와 양성애자가 증가했다기보다, 10여 년 사이 성소수자들에 대한 사회적 인식이 좀 더 우호적으로 바뀌었고 숨어 있던 성소수자들이 설문조사에 더 적극적으로 응답한 결과라고 볼 수 있을 것입니다.

한때는 동성애를 어린시절 양육 방법의 문제나 정신적 쇼크 때문에 생긴 정신질환으로 인식했습니다. 하지만 최근 뇌 과학이 발달하며 동성애는 선천적인 성적 지향으로 밝혀지고 있습니다. 1991년 영국의 신경과 의사 사이먼 르베이Simon LeVay, 1943~는 남성 동성애자(게이)와 이성애자 남성의 뇌 구조에 차이가 있음을 밝혀냈습니다. 뇌 시상하부에서 성적 욕구를 통제하는 간핵의 크기가 이성애자 남성이 게이보다 두 배 이상 크다는 것입니다(게이와 여성은 차이가 없었습니다).

얼마 전 대통령 선거에 나온 한 후보가 TV 토론에서 "동성애 때문에 에이즈가 창궐한다"는 발언을 해서 논란이 됐던 적이 있습니다. 이는 많은 사람이 동성애에 대해 가지고 있는 그릇된 편견 중 하나입니다. 에이즈는 사람 몸 안에 들어오면 면역세포를 파괴하는 면역결핍바이러스(HIV)가 일으키는 바이러스 질환입니다. HIV에 감염된 사람 중 면역체계가 일정 수준 이하로 손상되고 그로 인해 여러 증상이 나타난 사람을 에이즈 환자라고 합니다. 동성애 때문에 HIV에 감염되는 것이 아닙니다. HIV에 감염된 사람과 성 접촉을 했거나, HIV에 감염된 혈액을 수혈받았거나 HIV에 감염된 산모를 통해 태어났을 때 HIV에 감염될 수 있습니다.

19세기 영국 문단의 1인자 오스카 와일드는 1895년 동성애 혐의로 2년간 강제노역형을 선고받았다. 옥살이를 끝낸 오스카 와일드는 국적이 박탈돼 더 이상 영국에 머물지 못하고 파리로 이주해야 했다.

동성애에 대한 또 다른 편견은 그들이 마치 전염병처럼 동성애를 전염시킨다는 것입니다. 그러나 이성애적 사고를 하는 청소년이나 어른이 동성애로 바뀌는 일은 없습니다. 약물치료나 상담치료를 통해 동성애자가 이성애자로 성 정체성이 변했다는 연구 자료와 논문을 아직 본 적 없습니다.

하느님이 동성애를 죄라고 여겼다면, 동성애자인 천재를 이 땅에 내려보내셨을까요? 미켈란젤로Michelangelo Buonarroti, 1475~1564, 레오나르도 다 빈치Leonardo da Vinci, 1452~1519, 프랜시스 베이컨Francis Bacon, 1909~1992, 오스카 와일드Oscar Wilde, 1854~1900, 랭보Arthur Rimbaud, 1854~1891, 마르셀 프루스트Marcel Proust, 1871~1922, 차이콥스키Peter I. Chaikovskii, 1840~93 등. 이들의 공통점은 자신의 분야에서 '천재'라 칭송받으며 인류를 위해 많은 공헌을 했다는 점과 동성애자라는 점입니다. 과학, 그리고 현대 의학은 말합니다. 동성애자는 치료나 교정이 필요한 존재가 아니며, 동성애는 부정하거나 반대할 수 없는 하나의 선천적 특징이라고 말이죠.

불세출의 영웅을 무릎 꿇린 위암

단위 때문에 10센티미터나 줄어든 나폴레옹의 키

히틀러Adolf Hitler, 1889~1945만큼이나 사망 후에도 왜 죽었는지 논란이 이는 역사적 인물이 있습니다. 바로 프랑스의 군인이자 황제, 나폴레옹Napoleon Bonaparte, 1769~1821입니다. 그가 죽은 지 200년 가까운 시간이 지났지만, 지금까지도 그의 사인에 대한 새로운 논문이 계속 나오고 있습니다. 역사학자들은 대개 나폴레옹이 정치적인 이유로 독살당했다고 봅니다. 반면 의사들 사이에서는 나폴레옹이 질병으로 사망했다고 보는 관점이 지배적입니다.

자크 루이 다비드Jacques Louis David, 1748~1825가 그린 나폴레옹의 초상화를 볼까요. 비교적 큰 키에 근엄한 표정의 나폴레옹이 조끼 단추를 몇 개 푼 다음, 오른손을 조끼 속에 집어넣고 다소 어색한 포즈를 취하고 있습니다. 〈튈르리궁

자크 루이 다비드, <튈르리궁전 서재에 있는 나폴레옹>, 1812년, 캔버스에 유채, 203.9×125.1cm, 워싱턴D.C.국립미술관

전 서재에 있는 나폴레옹〉은 세로 2미터가 넘는 실물 크기 작품입니다. 젊은 나폴레옹을 그렸기 때문인지, 아직 배가 많이 나온 상태는 아닙니다. 머리숱이 좀 적긴 하지만 잘생긴 편입니다.

나폴레옹의 초상화들은 나폴레옹을 선전하기 위해 잘생긴 남자들을 고용해서 그렸다는 이야기가 많습니다. 하지만 대다수 초상화에서 나폴레옹의 외모는 화가에 관계없이 매우 비슷하게 보입니다. 아마 대역은 얼굴보다는 포즈를 그리는 데 사용했을 가능성이 높습니다. 특히 다비드가 그린 초상화 속 나폴레옹의 얼굴이 실제 모습과 가장 닮았다고 합니다.

지금까지 나폴레옹은 키가 155센티미터 정도의 단신으로 알려졌습니다. 키가 작은 사람들이 보상 심리로 공격적이고 과장된 행동을 하는 것을 그의 이름을 붙여 '나폴레옹 콤플렉스(Napoleon complex)'라고 부릅니다. 작은 키에 대한 열등감을 극복하는 과정에서 정복 욕구가 형성되고 권력 지향적으로 변화한다니, 나폴레옹이 유럽을 제패하고 황제에 오른 원동력은 그의 '작은 키'였다고 할 수 있습니다.

하지만 나폴레옹은 키가 작지 않았습니다. 실제 나폴레옹의 키는 168.9센티미터입니다. 나폴레옹의 공식적인 키는 영국 쪽 부검소견서에 적힌 5.2ft(피트)입니다. 그런데 이 피트를 영국과 프랑스가 서로 다르게 적용하고 있었습니다. '피트(feet)'는 사람의 발 길이를 기준으로 삼은 단위입니다. 사람마다 발길이가 제각각이듯이 나라마다 1피트의 길이가 조금씩 달랐지요. 영국에서 1피트는 30.48센티미터이고, 프랑스에서 1피트는 32.48센티미터였습니다. 나폴레옹의 키가 5.2피트이니 센티미터로 환산하면, 영국 기준으로 158.4센티미터입니다. 하지만 프랑스 기준으로 환산하면 168.9센티미터가 나옵니다. 무려 10.5센티미터 차이가 납니다. 당시 프랑스 성인 남성의 평균 키가 164센티미터였던 점을 감안했을 때, 나폴레옹은 오히려 키가 큰 편에 속합니다.

'나폴레옹 포즈'는 프리메이슨이 아니라 위장병 증거!

다시 초상화의 포즈로 돌아가 보겠습니다. 나폴레옹을 그린 다른 화가들의 작품에도 조끼 안에 손을 집어넣어 배를 만지는 듯한 자세가 빈번히 등장합니다. 그래서 후대에 이런 자세에 '나폴레옹 포즈'라는 이름을 붙였습니다. 나폴레옹 포즈에 대해서는 몇 가지 가설이 있습니다. 1895년 나폴레옹을 연구하는 학자 J.E.S 터켓은 나폴레옹 포즈가 비밀스러운 조직의 수신호라는 새로운 가설을 발표했습니다. 그는 프리메이슨 규율을 다룬 책에서 나폴레옹 포즈와 같은 그림을 발견했고, 나폴레옹이 비밀조직 프리메이슨의 회원이라고 주장했습니다.

프리메이슨은 어떤 조직일까요? 십자군 전쟁 때 예루살렘에서 성배를 지키기 위해 결성된 템플 기사단은 전쟁이 끝난 후 유럽의 모든 부와 권력을 거머쥐며 새로운 지배 계층이 되었습니다. 템플 기사단으로부터 거액의 돈을 빌린 프랑스 국왕 필리프 4세Philippe IV, 1268~1314는 템플 기사단원들을 이단과 음란죄로 처형하고, 재산을 몰수했습니다. 살아남은 템플 기사단원들이 그 후 비밀결사를 유지해, 프랑스대혁명을 주도하고 루이 16세Louis XYI, 1754~1793를 처형해 복수했다는 음모론이 있습니다. 프리메이슨의 기원이 템플 기사단입니다. 프리메이슨이 사회의 엘리트들을 조직에 끌어들여 세계를 은밀히 지배한다는 음모론은 여전히 소설과 영화의 주요 소재입니다.

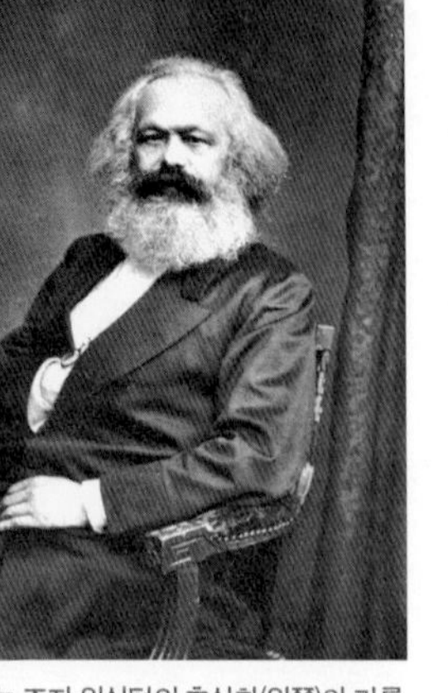

나폴레옹 포즈를 볼 수 있는 조지 워싱턴의 초상화(왼쪽)와 카를 마르크스의 사진(오른쪽).

프리메이슨 회원들은 조직에 대한 절대적인 복종을 맹세하는 의식의 일환으로 이 포즈를 반복적으로 취했고, 이는 회원들 사이에 비밀스러운 신호이자 정체성을 드러내는 행위로 자리매김해 온 것으로 전해집니다. 나폴레옹은 이집트 침공 당시부터 고대 문명과 프리메이슨의 존재에 대해 깊은 관심을 가진 것으로 알려졌습니다. 실제로 이 포즈는 나폴레옹뿐 아니라 다른 유명인들의 초상화에서도 자주 발견됩니다. 모차르트Wolfgang Amadeus Mozart, 1756~1791, 워싱턴George Washington, 1732~1799, 마르크스Karl Heinrich Marx, 1818~1883 등이 모두 한 손을 재킷 속으로 넣는 비슷한 포즈를 취하고 있습니다. 하지만 나폴레옹의 비서가 남긴 기록을 보면, 1802년부터 나폴레옹은 때때로 명치(가슴뼈 아래 중앙에 오목하게 들어간 곳) 부위에 심한 통증이 발생했고, 그때마다 책상에 기대거나 의자에 팔꿈치를 대고 조끼의 단추를 풀고는 오른손을 넣어 아픈 곳을 문질러 통증을 완화시켰다고 합니다. 증세로 미루어 아마도 나폴레옹은 심한 위장병을 앓았던 것 같습니다.

위산이 역류해 가슴이 타는 듯한 증상을 느끼는 역류성 식도염이라던지, 심한 위염과 위궤양, 또는 위암 같은 경우에는 명치 부위에 통증이 간헐적으로 지속됩니다. 명치를 문지른다고 해서 통증이 완화되지는 않습니다. 우리는 두통이 심할 때 이마를 짚고, 배가 아플 때 배를 문지르고, 가슴이 답답할 때 명치를 쿵쿵 두드립니다. 불편한 부위를 무의식적으로 만지는 것이지요. 나폴레옹도 명치 부위에 통증이 빈번히 발생해 만지는 것이 습관화된 것이 아닐까 추측해봅니다.

나폴레옹 인생 후반기의 쓸쓸한 초상화

폴 들라로슈, <퐁텐블로의 나폴레옹 보나파르트>, 1840년경, 캔버스에 유채, 181×137cm, 파리 군사박물관

머리숱이 적고 배가 불룩 나온 나폴레옹이 의자에 앉아 있습니다. 먼저 본 그림과 너무나 대조적인 모습입니다. 회색 코트와 흙이 묻어 더러워진 부츠도 벗지 않고 흐트러진 자세로 앉아 있는 나폴레옹은 많이 피곤해 보입니다. 나폴레옹의 눈빛과 표정을 보면 몰락의 시간이 다가왔음을 짐작하는 것 같습니다. 1812년부터 나폴레옹은 하락의 길을 걸었습니다. 러시아와의 전쟁에서 별다른 소득을 얻지 못했고, 복귀 과정에서 그의 군대는 엄청난 한파로 큰 피해를 입었습니다. 그 후 유럽 대부분 나라는 나폴레옹

에게 등을 돌리고 대항하기 시작했습니다. 1813년 벌어진 러시아-프로이센 연합군과의 전투 즉, 라이프치히 전투에서 크게 패배해 나폴레옹은 회복불능 상태가 됐습니다. 설상가상으로 파리는 이미 나폴레옹의 반대파가 득세하고 있었습니다.

〈퐁텐블로의 나폴레옹 보나파르트〉는 1814년 3월 말, 유럽 연합군이 파리에 입성했다는 소식을 들은 나폴레옹을 묘사한 것입니다. 며칠 후인 4월 6일 나폴레옹은 퇴위 각서에 사인하고, 4월 20일 프랑스를 떠나 엘바 섬으로 유배를 떠납니다. 이 그림이 그려진 1840년은 나폴레옹 유해가 프랑스로 돌아온 해입니다. 폴 들라로슈Paul Delaroche, 1797~1856는 이를 기념하기 위해 그림을 그렸던 것일지도 모릅니다.

폴 들라로슈는 실존 인물 및 역사적 주제를 매우 사실적이고 상세하게 묘사해 19세기 중엽 프랑스에서 가장 큰 성공을 거둔 아카데미즘 예술가 가운데 한 명입니다. 그의 그림은 표면이 안정되고 색조가 고르고 매끄러워서, 마무리가 매우 뛰어나다는 인상을 줍니다. 폴 들라로슈는 초상화를 구성할 때 밀랍으로 모형을 만들 만큼 매우 세심하게 작업했습니다. 고전주의적인 구성에 로맨틱한 감정 표출을 곁들인 '절충적인 스타일'로 그린 폴 들라로슈의 역사화 연작은 당시 매우 인기가 높았습니다. 역사화들은 판화로도 제작했기 때문에 많은 가정에 그의 작품이 걸려 있었습니다.

〈퐁텐블로의 나폴레옹 보나파르트〉는 나폴레옹 신화에서 가장 유명한 작품 중 하나입니다. 인간 나폴레옹을 몰락한 남성으로 매우 사실적으로 표현하고 있습니다. 남루한 의상 때문인지, 얼굴을 잠식한 깊은 우울 때문인지 무척이나 초라해 보입니다. 화가가 의도한 것이겠지만, 이 그림 어디에서도 이전에 나폴레옹 초상화에서 보였던 위엄은 느껴지지 않습니다.

나폴레옹은 독살당했을까 병사했을까?

1821년 세인트헬레나 섬에서 나폴레옹이 사망했을 때 사인에 관해서 다양한 의견이 나왔습니다. 죽기 전에 나폴레옹이 보인 증상들이 비소 중독과 비슷하며, 생전에 여러 친지에게 나눠준 그의 머리카락들을 분석해 본 결과 많은 양의 비소가 검출됐다는 사실을 근거로 비소에 의한 독살설이 나왔습니다. 미국의 법의학자도 나폴레옹에게서 비소를 다량 검출했습니다. 하지만 당시에는 비소가 염료나 약의 원료로 광범위하게 사용됐기 때문에 누구나 어느 정도의 비소 중독은 가능하다는 반론이 제기됐습니다. 최근 유배되기 전 나폴레옹의 머리카락을 분석한 결과 비소가 발견됐습니다. 당시 유행하던 탈모 치료제의 주성분이 비소였기 때문이라는 연구가 뒷받침되며 독살설은 점차 신빙성을 잃고 있습니다.

그림을 하나 더 보겠습니다. 그림 속 남자는 광대가 보일 정도로 말라있습니다. 일반인들이 흔히 하는 이야기 중에 "피골이 상접하다"라는 표현이 있습니다. 즉 너무 말라 뼈만 보인다는 의미인데, 이 그림에 딱 적합한 말입니다. 머리칼이 거의 빠진 머리 위에 월계관이 씌워져 있지만, 왠지 쓸쓸해 보입니다. 몸에 덮은 백색 이불은 남자의 핏기 없는 창백한 얼굴과 대비되며, 죽음을 더욱 선명하게 각인시킵니다. 이불 위에는 십자가가 놓여 있습니다.

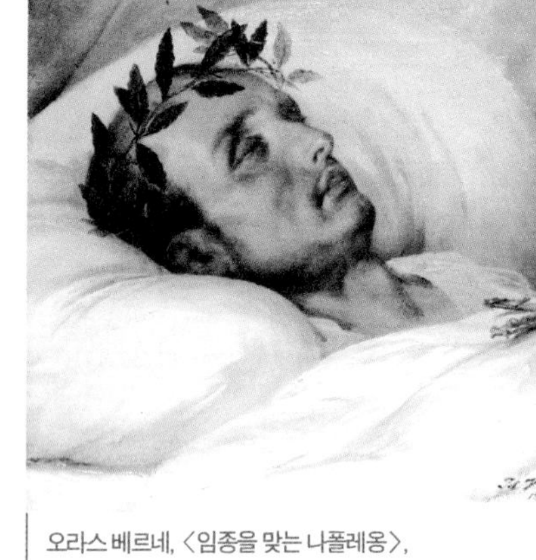
오라스 베르네, 〈임종을 맞는 나폴레옹〉, 1826년, 캔버스에 유채, 18×23.5cm, 개인 소장

죽은 남자는 대관식에서조차 교황에게 무릎 꿇기 싫어했던 콧대 높은 사람, 나폴레옹입니

다. 그는 대관식에서 교황의 손에서 왕관을 빼앗아 스스로 왕관을 써 교황에게 모욕감을 주었습니다. 그러나 죽어서는 교황의 자비로 가톨릭식 장례식을 치렀습니다.

나폴레옹은 1815년 워털루 해전에서 패한 이후에 영국군에 의해 남대서양에 있는 세인트헬레나로 유배당하고, 6년 후인 1821년에 사망했습니다. 고인의 소망대로 사망 다음날 부검을 시행했습니다. 부검은 시네나 대학의 의사이자 해부학 교수였던 프란시스코 안토마르치Francois Carlo Antommarchi, 1780~1838와 영국 군의관에 의해 시행되었습니다. 부검 결과 간과 위가 유착되어 있고, 이 부위에 새끼손가락이 들어갈 만한 구멍이 관찰되었습니다. 그 주변에서 커다란 불규칙한 경계를 가진 단단한 궤양성 종괴가 발견되었습니다. 그래서 영국 군의관은 그의 사인을 폐결핵이라고 주장했지만, 최종적으로 위암으로 사망했다고 결론을 내렸습니다. 하지만 당시의 병리학 수준으로 위암과 위궤양을 맨눈으로 감별하는 것은 불가능했습니다. 위암을 정확히 진단하려면 현미경으로 암세포를 발견해야 합니다. 그러니 나폴레옹은 위암이 아니라 위궤양에 의한 천공으로 사망했을 가능성도 배제할 수 없습니다.

위암의 근거로 나폴레옹 집안의 가족력을 들 수 있습니다. 명확하지는 않지만 나폴레옹의 아버지와 누이인 캐롤라인이 위암으로 사망했다고 합니다. 그리고 나폴레옹이 오랫동안 전장에 나가 있으면서 지속적으로 고염식을 먹은 탓에 생긴 만성위염이 암으로 전이했을 가능성이 높다는 주장도 충분히 설득력이 있어 보입니다.

그러다가 1961년, 스웨덴의 치과의사이자 독성학 전문가인 스텐 포슈버드Sten Forshufvud, 1903~1985에 의해 나폴레옹의 머리카락에서 비소가 발견되었고, 비소 중독사 논쟁에 불이 붙었습니다. 하지만 앞서 언급하였듯이 비소 중독

자크 루이 다비드, 〈나폴레옹 1세의 대관식〉, 1807년, 캔버스에 유채, 610×931cm, 파리 루브르박물관

에 의해 사망했을 가능성은 매우 낮습니다. 대개 위암은 체중 감소, 식욕 부진, 지방 조직 및 근육 쇠퇴 등의 증상을 동반합니다. 나폴레옹도 체중 감소가 있었고, 가족력이 있으며, 평소 위통을 호소했다는 증언이 있습니다. 여러 정황을 종합해 볼 때 나폴레옹의 사인을 위암으로 보는 것이 가장 합당해 보입니다.

나폴레옹이 현재 살아 있다면 정확한 진단과 수술, 그리고 항암요법을 통해 완치도 가능했을 것입니다. 하지만 당시 의학 기술은 나폴레옹의 병을 진단도 치료도 불가능한 암흑 수준에 머물러 있었습니다.

1821년 사망한 나폴레옹의 사인을 밝히려는 연구가 전 세계 곳곳에서 다각도로 계속되고 있으며 논문도 계속 발표됩니다. 나폴레옹에 대한 의학자들의 관심은 현재진행형입니다.

수많은 아기 천사들의 목숨을 앗아간 디프테리아

의식을 잃어가는 아이와
두 손 놓고 아이를 보낼 수 없었던 간절한 남자

생후 2개월부터 아기에게 네 차례 접종하는 DPT 예방접종이 있습니다. 디프테리아(Diphtheria), 백일해(Pertussis), 파상풍(Tetanus)을 예방하는 접종입니다. DPT가 국가예방필수접종이라는 것은 이 세 가지가 모두 중요한 질병이라는 의미일 텐데, 이 가운데 디프테리아는 많이 생소합니다.

프란시스코 고야Francisco de Goya, 1746~1828는 디프테리아를 주제로 그림을 그렸습니다. 영어 제목은 〈디프테리아〉이고 스페인어 제목은 〈El garrotillo〉, 우리 말로 〈대결〉입니다. 〈디프테리아〉는 현실주의가 유럽에 풍미하던 시절 스페인식 사실주의 화풍으로 묘사한 그림입니다. 한 남자가 애처롭게 왼손으로 아이의 목을 받친 채 오른손 검지와 중지를 들어 아이 목구멍 속에 넣

프란시스코 고야, 〈디프테리아〉, 1819년, 캔버스에 유채, 80×65cm, 개인 소장

고 있습니다. 아이의 안색은 매우 창백하고, 의식이 가물가물해지고 있는 듯 감긴 눈꺼풀 사이로 흰자가 보입니다. 남자와 아이를 에워싼 어두운 배경은 아이가 곧 죽게 될 것을 암시합니다. 그림 속 남자가 의사인지 아니면 아이의 아버지인지는 알려지지 않았습니다(이 작품을 소설 〈라사리요 데 토르메스의 삶〉에서 눈이 보이지 않는 남자가 소년이 먹은 음식을 확인하려고 입을 강제로 벌리는 장면을 묘사한 것으로 해석하는 논문도 있습니다). 그림의 소재와 스페인어 제목을 통해 우리는 죽음이 일상 가까이 도사리고 있던 당시의 생활상과 주제에 대한 고야의 대담한 접근 방식을 엿볼 수 있습니다.

그림 속 아이를 죽음의 칼날 위에 세운 질병이 디프테리아입니다. 디프테리아는 디프테리아균에 감염돼 발생하는 급성 감염병입니다. 주로 호흡기를 통해 전파되고, 가을과 겨울에 많이 나타납니다. 그리고 호흡기 점막이 침해받기 쉬운 어린아이에게 흔히 발생합니다.

디프테리아균에 감염되면 열이 나고 콩콩거리는 당나귀 기침을 하고 목 부위가 심하게 부어오릅니다. 이때 목에 회백색 막이 형성되고 림프가 부어올라 숨 쉬는 통로인 기도가 막힐 수 있습니다. 호흡 곤란으로 질식사하거나 균이 심장까지 침범해 1~2주 안에 사망에 이를 수 있는 위험한 질병입니다.

그림 속에서 남자는 아이가 조금이라도 편히 숨 쉴 수 있도록 손가락으로 막힌 기도를 벌리려고 애쓰는 중입니다. 그러나 남자의 노력은 수포로 돌아갔을 확률이 높습니다. 손가락으로 기도를 벌리려다 기도 점막을 자극하면 림프 부종이 더 악화될 수 있기 때문입니다. 그림이 그려진 1819년의 의료기술을 고려했을 때 남자는 아이를 저 세상으로 보낼 수밖에 없었을 것입니다.

1960년대 한국에서 사망률 25퍼센트에 이르던 공포의 전염병

디프테리아는 1913년 백신이 개발돼 예방이 가능해지면서 비교적 보기 어려운 병이 됐습니다. 미국의 경우 1921년에 디프테리아 발병 환자 수가 20만 명 이상이었다가, 1998년 단 한 명으로 줄어들었습니다. 1966년 11월 24일자 「동아일보」에는 "디프테리아 사망률이 옛날과 달리 25퍼센트로 줄어들었으나 여전히 위험하다"는 내용의 기사가 실려있습니다. 현재 50~60대가 어렸을 때만 해도 디프테리아 사망률이 매우 높았던 것을 알 수 있습니다. 의사가 된 지 20년이 넘었지만, 디프테리아라는 질병을 교과서에서만 보았지 환자에게서 관찰한 적은 없습니다.

리처드 테넌트 쿠퍼, 〈병든 아이를 목 졸라 죽이는 유령의 골격〉, 1910년경, 수채화, 57×34.9cm, 런던 웰컴컬렉션

고야가 활동한 18세기 중엽에서 19세기 초까지 디프테리아는 치명적인 감염병이었습니다. 당시에는 적절한 치료법이 없었기 때문에 걸리면 손도 쓰지 못하고 죽음에 이르는 공포의 질환이었습니다.

고야가 이 그림을 어떤 의도로 그렸는지 정확히 알 수 없습니다. 다만 1740년대와 1750년대에 유럽에서 디프테리아가 대유행했고, 당시 어린 고야의 눈에 디프테리아에 걸려 죽어가는 어린아이들의 모습이 매우 충격적으로 비쳤을 가능성이 있습니다. 그때 받은 충격으로 고야는 뒤늦게 이런 명작을 그리지 않았나 추측해봅니다.

리차드 테넌트 쿠퍼Richard Tennant Cooper,1885~1957라는 영국 화가는 디프테리아를 해골 같은 몰골로 아이의 목을 졸라 죽이는 유령의 형상으로 묘사했습니다. 환자를 질식시켜 죽이는 디프테리아라는 병을 사실적으로 화폭에 담은 고야는 작품에 〈대결〉이라는 제목을 붙였습니다. 누구와 대결을 벌인다는 걸까요? 아마도 대결의 상대는 죽음일 것입니다. 이처럼 '죽음'이라는 현실과 맞서 싸우는 인간의 모습은 오래전부터 유럽 예술 작품에 단골로 등장해온 소재입니다.

예술가들의 인생을 할퀸 디프테리아

점묘법을 창시한 신인상파 화가 조르주 피에르 쇠라Georges-Pierre Seurat, 1859~1891의 작품 〈서커스〉입니다. "어떤 사람은 내 그림에서 시(詩)가 보인다지만, 내게 보이는 건 과학뿐이다." 쇠라가 남긴 말입니다. 점묘법은 동일계열의 색이나 보색을 분리한 다음 병치하면 색들이 시각적으로 통합되어 선명한 색을 지각할 수 있다는 과학 이론을 회화에 접목한 미술 기법입니다.

커다란 화폭에 작은 점을 하나하나 쌓아 올리는 쇠라의 서명과 같은 표현기법이 〈서커스〉에서도 잘 나타납니다. 쇠라는 이 작품을 1891년 3월 제7회 앙데팡당전에 출품했습니다. 그리고 3월 29일, 쇠라는 전람회장에

조르주 피에르 쇠라, 〈서커스〉, 1891년, 캔버스에 유채, 185×152cm, 파리 오르세미술관

서 그림 거는 일을 감독하다가 심한 감기에 걸렸습니다. 합병증으로 디프테리아가 발생했고, 3월 31일 서른한 살이라는 안타까운 나이에 세상을 떠났습니다.

그의 죽음이 더욱 안타깝게 느껴지는 것은 13개월밖에 안 된 아들도 그에게 전염되어 4월 13일 목숨을 잃었기 때문입니다. 쇠라는 평소에 주변 사람

조르주 피에르 쇠라, 〈분첩을 가지고 화장하는 여인〉, 1889~1890년, 캔버스에 유채, 79.5×94.2cm, 런던 코톨드미술관
쇠라의 아내 마들렌 크노블로흐를 그린 것으로 알려진 작품이다.

들과 예술에 대해서는 활발히 논의했지만, 정치나 종교는 물론 사생활에 대해서는 거의 이야기 나누지 않았다고 합니다. 쇠라와 가깝게 지냈던 사람들조차 그가 마들렌 크노블로흐Madeleine Knobloch, 1868~1903와 동거를 하고, 아들이 있었던 사실을 이들 부자가 연이어 사망한 후에 알게 되었다고 합니다. 그의 인생에는 오직 예술만이 가득했을 뿐입니다.

〈황소〉로 유명한 이중섭도 디프테리아로 아들을 잃었습니다. 아들을 잃고 잠을 자다가 벌떡 일어난 이중섭은 그림 한 점을 그립니다. 가깝게 지내던 구상 시인이 그림에 대해 묻자, 이중섭은 이렇게 말했습니다. "우리 아기 천국 가는 길이 심심하지 말라고 친구들을 그려 넣었어. 배고프지 말라고 복숭아도 그려 넣었고." 이중섭은 작은 나무 관에 아들의 시신과 그림을 함께 넣고 묻어줬다고 합니다.

디프테리아 환아를 치료하는 장면을 포착한 그림

〈기도 삽관〉이라는 의학 서적에서나 볼 법한 제목의 그림입니다. 그림 속 장면은 1904년 파리의대 소아과의 임상강의 모습입니다. 여러 명의 학생과 교수가 진료실에서 디프테리아로 의심되는 환아의 목구멍을 검사하고 있습니다. 만약 목이 많이 붓고 기도가 막혀 있으면 기도 삽관을 하려는 듯합니다. 기도 삽관은 환자가 자발적으로 호흡할 수 없는 경우 기도에 관을 삽입해 호흡을 도와주는 시술입니다.

이 그림을 그린 조르주 시코토Georges Chicotot, 1868~1921는 의사이자 화가입니다. 그는 브르토노 병원의 진단영상의학과 교수이자, 최초로 유방암에 방사선 치료를 시도한 의사였습니다. 즉, 방사선을 치료에 도입한 최초의 의사입니다. 당시 동료가 디프테리아 환자를 검사 및 치료하는 장면을 보고 강한 인상을 받아 그림을 그린 것으로 알려져 있습니다. 당시에 의료 시술이 어떻게 시행됐는지 알 수 있는 그림입니다.

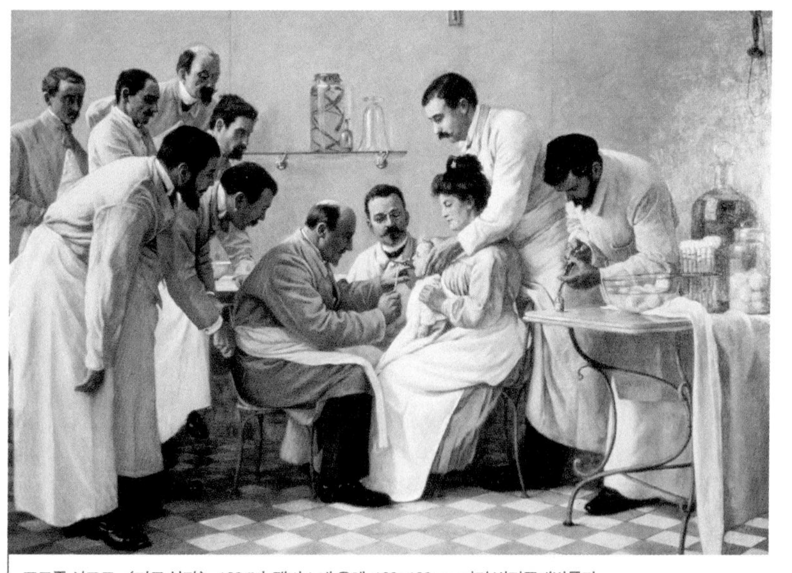

조르주 시코토, 〈기도 삽관〉, 1904년, 캔버스에 유채, 130×180cm, 파리 빈민구제박물관

인류의 수명을 획기적으로 연장시킨 예방접종

〈예방접종〉은 덴마크의 유명한 여류 화가 안나 앙케Anna Ancher, 1859~1935가 의사가 아이들에게 예방접종하는 모습을 인상주의 화풍으로 화사하게 그린 작품입니다.

아마 이 작품이 그려진 1889년 전후로 예방접종의 중요성이 널리 알려졌을 것입니다. 그래서인지 아이를 데려온 엄마들이 표정이 자연스럽고 의사를 매우 신뢰하는 듯합니다. 그러나 어깨를 드러내고 의사를 올려다보는 아이는 울기 직전입니다. 예나 지금이나 아이들에게 주사는 공포의 대상이지요. 인상주의 화풍으로 그려서인지 아이들의 표정이 뚜렷하게 보이지는 않지만, 예방접종을 받으러 온 요즘 아이들과 크게 다르지 않은 귀여운 모습입니다.

안나 앙케, 〈예방접종〉, 1889년, 캔버스에 유채, 73×90cm, 덴마크 스카겐미술관

백신은 병원균을 죽이거나 약화시킨 것 또는 아주 적은 양의 병원균을 주입하는 것입니다. 이렇게 하면 몸 안에서는 병원체에 저항할 수 있는 항체를 분비합니다. 높은 수준의 항체가 분비되면 질병에 대한 영구적 혹은 비영구적인 저항, 즉 면역력이 생깁니다.

1901년 노벨 생리의학상을 받은 에밀 폰 베링 박사.

백신(vaccinia)의 어원은 라틴어로 암소를 뜻하는 'vacca'입니다. 1796년 영국의 에드워드 제너Edward Jenner, 1749~1823라는 의사가 젖 짜는 여인의 손바닥 종기 고름을 채취해 8세 소년에게 주사해 항체를 형성하게 하는 데 성공한 것에서 유래했습니다. 제너는 우두 백신으로 사망률 40퍼센트에 이르는 천연두를 퇴치했습니다.

독일의 세균학자 에밀 폰 베링Emil von Behring, 1854~1917은 특정 세균으로부터 얻은 독소에 의해 면역성을 갖게 된 혈청을 다른 사람의 몸에 주입해 그 세균에 대한 내성을 갖게 하는 혈청 치료법을 개발했습니다. 에밀 폰 베링은 디프테리아와 파상풍을 치료할 수 있는 혈청을 발견해 수많은 생명의 목숨을 구한 공로를 인정받아 1901년 노벨 생리 · 의학상을 수상했습니다.

의학의 발달은 과거에 불가능했던 것들을 가능하게 만들었습니다. 꽃 피우기도 전에 꺾여 더욱 안타까웠던 어린이들을 살려냈으며, 인류의 수명을 획기적으로 연장시켰습니다.

이 자리를 빌려 모든 부모를 대신해 예방접종을 통해 수많은 아기 천사의 목숨을 살린 에드워드 제너와 에밀 폰 베링에게 감사 인사를 전합니다.

Chapter 02

화가의 붓이 된 질병

가난한 예술가와 노동자를 위로한 '초록 요정'에게 건배!

고단한 하루를 마감하는 '녹색의 시간'

19세기 프랑스 파리에서는 노동자들이 일과 후 카페로 몰려들어 휴식을 즐기는 늦은 저녁 시간을 '녹색의 시간'이라고 불렀습니다. '녹색'이라는 늦은 저녁과는 어울리지 않는 색깔이 붙은 건 순전히 '압생트' 때문입니다. 에메랄드빛의 압생트는 19세기 유럽을 풍미한 술입니다. 제1차 세계대전을 전후해서 압생트의 생산과 판매가 금지될 때까지 압생트의 위력은 대단했습니다. 일반인은 물론이고 빈센트 반 고흐Vincent van Gogh, 1853~1890, 에드가르 드가Edgar De Gas, 1834~1917, 파블로 피카소Pablo Picasso, 1881~1973, 에밀 졸라Emile Zola, 1840~1902, 어니스트 헤밍웨이Ernest Hemingway, 1899~1961, 아르투르 랭보Arthur Rimbaud, 1854~1891 등 많은 예술가들이 압생트를 즐겼습니다.

쑥을 주원료로 만든 압생트는 저렴하지만 알코올 도수가 높아 빨리 취하는

에드가르 드가, <압생트 한 잔>, 1875~1876년, 캔버스에 유채, 92×68cm, 파리 오르세미술관

장점이 있습니다. 압생트를 마실 때 행하는 특별한 의식(?)은 예술가와 애주가들을 사로잡았습니다. 먼저 잔 위에 숟가락을 걸치고 그 위에 각설탕을 올려놓습니다. 이 위로 압생트를 조금 부은 다음, 차가운 물을 서서히 붓습니다. 이렇게 하면 술의 도수가 낮아지고 쓴맛도 줄어들어 더 많이 마실 수 있습니다.

높은 대중적 수요를 바탕으로 19세기 프랑스 전역에는 각기 다른 상표의 압생트가 1000여 개가량 있었던 것으로 추정됩니다. 1880년대에 이르러서 압생트는 마치 우리의 소주처럼 서민들이 마시는 '국민 술'이 되었습니다. 하지만 압생트를 상습적으로 마실 경우 건강에 해롭다는 것이 밝혀지면서 20세기 초반부터는 압생트 음주를 법으로 금했습니다. 압생트에 들어 있는 '투존'이라는 성분은 술에 독특한 향취를 선사하지만, 뇌세포를 파괴하고 환각을 일으켜 쉽게 중독되게 합니다.

사람들은 압생트를 '녹색의 요정' 혹은 '에메랄드 지옥' 등으로 부르며 사랑했습니다. 압생트는 가난한 예술가들에게는 '예술적 영감'을 주는 좋은 친구였지요. 하지만 압생트 때문에 울고, 웃고, 목숨을 끊는 사람들이 생겨났습니다.

압생트에 취한 고독한 남과 여

1875년 파리의 남루한 어느 카페입니다. 초췌한 모습의 남녀가 두 개의 테이블 사이에 어정쩡하게 앉아 있습니다. 허탈하고 지친 표정의 여인은 자신 앞에 놓인 술잔만 하염없이 바라보고 있습니다. 그 여인 바로 옆의 남자 또한 세상사에 아무 관심 없다는 듯 파이프를 문 채 무심히 창밖을 바라보고 있습니다. 남자는 정장을 입고 중절모까지 쓰고 있지만, 행색은 초라합니다. 자세히 보니 그의 코는 술 때문에 빨갛게 물들어 있습니다. 남녀 모두 화면 구석에 있어 그림을 보는 관객은 왠지 두 사람이 더욱 불안해 보입니다. 그리고 다리가 없는 모서리가 예리한 테이블들은 그림을 더욱 불안하게 보이게 합니다. 여인 앞에 놓여 있는 노란색 술이 바로 압생트입니다. 탁자 옆에 물병이 놓여 있는 걸로 봐서 그녀가 압생트를 희석해서 마시고 있음을 알 수 있습니다.

〈압생트 한 잔〉은 작품 속 남자의 신체 일부와 파이프가 잘려있어 마치 스냅사진처럼 보입니다. 이런 독특한 구도는 당시 인상파 화가들이 흠뻑 빠져 있던 일본의 목판화 '우키요에'에서 영감을 얻은 것입니다. 우키요에 화가들은 정면이나 측면이 아닌 독특한 각도에서 바라본 장면을 그렸습니다. 그리고 우키요에는 인물을 반드시 중앙에 두지 않아 신체 일부가 잘린 그림이 많습니다.

〈압생트 한 잔〉은 1876년 제3회 인상파 전시회에서 공개되었습니다. 대중에게 공개되었을 당시 이 작품은 에두아르 마네Edouard Manet, 1832~1883의 〈풀밭 위의 점심〉과 〈올랭피아〉처럼 평론가들에게 큰 비난을 받았습니다. 그 이유는 파리 뒷골목 바에서나 볼 수 있는 타락한 인물을 모델로 삼았다는 점과 그림 속 모델이 나름 당대의 유명인이었다는 점입니다.

드가는 압생트 중독의 위험성이나 사회의 타락상을 경고하는 등 어떤 메시지를 전달하고자 이 그림을 그리지 않았습니다. 그저 동시대 삶의 단면을 있는 그대로 포착한 것입니다. 이 작품은 산업화된 사회에서 부품이 되어버린 근대 시민의 소외감과 고독감을 표현하고 있습니다. 이 작품은 드가가 카페에서 모델을 발견하고 즉흥적으로 그린 것이 아니라 작업실에서 계획하고 연출한 상황을 그린 것입니다. 두 모델에게는 알코올 중독자 같은 표정을 지어달라고 부탁했지요.
인상파 화가들이 주로 야외로 나가 시간에 따라 달라지는 빛의 변화를 포착하고 화폭에 옮겼던 것과 달리, 드가는 파리의 근대적인 생활에서 주제를 찾았습니다. 그는 정확한 소묘 능력을 바탕으로 신선한 구도와 풍부한 색감이 돋보이는 작품들을 발표했습니다. 특히 '일상생활의 한 단면을 포착해 재현한다'는 마네로부터 시작된 시대적 경향과 '주도면밀하게 계산된 화면 구성'이라는 고전주의적 전통을 잘 결합한 작품을 내놓았습니다. 그렇다고 해서 드가가 고전주의 화풍의 화면 구성을 그대로 따른 것은 아닙니다. 그는 독특한 화면 설정, 공간 규정, 인물의 자세, 색조의 대비 등을 통해 막연한 불안감이 느껴지는 개성적인 작품 세계를 선보였습니다.

가난한 예술가가 기댈 유일한 안식처

고흐가 홀로 어느 카페 구석에서 앞을 주시하며 무심히 앉아 있습니다. 테이블에는 압생트 한 잔이 쓸쓸하게 놓여있습니다. 유일하게 남아있는 고흐의 옆모습을 그린 작품입니다. 파스텔로 그린 선들이 역동적으로 느껴집니다. 다른 어느 초상화보다도 당시 고흐의 심경이나 내면 세계를 잘 담고 있습니다.
툴루즈 로트레크Henri de Toulouse Lautrec, 1864~1901는 1886년 가을, 파리에 나타난 고흐를 페르낭 코르몽Fernand Cormon, 1845~1924의 화실에서 만났습니다. 두 사람은

툴루즈 로트레크, 〈빈센트 반 고흐의 초상〉, 1887년, 카드보드지에 파스텔, 54×45cm, 암스테르담 반고흐미술관

1888년 2월에 고흐가 프랑스 남부 아를로 떠나기 전까지, 작품에 대한 의견을 나눌 정도로 매우 가깝게 지냈습니다. 두 사람이 만났을 때 로트레크는 스물두 살, 고흐는 서른세 살이었습니다.

1887년 말경에 그려진 것으로 추정되는 이 그림은 파스텔을 사용했다는 점이 특이합니다. 스케치는 고흐에게 영향을 받은 듯하고 색채 사용에서는 로트레크만의 개성이 느껴집니다. 아마도 로트레크와 고흐가 이야기하던 중 로트레크가 색채에 대한 자기 생각을 직접 보여주기 위해 즉흥적으로 그린 것으로 보입니다.

화가들조차 고흐를 미치광이로 여겼지만, 로트레크는 고흐의 그림에 대한 열정과 신념에 깊이 감동했습니다. 어쩌면 육체의 고통을 예술로 승화시킨 로트레크였기에 고흐를 이해했는지도 모릅니다(198쪽 참조). 첫 만남 후 4년 뒤인 1890년 서른일곱 살의 나이로 고흐가 죽을 때까지, 둘은 서로에게 큰 영향을 미칩니다. 고흐에게 아를로 이주해서 그림을 그려보라고 제안했던 사람이 바로 로트레크였습니다. 한 번은 예술가들이 모인 카페에서 누군가 고흐의 그림에 악평을 쏟아내자, 로트레크는 작고 병약한 몸으로 결투를 신청했다고 합니다.

고흐가 죽었을 때 로트레크는 이런 말을 했습니다. "비록 서른일곱 해의 짧은 인생이었지만, 그래도 위대한 예술을 이룩했으니 아쉬워할 필요는 없다. 나도 언젠가 그럴 수 있으면 좋겠다." 정확히 11년 뒤인 1901년 로트레크도 고흐와 같은 서른일곱의 나이에 사망합니다.

〈별이 빛나는 밤에〉는 압생트 중독의 결과다?

〈별이 빛나는 밤에〉는 고흐의 대표작입니다. 이 그림은 고흐가 고갱과 다툰 뒤 자신의 귀를 자르고 몇 번의 간질 발작을 일으킨 후, 생 레미 요양원에 있을 때 그린 것입니다. 고흐는 정신장애로 인한 고통을 밤하늘에 요동치는

빈센트 반 고흐, 〈별이 빛나는 밤에〉, 1889년, 캔버스에 유채, 73.7×92.1cm, 뉴욕 메트로폴리탄미술관

소용돌이로 묘사했습니다. 고흐에게 밤하늘은 무한함을 표현하는 대상이었고 그는 밤하늘의 풍경, 정확히는 밤하늘 속에서 빛나는 별을 그리고 싶었습니다. 그래서 전경의 마을 풍경을 최대한 작게 그리고 하늘 풍경과 수직으로 뻗은 사이프러스 나무를 큼직하게 그렸습니다. 이는 당시 고흐가 풍경화를 그릴 때 자주 이용했던 방법입니다.

그런데 이 그림에서 별 주변에 노란색 '광환'이라고 불리는 코로나가 보입니다. 압생트를 즐기던 고흐가 사물이 노랗게 보이는 황시증을 앓아서 별을 이렇게 표현했다는 이야기가 있습니다. 그의 작품에 유독 노란색이 많은 이유도 황시증 탓이라고 합니다. 즉 압생트의 투존에 중독되어 고흐 눈에 비친 별이 이렇게 보였다는 것이지요.

한때 압생트의 투존이라는 성분이 신경에 영향을 미치고, 이 탓에 압생트를 장기간 마신 사람은 환각을 보게 되고 서서히 중독되어 시신경이 파괴될 수도 있다는 주장이 굉장한 힘을 얻어 압생트의 판매와 생산이 금지되었습니다.

하지만 실제로 투존의 독성은 생쥐를 기준으로 니코틴의 15분의 1에 불과합니다. 압생트의 경우 리터당 6밀리그램 남짓한 미량의 투존이 들어있어 거의 중독이 될 염려가 없습니다. 당시 알코올 남용에 대한 책임을 가장 대중적인 술이었던 압생트에 떠넘기고, 압생트에 밀려 기를 못 펴던 와인업자들의 끈질긴 로비로 죄 없는 압생트가 모함을 받았다는 설도 있습니다.

1997년에는 별 주변에 코로나가 보일 정도가 되려면 182리터 이상의 압생트를 단번에 마셔야 한다는 논문이 발표되었습니다. 그 정도의 술을 한꺼번에 마시면 사람은 죽습니다. 그리고 취한 상태에서 그림을 그릴 수도 없지요.

고흐에게 압생트는 약이었을까 독이었을까?

고흐가 이런 그림을 그릴 수 있었던 것은 몇몇 의사들의 주장처럼 고흐가 복용하던 약 때문 아닐까 추측해 봅니다. 그 약은 '디지털리스'라는 약초입니다. 지금도 일부 심장병 치료에 디지털리스 성분이 들어 있는 디곡신을 사용하고 있습니다. 당시 고흐는 측두엽 간질 진단을 받았고, 디지털리스는 간질 치료제로 사용됐습니다. 아마도 생 레미 요양원에서부터 간질 발작을 한 고흐에게 고용량의 디지털리스를 복용시켰을 것으로 추정합니다. 그런데 디지털리스의 흔한 부작용이 황시증과 눈이 커지고 동공이 확대되고 눈에 코로나 현상이 보이는 것입니다.

격변의 시대에 가난한 예술가에게 예술적 영감을 주고 그들의 마음을 어루만져준 것은 오직 압생트 한 병뿐이었습니다. 지금도 많은 이에게 감동을 주는 명작 가운데 '초록 요정'의 축복으로 탄생한 작품이 많습니다.

하지만 고흐와 로트레크가 사랑하던 초록 요정은 예술적 영감을 주는 대신 그들을 죽음으로 이끄는데 크게 기여했습니다. 압생트는 이 천재 예술가들에게 과연 약이었을까요 독이었을까요?

1981년 유럽연합(EU)의 전신인 유럽공동체(EC)가 압생트 합법화 결정을 내리면서 유럽 국가들은 압생트 생산을 재개했습니다. 현재는 대략 200여 개 브랜드의 압생트가 생산되고 있습니다. 이들 유럽 국가들이 압생트 생산을 재개한 이유는 압생트의 부작용이 과장되었고 그 위험이 다른 술보다 높지 않으며, 유해물질의 농도는 충분히 조절할 수 있다는 주류 업계의 주장을 받아들였기 때문입니다.

어떤 술이든 종류와 관계없이 지속해서 마시면 중독되며 건강에 치명적입니다. 지속적인 음주로 인해 간경변 환자가 되는 경우는 대략 15퍼센트 정도입니다.

사람들은 무언가를 잊기 위해 술잔을 채웁니다. 오장육부를 들어낼 듯 괴로움을 게워내고 나면 어느새 날이 밝아져 있습니다. 그렇게 비운 몸과 마음에 다시 새로운 기억을 채우며 하루를 사는 분들이 있습니다. 술이 잊게 해주는 것이 괴로움뿐이라면 참 고맙겠지만, 음주에는 대가가 따른다는 것을 잊지 말아야 합니다. 지속적이고 과한 음주는 소중한 추억까지도 모조리 지울 수 있습니다.

어둠 속에서 사는 사람들

네덜란드의 미래를 암시하는 시각장애인들의 행렬

남루한 행색의 사내 여섯이 늦가을 또는 초겨울의 스산한 들녘을 가로 지르고 있습니다. 사내들은 앞사람의 어깨를 잡거나 지팡이를 마주 잡고 서로 의지하며 비탈길을 걷고 있습니다. 이들의 행진은 위태롭습니다. 선봉에 선 사내가 이미 도랑에 자빠져 있고, 두 번째 사내도 넘어지기 일보 직전입니다. 아마 다른 이들도 곧 도랑에 빠질 것입니다. 이들은 모두 앞을 보지 못하는 시각장애인이기 때문입니다.

피테르 브뤼헐Pieter Bruegel, 1525~1569은 농민이나 걸인, 장애인 등을 주인공으로 풍자와 해학이 넘치는 풍속화를 그린 화가입니다. 글을 읽고 쓸 수 있는 사람이 많지 않던 16세기에는 브뤼헐은 그림을 통해 당시 사회의 불편한 진실을 보여주곤 했습니다. 이 작품 또한 사회의 부조리를 고발하는 메시지가 담겨

피테르 브뤼헐, 〈맹인을 이끄는 맹인〉, 1568년, 캔버스에 유채, 86×154cm, 나폴리 카포디몬테국립미술관

있습니다. 그림은 『성경』「마태복음」에 나오는 "만일 맹인이 맹인을 인도하면 둘이 다 구덩이에 빠지리라"라는 구절을 모티브로 삼고 있습니다. 그림 속 배경인 브뤼셀은 플랑드르 네덜란드 지역으로 스페인의 지배 아래 있었습니다. 개신교에 대한 로마 가톨릭 교회의 박해가 심했던 시절이었지요. 앞을 보지 못하는 사람이 앞을 보지 못하는 사람을 인도하는 기막힌 현실은 당시 부패하고 무능한 지도자와 그들에게 맹목적으로 이끌려 가는 식민지 네덜란드를 가리킵니다. 뒤따르던 시각장애인들이 앞선 시각장애인들을 따라 모두 도랑에 빠지는 상황은 네덜란드가 맞이하게 될 희망 없는 미래를 상징합니다.

그들은 왜 시력을 잃었는가?

그림에서 시각장애인에 대한 화가의 측은지심이 느껴지지 않습니다. 다만 브뤼헐은 현재 안과의사가 작품 속 인물들이 시력을 잃은 원인까지 추정할 수 있을 만큼 눈 상태를 세밀하게 묘사하고 있습니다.

오른쪽에서 네 번째 각막이 뿌연 사내는 각막백반이란 병으로 시력을 잃었을 것입니다. 각막백반은 각막 염증, 궤양, 외상 등의 후유증으로 각막에 얼룩점이 생기고 이 때문에 빛이 잘 통과하지 못해 심한 시력장애 또는 시력을 잃는 병입니다. 각막의 투명한 부분을 따라 광학적으로 홍채를 절제하거나 각막 이식으로 치료할 수 있습니다.

오른쪽에서 세 번째 흰자위가 뒤집어진 사내는 흑색 백내장 증세가 관찰됩니다. 흑색 백내장은 혼탁해진 수정체 안에 어떤 원인으로 색소가 생기고 이 과정이 계속 진행되어 안구가 검게 변하는 질병입니다. 오른쪽에서 두 번째 사내의 상태는 좀 더 심각합니다. 눈이 움푹 파여 안구가 아예 보이지 않습니다. 사고 또는 싸우다가 안구를 잃었을 수도 있고, 죄를 지어 벌로 안구가 뽑혔을 수도 있습니다.

왼쪽에서 두 번째 사내는 모자를 푹 눌러쓰고 있어 눈이 보이지 않습니다. 다만 눈앞에서 위급한 상황이 벌어지고 있는데도 시선이 허공을 향해 있는 것으로 미루어 앞을 보지 못하는 것 같습니다. 아니면 일부러 안 보이는 것처럼 행동하고 있는 것일지도 모르겠습니다. 눈앞에서 벌어지고 있는 부조리가 보이지 않는 듯 행동하고 침묵하는 사람들처럼요.

브뤼헐은 죽기 직전에 아내에게 자기의 그림 중 상당수를 불태워 버리라고 했습니다. 반항적인 메시지를 담고 있는 자신의 그림 때문에 훗날 가족들이 화를 입을 수도 있다고 생각했기 때문입니다. 작품 내용을 정확히 알 수는 없지만, 유언으로 미루어 그가 작품에 사회 비판적 메시지들을 숨겨 놓았다고 짐작해봅니다.

우는 발과 보듬는 손

붉은 망토를 두른 노인이 무릎 꿇은 젊은이를 감싸 안고 있습니다. 청년은 머리를 박박 밀었고, 누더기를 걸치고 있습니다. 신발이 벗겨진 왼발에는 상처가 나 있고, 오른발에 신은 신발도 해질 대로 해져 겨우 발을 감싸고 있습니다. 청년은 몹시 가난한 것 같습니다.

렘브란트Rembrandt van Rijn, 1606~1669의 〈돌아온 탕자〉는 「루가복음」에 있는 내용을

렘브란트, 〈돌아온 탕자〉, 1659~1669년경, 캔버스에 유채, 262×206cm, 상트페테르부르크 에르미타주미술관

모티브로 하고 있습니다. 재산을 다 탕진하고 돌아온 아들을 아버지가 사랑으로 받아주는 장면입니다. 노인의 시선은 무릎 꿇은 아들이 아니라 허공을 응시하고 있습니다. 그는 앞을 보지 못하는 것 같습니다. 아들이 돌아오기를 하염없이 기다리다가 두 눈이 다 짓무른 건 아닐까요. 부모 입장에서는 아들의 비참한 몰골을 보지 못하는 것이 오히려 축복일지도 모르겠군요. 그는 아들을 사랑으로 따뜻이 감싸 안고 있습니다.

렘브란트, 〈웃고 있는 렘브란트〉, 1665년, 캔버스에 유채, 82×63cm, 릴른 발라프리하츠박물관
두 번째 아내와 아들마저 세상을 떠나고 가난과 고독에 시달리던 시기에 그려진 렘브란트의 자화상.

이 그림은 렘브란트가 1659년인 53세부터 죽기 얼마 전까지 그린 미완성 작품입니다. 이 작품을 제대로 이해하기 위해서는 절망과 고독으로 점철된 렘브란트의 인생을 알아야 합니다.

렘브란트의 아들과 두 딸은 태어나자마자 죽고, 뒤를 이어 첫 번째 아내 사스키아도 세상을 떠났습니다. 사스키아의 유산을 포기할 수 없었던 렘브란트는 헌신적인 두 번째 아내 헨드리케와 끝내 결혼하지 않고 살았습니다. 그림 그리는 데 필요하다고 생각되면 그림이든 골동품이든 닥치는 대로 사들인 렘브란트는 여러 차례 파산합니다. 하나 남은 아들 티투스와 아내 헨드리케도 사망해 그의 곁을 떠나고, 가난하고 고독한 노년의 렘브란트 곁에는 아무것도 남지 않았습니다. 렘브란트는 『성경』 이야기에 감정이 이입돼 〈돌아온 탕자〉 그렸습니다. 재산을 탕진하고 비참한 몰골로 아버지 앞에 선 아들은 렘브란트 자신입니다. 그래서일까요. 이 그림에는 회한이 서려 있습니다.

〈돌아온 탕자〉는 1766년 어떤 경로로 러시아로 팔려가, 지금은 에르미타주 미술관에 전시되어 있습니다. 히틀러가 러시아를 폭격했을 때 약탈당할 것에 대비해 전쟁 중에 비밀리에 우랄산맥 건너편 소금 광산으로 옮겨 보관했을 정도로, 이 그림에 대한 러시아 사람들의 애착은 대단합니다.

가톨릭 신부이자 하버드대학교 교수로 명망 높았던 헨리 나우웬Henri Nouwen, 1932~1996은, 〈돌아온 탕자〉를 보고 스탕달 신드롬(264쪽 참조)을 경험합니다. "이 작품의 장엄하고도 엄숙한 아름다움에 숨이 막혀 온종일 이 그림을 떠날 수가 없었다." 이후 헨리 나우웬은 안정된 교수직을 버리고 평생 지적장애인을 돌보는 일에 헌신했습니다.

희망의 초상

하늘은 어두운 빛으로 가득 차 있고 붕대로 눈을 동여맨 여인이 커다란 구위에 불안정하게 앉아 있습니다. 그녀가 움켜쥐고 있는 악기에는 현이 딱 하나 남아 있습니다. 그리고 사슬이 보입니다. 사슬에 묶인 것이 악기인지 그녀 자신인지 모르겠습니다. 여인은 한 줄 남은 현으로 연주하려 애쓰고 있습니다.

지독한 상실감과 고통이 느껴지는 이 작품의 제목은 놀랍게도 〈희망〉입니다. 그리스로마신화 '판도라의 상자'에서 모티브를 빌려온 작품입니다. 커다란 구는 지구, 눈먼 여인은 인간, 현이 끊어진 악기는 절망, 그리고 마지막 남은 한 줄의 현은 희망을 뜻합니다. 인간은 어떠한 절망적인 상황에서도 한 가닥 남은 가냘픈 희망에 의지해 다시 일어서는 존재라는 것을 이야기합니다.

〈희망〉을 그린 조지 프레데릭 와츠George Frederic Watts, 1817~1904는 영국의 빅토리아 시대에 피아노 만드는 장인의 아들로 태어나 미술을 거의 독학으로 공부한 화가이자 조각가입니다. 와츠는 당시 유행하던 어떤 미술 사조나 파벌에 속

하지 않고 독자적인 화풍으로 그림을 그렸습니다.

조지 프레데릭 와츠, 〈희망〉, 1886년, 142×112cm, 캔버스에 유채, 런던 테이트갤러리

원래 〈희망〉은 잘 알려지지 않은 작품이었습니다. 그려진 지 120년이 지난 2004년, 버락 오바마Barack Obama, 1961~가 민주당 전당대회에서 〈희망〉을 언급한 이후 전 세계적으로 유명세를 탔습니다. 오바마는 이 그림이 "여성에 대한 편견과 탐욕, 인종차별, 소외층에 대한 무관심을 상징적으로 보여준다"며 "현이 하나뿐인 악기로 끝까지 곡을 연주해내려는 그녀에게서 '담대한 희망'의 메시지를 받았다"고 말했습니다. 오바마는 44대 미국 대통령에 당선된 후에도, 이 그림을 보며 어렵고 힘든 여건 속에서도 희망의 끈을 놓지 않고 묵묵히 자기 길을 갈 수 있었다고 합니다.

인간은 어떤 상황에서 판단을 내릴 때 시각, 청각, 후각, 미각, 촉각의 다섯 가지 감각을 이용합니다. 그 가운데 70~80퍼센트 정보는 시각을 통해 얻습니다. 시각에 의존해 살아가고 있다고 해도 틀린 말이 아닙니다. 이런 세상에서 볼 수 없다는 것은 치명적인 장애입니다. 그럼에도 삶은 계속됩니다. 시각을 잃어도 네 가지 감각이 남습니다.

좋은 잠, 나쁜 잠, 이상한 잠

정신분석학의 산파가 된 화가,
헨리 푸젤리

한밤중의 침실입니다. 침대에 누운 젊은 여인은 깊은 잠에 빠져 있습니다. 가슴이 훤히 비치는 얇은 옷을 입고 있으며, 상반신이 완전히 뒤로 젖혀져 머리카락과 팔이 침대 밖으로 떨어져 있습니다. 목은 활처럼 휘어졌군요. 볼은 발그레하게 홍조를 띠고 있습니다. 자는 모습이 아니라 성적 황홀감에 빠져 있는 모습으로 오해할 만큼 자세와 표정이 관능적입니다.

붉은 커튼 사이로 머리를 불쑥 내밀고 있는 눈동자 없이 흰자위만 보이는 말 한 마리에 시선이 머물자 섬뜩합니다. 하지만 이보다 훨씬 무서운 것은 여인의 배 위에 웅크리고 앉아있는 원숭이와 여우를 반반씩 닮은 기괴한 괴물입니다. 괴물은 음흉한 미소를 지으며 잠든 여인의 모습을 염탐하고 있

헨리 푸젤리, 〈악몽〉, 1790~1791년, 캔버스에 유채, 77×64cm, 프랑크푸르트 괴테박물관

습니다. 그로테스크한 모습의 이 괴물은 화가 헨리 푸젤리Henry Fuseli, 1741~1825가 상상으로 만들어낸 창조물입니다.

푸젤리는 지그문트 프로이트Sigmund Freud, 1856~1939가 태어나기 100년도 전에 무의식의 세계를 화폭에 옮겨, 훗날 초현실주의자 특히 살바도르 달리Salvador Dali, 1904~1989에게 영향을 준 스위스 출신의 영국 낭만주의 화가입니다.

그는 스위스 개신교 루터파 목사로 고전에 정통한 시인이었습니다. 정치적 사건에 휘말려 도망 다니다가 1764년에 영국으로 건너가 귀화했고, 영국 미술계의 대부격이었던 조슈아 레이놀즈Joshua Reynolds, 1723~1792의 권유로 화가로 전향했습니다.

푸젤리는 문학적 주제의 작품을 즐겨 그렸으며, 명암 대비를 효과적으로 사용했습니다. 그는 환상적인 분위기와 풍부한 상상력이 돋보이는 작품으로 낭만주의 화풍을 개척했습니다. 낭만주의를 아름답고 로맨틱한 분위기의 화풍으로 생각해서는 안 됩니다. 낭만주의는 합리적 판단과 계몽주의 같은 철저한 이성에 반하면서 대신 인간의 복잡한 감정, 환상, 무의식적 충동, 비합리적 행동 등에 주목하는 화풍입니다. 낭만주의는 이런 주제들을 섬뜩하거나 어두운 분위기로 표현했습니다.

특히 푸젤리는 정신분석학에 대한 개념이 거의 전무했던 시대에, '꿈과 악몽'이라는 주제를 가지고 그림을 그리면서 인간의 무의식을 탐구한 최초의 화가입니다.

이 작품을 그릴 당시 푸젤리는 사랑하던 여인에게 청혼했다 거절당한 뒤 실연의 고통에 괴로워했다고 합니다. 결혼까지 약속했던 여인과 집안의 반대로 헤어지고, 얼마 안 있어 그녀가 다른 남자와 결혼하자 연인에 대한 그리움과 원망, 배신감으로 자주 악몽을 꾸었습니다. 꿈속에서 여인을 성적으

헨리 푸젤리, 〈악몽〉, 1781년, 캔버스에 유채, 101.6×127cm, 디트로이트예술대학

로 절정에 이르게 한 대상을 악마로 설정하고, 악마에 자신의 모습을 투영해 남성의 강렬한 성적 욕망과 폭력성을 담았습니다. 푸젤리가 창조한 악마의 모습은 남자 형상으로 나타나 잠자는 여자와 육체적 관계를 맺는 악마 '인큐버스(incubus : 중세 종교 재판이 만들어낸 악마)'와 닮았습니다.

〈악몽〉은 1781년에 전시되자마자 선풍적인 인기를 끌었습니다. 푸젤리는 똑같은 주제로 구도가 비슷한 작품을 여러 점 그렸습니다. 먼저 본 작품도 원작을 그린 후 10년쯤 지나 악마의 모습과 인물 배치를 달리해 그린 것입니다. 〈악몽〉은 판화로도 제작돼 대량 유통됐습니다.

몸은 잠들었지만 뇌는 깨어있는 렘수면 상태에 찾아오는 악몽

푸젤리의 무의식, 악몽 같은 비현실 세계에 대한 집착은 윌리엄 블레이크 William Blake, 1757~1827 같은 후배 낭만주의자들에게 영향을 주었고, 20세기 정신분석학에 지대한 영향을 미쳤습니다.

프로이트는 〈악몽〉이 그려진 지 100년도 더 지나서 빈의 자택에 이 작품의 판화본을 걸어놨습니다. 또 다른 정신분석학의 대가 카를 구스타프 융 Carl Gustav Jung, 1875~1961 도 자신의 대표작인 『인간과 상징』에서 푸젤리의 작품을 자주 언급합니다. 상징주의 화가의 작품이 정신분석이라는 근대적 사상의 개화에 크나큰 영향을 미쳤다는 사실이 놀라울 따름입니다.

악몽은 불면증과 함께 대표적인 수면장애 질환 중 하나입니다. 수면은 렘수면과 비렘수면 상태로 나눌 수 있습니다. 렘수면은 몸은 자고 있어도 뇌는 깨어 있는 상태이고, 비렘수면은 뇌와 몸이 잠을 자는 상태입니다. 대부분 꿈은 렘수면 상태에서 나타납니다.

악몽은 피할 수 없는 압박, 공포, 극도의 불안을 유도하는 꿈입니다. 감금, 폭행, 살해 당하는 무서운 장면이 악몽에 주로 등장합니다. 악몽을 꿀 때 종종 가위에 눌리기도 합니다.

가위눌림은 의학적으로 '수면마비'라고 합니다. 렘수면 상태에서는 몸은 자고 있지만 뇌는 깨어 있기 때문에, 가위에 눌리면 눈은 움직일 수 있지만 몸은 꼼짝할 수 없습니다. 마치 순간적으로 전신이 마비된 것처럼 느끼게 되지요. 이때 눈앞에 환각이 펼쳐지거나 이상한 소리가 환청처럼 들리며, 대개는 악몽을 꾸게 됩니다.

잠결에 어둠 속을 떠도는 여인

푸젤리의 작품을 하나 더 살펴보겠습니다. 넋이 나간 상태에서 횃불을 들고 방황하며 앞으로 나아가려는 여인이 있습니다. 이 작품은 윌리엄 셰익스피어William Shakespeare, 1564~1616의 4대 비극 중 하나인 『맥베스』의 한 장면입니다. 횃불을 든 여인은 몽유병에 걸려 방황하는 맥베스 부인입니다.

스코틀랜드의 장군 맥베스는 숲 속에서 세 명의 마녀들과 마주칩니다. 마녀들은 맥베스에게 왕이 될 것이라고 예언합니다. 예언을 전해 들은 맥베스 부인은 주저하는 남편을 부추겨서 왕을 죽이고 의심하는 신하들을 모두 제거한 다음, 남편을 왕으로 만듭니다. 하지만 유령을 본 부인은 정신착란을 일으킵니다. 살육을 거듭하던 맥베스는 결국 반대파들에게 전세가 역전되어 참수당하고, 부인도 남편의 뒤를 따라 자살합니다.

18세기 말 영국 연극계에서는 셰익스피어의 작품이 대유행했습니다. 푸젤리는 연극 『맥베스』에서 영감을 받아 그림을 그렸습니다. 그는 몽유병 환자의 얼굴을 부각하기 위해서 희미하고 약한 횃불에 형태를 잠기게 했습니다. 바로 이 점이 그의 작품을 대표하는 특징이 되었습니다.

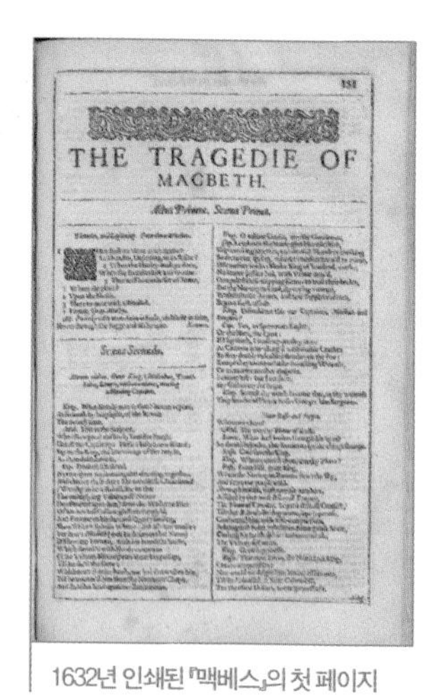
151

THE TRAGEDIE OF
MACBETH.

1632년 인쇄된 『맥베스』의 첫 페이지

〈몽유병에 걸린 맥베스 부인〉은 마치 연극의 한 장면을 캔버스로 옮긴 듯 묘사가 매우 사실적입니다. 정신을 잃은 채 한밤중에 성을 배회하며 헛것을 보며 괴로워하는 맥베스 부인에게서 왕을 죽이고 양심의 가책을 느끼는 맥베스를 질책하던 당당하고 자신만만한 모

헨리 푸젤리, 〈몽유병에 걸린 맥베스 부인〉, 1784년, 캔버스에 유채, 221×160cm, 파리 루브르박물관

습을 찾아볼 수 없습니다. 부인 뒤쪽에서 공포에 떨고 있는 하녀와 의사는 이 상황을 넋을 잃고 바라 보고 있습니다.

프로이트보다 푸젤리가 먼저 셰익스피어를 통해 인간 무의식의 혼란스러운 충동을 수면 위로 올려놨습니다. 몽유병은 잠든 상태에서 마치 깨어 있는 사람처럼 걷거나 돌아다니는 병입니다. 몽유병 환자는 자면서 옷을 입거나, 화장실에 가거나, 심지어 운전 같은 다양한 행위를 합니다.

몽유병은 5~12세 아이 중 대략 15퍼센트가 경험하는 현상으로, 뇌가 성숙하게 발달하지 않은 어린 연령대에서 주로 나타납니다. 몽유병의 원인은 다양합니다. 스트레스를 많이 받거나 수면을 방해받으면 몽유병이 심해질 수 있고 유전적인 원인에 의해 발현되기도 합니다. 몽유병을 정신적인 문제로만 보는 경우가 있는데, 사실 이 병은 신체적인 이유로 나타나기도 합니다. 과도한 스트레스로 잠이 부족해지거나 알코올을 빈번하게 섭취하거나 항불안제 · 수면제 같은 일부 약물을 복용한 후에 몽유병이 나타날 수 있습니다.

몽유병은 규칙적인 운동으로 몸의 긴장을 풀어주고, 오후 시간에 카페인 섭취를 피하고, 잠들기 전에 전기용품을 사용하지 않고, 충분한 수면을 취하기만 해도 상당히 호전될 수 있습니다.

긴 하루의 쉼표가 되는 한낮의 달콤한 쪽잠

앞서 본 그림들이 표현했던 잠의 이미지와 느낌이 사뭇 다른 작품을 만나볼까요. 작품의 제목은 〈시에스타〉입니다. 여인이 편하게 낮잠을 즐기고 있습니다. 원형 테이블 위에 놓인 화병과 흰 부채는 동양적인 느낌을 풍깁니다. 한낮에 들어오는 햇볕을 가려주는 녹색 커튼이 바람에 살며시 흔들리고 있습니다. 여인의 머리맡 열린 창문 사이로 들어오는 바람 덕에 청량한 느낌이 듭니다. 바닥에는 주황빛 모자이크 문양의 카펫이 깔려 있고, 화병에는 활짝 핀 하얀 백합과 다홍색 양귀비꽃이 서로 조화를 이루고 있습니다.

일반적으로 하얀 백합은 순결을 상징하고 붉은색 양귀비는 '영원한 잠' 즉

존 프레드릭 루이스, 〈시에스타〉, 1876년, 캔버스에 유채, 88.6×111cm, 런던 테이트갤러리

죽음을 상징합니다. 양귀비는 중독성이 매우 강한 아편의 원료기도 하지요. 작가는 이렇게 어울리지 않는 백합과 양귀비를 함께 화병에 배치해 몽환적인 느낌을 주고 있습니다.

이 그림을 그린 존 프레드릭 루이스John Frederick Lewis, 1804~1876는 '오리엔탈리즘 화가'로 이름을 알린 영국 화가입니다. 그는 동양이나 지중해의 풍속들을 수채화나 유화로 세밀하게 그려냈습니다. 그는 30대 중반 무렵부터 이집트 카이로에서 10여 년 동안 거주했습니다. 영국으로 돌아온 후 중동의 생활

풍습을 사실주의적으로 묘사하거나 이집트 상류층 집안의 실내 풍경을 이상화한 그림들을 제작했습니다. 다른 오리엔탈리즘 화가들이 중동 여인에게 외설스런 관심을 기울여 누드화를 주로 그린 반면, 그는 그곳 여인들의 평범한 일상을 있는 그대로 묘사했습니다.

스페인이나 남아메리카 지역을 여행할 때 시에스타 때문에 오후 1시에서 5시까지 할 일 없이 거리를 배회하거나 상점이나 은행을 이용하지 못해 불편했던 경험 있으신가요? 시에스타(siesta)는 점심식사 후 혹은 이른 오후에 자는 짧은 낮잠을 일컫는 말로 '여섯 번째 시간(the sixth hour)'을 뜻합니다. 즉 시에스타는 동이 트면서부터 여섯 시간 후를 말하며 정오를 조금 지난 시간을 의미합니다. 시에스타는 대체로 오후에 사람이 활동하기에는 날씨가 너무 덥거나 혹은 점심식사가 하루 식사에서 가장 큰 비중을 차지하는 문화적 특징을 가진 나라에서 내려오는 전통입니다. 그리스, 이탈리아, 스페인 같은 지중해 지역과 라틴 문화권에서 흔히 볼 수 있습니다.

점심식사를 한 후에는 소화기관으로 혈액이 몰려 뇌나 근육에는 산소가 상대적으로 덜 공급됩니다. 산소가 부족해지면 뇌 기능이 저하되고 온몸이 나른해지면서 졸립습니다. 이 시간에 낮잠을 자면 뇌가 쉴 수 있어 이후 업무나 학업 효율을 올릴 수 있습니다. 다만 너무 적게 자거나 너무 오래 자는 것은 역효과를 일으키며, 15~30분 정도가 가장 적당한 낮잠 시간입니다. 덧붙여 침대보다는 소파에 기대서 자는 것이 좋습니다. 침대처럼 너무 편안한 곳에 오래 누워 있으면, 몸이 더 쳐질 수 있기 때문입니다.

잠에 인색해서는 안 됩니다. 잠은 피로한 몸을 회복하기 위해서 꼭 필요한 시간입니다. 잠이 건강과 삶의 질을 좌우합니다.

히포크라테스 선서를 비웃는 돌팔이 의사들

조지 워싱턴을 죽인 건 돌팔이 주치의들

아마도 의사라면 가장 듣기 싫은 말이 '돌팔이 의사'일 것입니다. 사전적인 의미로 '돌팔이'는 전문 지식이나 기술 없이 여러 곳을 돌아다니며 물건을 파는 사람을 뜻합니다. 즉 제대로 된 자격이나 실력 없이 전문적인 일을 하는 사람을 속되게 이르는 말로, 사기꾼이라고 할 수 있습니다. 돌팔이들은 여러 업종을 넘나들며 존재합니다. 의료계뿐만 아니라 교육자, 미용사, 점술인 중에도 돌팔이가 있습니다.

'돌팔이 의사'는 우선 의사 면허가 없으면서 의료 행위를 하는 경우가 있고, 의사 면허는 있지만 다른 목적으로 의사의 능력을 벗어나는 의료 행위를 함으로서 환자에게 피해를 주는 경우가 있습니다. 지금도 돌팔이 의사들에게 불법 시술을 받거나 의학적인 근거가 전혀 없는 치료를 받은 후에 그로

| 히에로니무스 보스, 〈우석 제거〉, 1501~1505년, 패널에 유채, 48×35cm, 마드리드 프라도미술관

Meester snijt die keye ras
Mijne name Is lubbert das

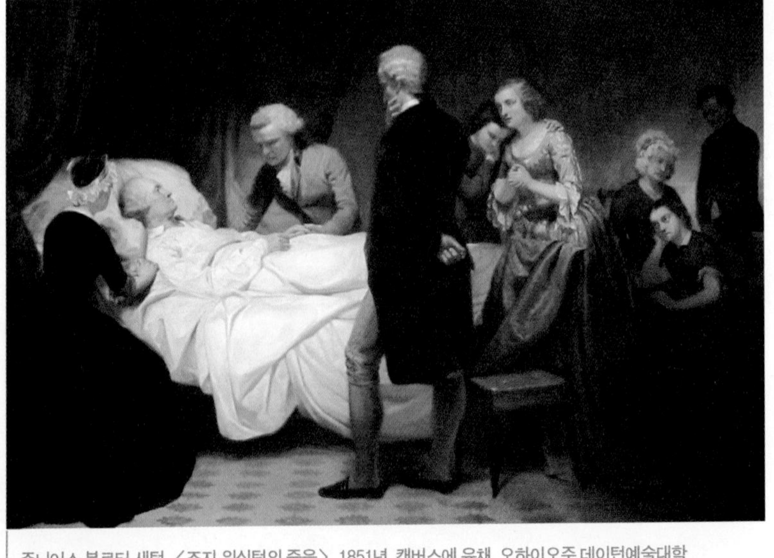

주니어스 부르터 새턴, 〈조지 워싱턴의 죽음〉, 1851년, 캔버스에 유채, 오하이오주 데이턴예술대학

인한 부작용으로 고통받는 환자들을 흔히 볼 수 있습니다.

역사상 가장 유명한 돌팔이 의사는 영국의 그레이트릭스Valentine Greatrix or Greatrakes, 1629~1683입니다. 그레이트릭스는 꿈에 악마로부터 어떤 병이라도 고칠 수 있는 능력을 받아서 자신의 손만 닿아도 병이 낫는다며 사람들을 현혹시켰습니다. 허무맹랑한 이야기처럼 들리지만, 그의 진료실은 전국 각지에서 몰려온 사람들로 그야말로 장사진을 이루었다고 합니다. 그의 환자 중에는 현대 화학의 아버지라고 불리는 로버트 보일Robert Boyle, 1627~1691도 포함되어 있었습니다. 하지만 수개월 후 치료가 아무런 효과가 없는 것으로 판명되어, 망신을 톡톡히 샀지요.

1799년 미국의 초대 대통령인 조지 워싱턴George Washington, 1732~1799이 쓰러지자, 당시 대통령 주치의들은 엽기적인 시술을 거행합니다. 주치의들은 몸이 쇠약해질 대로 쇠약해진 워싱턴의 몸에서 피를 뽑고 수은을 투여해 건강을 더 악화시켜 결국 죽음에 이르게 했습니다. 조지 워싱턴이 앓던 질병은 훗날 세균성 인후염으로 밝혀졌습니다. 항생제가 없던 시절에는 세균성 감염병을 치료할 마땅한 방법이 없었습니다. 당시 서양에서는 체내에 피와 체액의 비율이 적당히 유지돼야 한다는 논리에 근거해, 환자 몸에서 피를 뽑아내는 사혈 치료법이 유행했습니다. 목에 염증이 생긴 조지 워싱턴에게 주치의는 피를 2.3리터(몸속에 있는 피의 총량이 5.4리터 정도)나 뽑아냈습니다. 이런 비과학적인 의료 행위가 그 시대에는 효과적인 치료법으로 여겨졌다는 사실 또한 경악하지 않을 수 없습니다.

15세기 돌팔이 의사의 의료 행위를 생중계하다!

141쪽에 〈우석 제거〉라는 알쏭달쏭한 제목의 그림이 한 편 있습니다. 광활한 들판에 멍한 표정의 노인이 결박을 당한 채 앉아있고, 그 뒤로 고깔모자를 쓴 사내가 노인의 머리를 칼로 째고 있습니다. 노인의 머리에서는 피가 흐르고 있습니다. 노인 옆에 신부처럼 보이는 검은 사제복을 입은 남자가 손짓으로 무언가를 지시하는 것 같습니다. 그 옆에는 머리 위에 책을 올려놓은 수녀가 턱을 괴고 무심한 표정으로 이 광경을 바라보고 있습니다. 수녀 앞 탁자 위에는 튤립이 한 송이 있습니다.

무엇을 나타내는 그림일까요? 그림을 그린 히에로니무스 보스Hieronymus Bosch, 1450~1516는 500년 전 레오나르도 다 빈치Leonardo da Vinci, 1452~1519와 동시대를 살았던 네덜란드 출신의 북유럽 르네상스를 대표하는 화가입니다. 보스는 환상적이고 독특한 그림을 많이 그렸습니다. 하지만 그는 좀처럼 여행하는 일도 집 밖을 나오는 일도 없었다고 합니다. 그래서인지 보스에 대해서는 알려진

| 히에로니무스 보스, 〈유혹의 3매화〉, 1505~1506년, 캔버스에 유채, 131.5×53cm, 포르투갈 국립고대미술박물관

것이 거의 없습니다. 보스는 당시로써는 파격에 가깝게 인간의 무의식과 잠재의식을 악몽처럼 캔버스에 표현했습니다. 그가 상상으로 그려낸 타락한 인간의 모습과 지옥이 너무나 소름 끼쳤기 때문에 '지옥의 화가' 또는 '악마의 화가'라는 별명을 갖게 됐습니다. 비슷한 화풍의 피테르 브뤼헐Pieter Bruegel, 1525~1569이 그의 제자라는 설도 있었지만, 최근 연구에 의하면 두 사람이 사제관계였을 가능성은 매우 낮다고 합니다.

보스가 살았던 서구의 중세 말기는 잦은 천재지변과 페스트 같은 전염병의 대유행, 그리고 전쟁과 반란 등으로 세기말적인 징후가 가득했습니다. 이 격동의 시기를 살았던 보스는 자신이 사는 세상을 죄악이 가득한 곳으로 생각했습니다. 그리고 당시는 가톨릭 교회와 수도원, 성직자 수가 증가하면서, 종교 쪽에서도 부패와 타락이 극으로 치닫던 시기였습니다.

보스는 타락한 성직자들의 생활을 풍자하는 그림을 몇 점 그렸는데, 〈우석 제거〉도 그런 맥락의 작품입니다. 그림에서 고깔모자를 쓰고 있는 사내는 외과의사입니다. 그는 머리에 박힌 돌을 제거하면 어리석음을 고칠 수 있다는 믿음으로 수술을 집도하고 있습니다. 중세 유럽에서는 어리석은 사람들은 머리 안에 돌이 박혀서 그렇게 되었다는 믿음이 있었습니다. 우리말에도 머리가 몹시 나쁜 사람을 부르는 속된 말로 '돌대가리'가 있는데, 이와 비슷한 맥락으로 이해할 수 있습니다.

그림 제목에 나오는 '우석'은 사람을 어리석게 만드는 머릿속 돌입니다. 그림 바깥쪽은 둥글게 장식된 틀에 둘러싸여 있습니다. 장식 위에는 다음과 같은 글이 적혀 있습니다. "선생님, 돌을 빼 주세요. 나는 루베르트 다스입니다." '루베르트 다스(Lubbert Das)'는 네덜란드 문학에서 지독하게 어리석은 짓을 하는 사람들을 지칭하는 이름으로 자주 쓰입니다. 의사 옆에 있는 수도사와 수녀는 이런 돌팔이 의사의 수술을 방관하고 묵인하고 있습니다. 그런데 자세히 보면 환자의 정수리에서 꺼낸 것은 돌이 아니라 튤립입니다. 이 그림이 그려질 당시 네덜란드에서 튤립은 어리석고 멍청함을 상징했습니다. 보스는 그림을 통해서 당시 사회와 인간의 어리석음을 비판하고 풍자하고 있습니다.

서양 미술사에서 보스가 중요한 위치를 차지하는 이유는 그의 그림이 너무나 독창적이고 복잡하며 개성적인 양식을 띠기 때문입니다. 보스의 작품은 20세기 들어서야 진정한 가치를 인정받았으며, 현재는 그를 '초현실주의의 선구자'로 보고 있습니다. 실제 보스의 그림을 살바도르 달리Salvador Dali, 1904~1989 같은 초현실주의자들의 그림과 비교해보면 더 뛰어난 상상력과 구성력에 감탄하게 됩니다.

"나의 생애를 인류 봉사에 바칠 것을 엄숙히 서약하노라"

다른 사람의 삶에 비교적 깊게 관여하는 일을 하는 의사, 성직자, 선생님 같은 부류의 사람들에게는 사회에서 비교적 강한 윤리적 잣대를 요구합니다. 특히 의사들에게는 직업윤리가 있습니다. 의사의 직업윤리 역사는 고대 그리스 시대로 거슬러 올라갑니다. "이제 의업에 종사할 허락을 받으매 나의 생애를 인류 봉사에 바칠 것을 엄숙히 서약하노라"로 시작하는 히포크라테스 선서에 나타난 직업윤리의식은 지금까지도 유효합니다.

'노블레스 오블리주(noblesse oblige)'라고 큰 힘을 가진 사람에게는 큰 책임이 따른다는 말이 있습니다. 부와 권력에는 그에 따르는 책임과 의무가 동반한다는 의미이며, 주로 사회 지도층 또는 상류층이 사회적 지위에 걸맞게 모범을 보여야 한다는 취지로 사용하는 말입니다. 사실 요즘 의사들은 일부를 제외하고는 커다란 권력이나 부를 갖고 있지 않습니다. 하지만 아직도 사회에서 의사들에게 노블레스 오블리주를 요구하는 것은, 아마도 생명을 다루는 의사 본연의 의무를 성실히 수행해주기를 바라는 마음 때문일 것입니다. 대부분 의사들은 의료를 '판다'는 생각으로 환자를 진료하지 않습니다. 또한 같은 전문의 과정을 제대로 이수한 의사들이라면 그들의 의학 지식에는 큰 차이가 없습니다.

'히포크라테스 선서'를 들고 있는 히포크라테스 상

히포크라테스 시대부터 현대에 이르기까지 돌팔이 의사와의 싸움은 의사들의 전문적인 직업성을 확립하는데, 가장 먼저 해결해야할 문제였습니다. 히포크라테스 선서에 이런 말이 있습니다. "나는 나의 능력과 판단에 따라 환자를 돕기 위해 섭생법을 처방할 것이며 환자들을 위해(危害)나 비행(非行)으로부터 보호하겠습니다." 이 문구는 히포크라테스 의학의 목표인 의사로서 진료할 때 자신의 의학적 역량을 잘 파악해서 환자를 대하라는 말이기도 합니다. 즉, 의사들에게 자신의 부족한 의학 지식이나 미숙한 기술로 인해 환자에게 피해를 주지 말고, 더 나아가 환자들을 그릇된 행위로부터 보호하겠다는 적극적인 선행을 다짐받는 것입니다. 결국에는 의사로서 돌팔이 의사가 되지 말라는 뜻과도 일맥상통한다고 할 수 있습니다.

매독에 걸린 부르주아와 매춘부를 치료하는 돌팔이 의사

윌리엄 호가스William Hogarth, 1697~1764의 〈유행에 따른 계약결혼〉 연작 중 세 번째 그림을 보실까요. 이 그림이 발표된 18세기 영국에서는 산업화로 새롭게 중산층으로 부상한 부르주아가 퇴락한 귀족과 혼인을 통해 신분 상승을 시도하는 일이 비일비재했습니다.

호가스는 이런 당대의 사회상을 '계약결혼'이라고 칭하며, 시대를 풍자하는 그림을 그렸습니다. 권선징악적 주제를 많이 그려 그의 그림은 '도덕화(道德畵)'로 불렸습니다.

그림 속 젊은 남자는 결혼했지만, 가정에 충실하기는커녕 매춘부와 방탕하

윌리엄 호가스, 〈유행에 따른 계약결혼 연작 중 3편 : 검사 또는 돌팔이 의사의 방문〉, 1743년, 캔버스에 유채, 69.9×90.8cm, 런던 내셔널갤러리

고 문란한 생활을 해 매독(208쪽 참조)에 걸렸습니다. 그는 자기 때문에 매독에 걸린 어린 매춘부를 의사에게 데리고 왔습니다. 남자의 목에 나타난 검은 점이 매독에 걸렸다는 증거입니다. 하지만 일반적으로 매독일 때 나타나는 궤양은 검은 점처럼 보이지는 않습니다. 1기 매독에서는 단단하고 둥근 궤양이 성기 부위나 항문 주위에서 관찰됩니다. 그리고 2기 매독에서 나타나는 발진 또한 손바닥 또는 발바닥에 나타나며 피부가 솟아올라 있어 그림에서와 같이 검은 점처럼 보이지는 않습니다. 호가스는 그림 속 인물들이 매독이 걸렸다는 것을 뚜렷이 나타내기 위해 무언의 약속처럼 얼굴에 큰 점을 그려 표시하고 있습니다.

그림 맨 왼쪽에 있는 의사의 표정은 음흉하게 보입니다. 매독과 같은 성병을 치료하는 돌팔이 의사입니다. 그리고 의사 옆에 있는 해골은 이 의사가 돌팔이라는 것과 환자들에게 다가올 미래 즉, 죽음을 암시하고 있습니다. 어린 매춘부는 매독의 초기 증상으로 입술에 난 포진(작은 물집)을 닦고 있습니다. 매춘부의 엄마로 보이는 검은 치마를 입은 여인도 얼굴에 검은 점이 여럿 있는 걸로 봐서 이미 매독에 걸렸음을 알 수 있습니다. 여인은 작은 칼을 빼들며 화난 척 연기하고 있습니다. 아마 딸을 매독에 걸리게 한 것을 빌미로 남자에게 큰돈을 뜯어낼 심사로 보입니다.

〈유행에 따른 계약결혼〉 연작은 총 6점으로 이루어져 있습니다. 이 연작은 당시 상류층들의 생활상과 금전만능 풍조의 결혼상을 풍자하고 있습니다. 이 작품의 모델들은 실제 18세기에 실존했던 백작가문과 상인가문 사람들이었습니다. 신부와 내연관계였던 변호사가 방탕한 생활을 일삼던 신랑을 보다 못해 살해해 버리고, 이를 비관한 신부가 독약을 먹고 자살하는 것이 연작의 줄거리입니다. 이 그림은 판화로도 제작돼 많은 사람에게 보급되었습니다. 〈유행에 따른 계약결혼〉 연작은 단순히 회화가 아니라 하나의 문학작품처럼 이야기가 있다고 해서 호가스를 윌리엄 셰익스피어William Shakespeare, 1564~1616에 버금가는 희극작가라고 추켜세우는 비평가들도 있습니다.

윌리엄 호가스는 영국 미술에 가장 큰 영향력을 발휘한 인물 중 한 명으로, 로코코 시대의 화가이자 판화가입니다. 영국은 예술 중 유독 미술 분야가 오랫동안 낙후되었습니다. 르네상스와 바로크 시대를 보더라도 한스 홀바인Hans Holbein the Younger, 1497~1543, 안토니 반 다이크Anthony Van Dyck, 1599~1641 등의 외국 출신 화가를 제외하고 영국에서는 눈여겨볼 화가가 그다지 없었습니다. 영국 화가에 의한 영국만의 독자적인 양식을 가진 회화가 최초로 등장한 것은 18세기로, 유럽 대륙에서는 로코코 미술이 전성기일 때였습니다. 호가스는 그러한 18세기의 영국 화단을 대표하는 국민적 화가입니다. 호가스는 자신을 비롯한 영국 화가들을 외면하고 이탈리아 화가들의 그림을 고가에 사들였던 귀족들에게 이런 풍자화로 화답했습니다.

렘브란트보다 더 유명했지만 잊힌 화가, 헤릿 다우

돌팔이 의사를 묘사한 그림을 한 편 더 볼까요. 단상에 올라간 노인이 큰 우산 아래에서 과장된 몸짓으로 무언가를 호소하고 있습니다. 〈돌팔이 의사〉라는 제목에서 알 수 있듯이 이 노인은 연설가가 아니라 떠돌이 돌팔이 의사입니다. 단상 테이블에는 유리병도 있고 대야도 있고 뚜껑이 열린 궤도 있습니다. 그리고 원숭이도 한 마리 있습니다. 1970~80년대 우리나라 시골 장터에서 흔히 볼 수 있는 풍경입니다.

마치 단상에 있는 노인은 "이 약으로 말할 것 같으면……" 이라고 목청을 높여 달변을 쏟아내는 약장수처럼 보이는군요. 장터에서는 그야말로 만병통치약에서부터 쥐약 그리고 치약까지 소소한 생활용품을 다 취급했습니다. 그리고 가끔 원숭이들의 쇼도 구경할 수 있었습니다. 그런 약장수가 우리나라에만 있던 것은 아니었나 봅니다.

17세기 네덜란드의 떠돌이 돌팔이 의사들은 한 곳에 정착해 병원을 개원하지 않고, 이렇게 시장 같은 곳에서 판을 벌이고 약을 팔았습니다. 그리고 약만 판 것이 아니라 마을 주민들의 치아도 뽑아주고 머리카락도 잘라주는 이발사도 겸했습니다. 그림 하단에는 떠돌이 돌팔이 의사의 현란한 말솜씨에 현혹되어 그의 말에 집중하는 사람들, 아이의 엉덩이를 닦아주면서 어린아이와 대화를 주고받는 부인도 보입니다. 사냥한 토끼를 어깨에 둘러멘 남자, 담배를 물고 채소가 담긴 손수레를 끌고 가는 남자도 보입니다. 시골 마을의 일상 풍경을 잘 묘사한 작품입니다.

헤릿 다우Gerrit Dou, 1613~1675는 다소 생소한 이름의 화가이지만, 17세기 즉 네덜

헤릿 다우, <돌팔이 의사>, 1652년, 캔버스에 유채, 112×83cm, 로테르담 보에이만스판뵈닝언박물관

란드 황금 시대를 대표하는 화가입니다. 16세기 후반에 스페인으로부터 독립한 네덜란드는 활발한 해외 진출로 황금 시대를 맞이했습니다. 17세기에는 유럽에서 가장 부유한 국가였고 최초로 근대 경제를 이룩한 나라이기도 합니다. 미술시장에 있어서도 네덜란드는 다른 유럽 국가들이 왕이

나 귀족 같은 특권계층의 후원과 주문에 의존해 그림을 그리고 거래하는 것과는 다른 모습을 보여줍니다. 길드라는 자치 조합을 통해 화가들을 교육하고 그들의 권익을 보호해주며, 화가와 주문자 또는 구매자의 거래를 주선하고 중개했습니다. 길드는 오늘날로 치면 화랑과 비슷하다고 볼 수 있습니다. 그래서 네덜란드는 미술시장이 다른 유럽 국가보다 발전해 있었습니다.

헤릿 다우, 〈죽 먹는 여자〉, 1632~1637년, 패널에 유채, 51.5×41cm, 개인 소장

헤릿 다우는 네덜란드에서 특히 부유한 도시였던 레이던에서 태어나 줄곧 이곳에서 활동했습니다. 렘브란트Rembrandt van Rijn, 1606~1669의 '1호 제자'였던 헤릿 다우는 그림을 시작할 때는 스승의 영향을 많이 받았으나 점차 자신만의 독창적인 세계를 추구하기 시작합니다. 그는 그림의 대상을 극도로 정밀하게 묘사하고 그림의 표면을 아주 매끄럽게 마무리하는 '레이던 정밀화파'의 창시자입니다. 헤릿 다우는 크기가 작은 그림을 많이 그렸으며, 일상생활의 소소한 풍경을 매우 섬세하게 묘사해 도시 중산층으로부터 열렬한 지지를 받았습니다. 당대에는 렘브란트보다 더 높게 평가받으며 최고의 명성을 누리며 훌륭한 제자를 여럿 두었습니다.

의사의 소명

돌팔이 의사를 뜻하는 영어 표현은 'quack'입니다. 'quack'은 '오리처럼 꽥꽥 울어 댄다'는 뜻의 동사로 출발한 단어인데, 후에 실력이 아주 형편없으면서 일반 사람의 주목과 관심을 끌어내는 돌팔이 의사라는 표현으로 사용되기도 합니다.

의료 행위는 사람의 목숨을 담보로 하는 경우가 많으므로 검증되지 않은 방법을 사용하는 것을 엄격히 규제해야 합니다. 돌팔이 의사에 의한 피해는 예나 지금이나 사라지지 않는 것 같습니다. 시대가 지나도 의료에 대한 막연한 맹신이나 불신은 존재하기 마련입니다. 돌팔이 의사들은 이 틈을 파고듭니다. 현재에는 돌팔이 의사가 환자들에게 피해를 주는 형태가 더욱 교묘해져 돌팔이 의사를 가려내는 것이 환자 입장에서는 매우 힘들어졌습니다. 특히 그럴듯하게 포장해서 엄청난 효과가 있는 것처럼 과대 광고하는 경우가 많이 있습니다. '세계 최초', '만병통치' 등의 말로 현혹하거나 병원 치료를 받지 말라고 하는 것이 돌팔이 의료입니다.

명의란 의사에게도 진료를 받는 환자에게도 최고의 존재입니다. 저 스스로 자문하고 있습니다. 명의는커녕 나는 돌팔이가 되지 않기 위해 얼마나 노력하고 있는가? '사기꾼'이 직업이 될 수 없는 것처럼, 직업은 단순히 생계를 위하는 데 그치는 것이 아니라 자신이 속해 있는 사회에 무엇인가 기여할 수 있는 일이어야 합니다. 제 직업을 위해 모든 것을 바칠 수 있는 참된 의사를 꿈꿔봅니다.

빈센트 반 고흐와 두 명의 의사

고흐는 천재를 알아보지 못한 사회가 죽였다!

빈센트 반 고흐Vincent van Gogh, 1853~1890는 서양 미술사에서 가장 영향력 있는 화가 중 한 명으로 꼽힙니다. 우리가 알고 있는 고흐의 대표작들은 그가 측두엽 간질을 앓고 죽기 전, 거의 10년 동안 그려졌습니다. 생전에 그는 단 한 점의 작품밖에 팔지 못했으며, 서른일곱의 나이에 짧고 강렬한 삶을 마감했습니다. 고흐가 사망한 지 130여 년이 지난 지금도 그의 죽음은 여전히 논란의 대상입니다. 자살과 타살, 고흐의 사인(死因)이 여전히 미스터리이기 때문입니다.

정신병 때문에 병원과 요양원을 계속 드나든 고흐는 많은 의사를 만났을 것입니다. 고흐는 자신을 치료해준 의사 중 단 두 사람, 펠릭스 레이Dr. Felix Rey, 1867~1932와 폴 페르디낭 가셰Paul-Ferdinand Gachet, 1828~1909에게만 초상화를 그려

빈센트 반 고흐, 〈의사 펠릭스 레이의 초상〉, 1889년, 캔버스에 유채, 53×64cm, 모스크바 푸시킨미술관

줬습니다. 아를에서 고흐가 폴 고갱Paul Gauguin, 1848~1903과 한바탕 싸운 후 귀를 잘랐을 때 처음으로 응급 치료를 해준 의사가 레이입니다. 고흐는 간질 발작이 있을 때마다 자신을 정성껏 진료한 레이의 인간적 면모를 존경했습니다. 그리고 고흐가 치료에 전념하려고 생 레미 요양원에서 파리 근교의 오베르로 이주했을 때 만난 의사가 가셰입니다. 가셰 박사는 총에 맞고 신음하던 고흐의 마지막을 지켜본 의사이기도 합니다.

후대의 많은 사람이 가셰 박사와 고흐의 관계에 많은 의문을 제기합니다. '가셰 박사는 왜 고흐의 자살을 눈치채지 못했을까?' '그의 죽음을 막을 방도는 없었는가?' 고흐는 가셰 박사를 가리켜 "나보다 더 병에 찌든 사람"이라고 표현했습니다. 이 말은 무슨 뜻이었을까요?

가셰 박사는 본인 때문에 오베르로 온 고흐를 체계적으로 치료하지 않았습니다. 그는 고흐를 심각한 정신 질환자라기보다는 자기처럼 가끔 우울감이 있는 화가로 보았던 것 같습니다. 후에 인상주의 시인 앙토냉 아르토Antonin Artaud, 1896~1948는 고흐의 자살을 두고 천재의 죽음을 알아보지 못한 사회가 행한 '사회적 타살'이라고 규정했습니다. 그리고 가셰 박사를 고흐를 죽음에 이르게 한 사람이라고 호되게 질책했습니다.

좋은 의사였으나 그림 보는 안목은 없었던 펠릭스 레이

1888년 12월 고흐는 고갱과 논쟁을 벌인 후 격앙된 감정을 주체하지 못하고 자신의 왼쪽 귀 일부(또는 전부)를 잘라냈습니다. 고흐는 아를에 있는 시립병원으로 가서 당시 인턴이었던 스물세 살의 펠릭스 레이에게 치료를 받았습니다.

펠릭스 레이.

레이에게 고흐는 감정을 통제하지 못하고 자해하다 병원에 온 불안정한 사내에 불과했겠지요. 그럼에도 레이는 매우 친절했습니다. 고흐가 원하는 게 퇴원해서 그림 그리기뿐이라는 걸 알고 병원의 반대를 무릅 쓰고 고흐를 2주 만에 퇴원시킵니다. 그러나 퇴원한 지 얼마 지나지 않아 간질 발작을 일으킨 고흐는 다시 병원에 입원하고, 레이를 주치의로 만납니다.

입원 중이던 고흐는 너무나 그림을 그리고 싶어 합니다. 레이는 어머니가 운영하는 하숙집 방 하나를 비워 고흐에게 작업실로 내주려 했지만, 이번에는 병원의 강력한 반대로 뜻을 이루지 못합니다. 레이의 적극적인 지원과 열정적인 치료에 감동한 고흐는 감사하는 마음을 담아 초상화를 그렸습니다. 그 작품이 〈의사 펠릭스 레이의 초상〉입니다. 환자에 대한 헌신적이고 열정적인 레이의 태도를 강렬한 색채에 담아 표현한 게 아닌가 생각됩니다.

레이는 좋은 의사였지만, 그림 보는 안목은 별로 없었던 것 같습니다. 고흐의 그림을 본 레이는 촌스럽다며 실망했습니다. 아마 레이는 신고전주의 화풍으로 그려진 사진 같은 초상화를 기대했을 것입니다. 레이의 어머니가 이 그림을 닭장 우리에 생긴 구멍을 막는 데 썼다고 하니, 그의 실망감을 짐작해 볼 수 있습니다.

이후 레이는 결핵 치료 전문의가 되었고, 프랑스에 콜레라가 유행했을 때 펼친 의술로 내무부 장관상을 받았습니다. 실력 있는 의사였지만, 후대에도 많은 사람이 그를 기억하는 이유는 그가 고흐가 그린 초상화 속 인물이기 때문입니다.

진료보다 그림 그리기에 열중한 괴짜 의사, 가셰 박사

폴 가셰 박사가 오른쪽 팔에 머리를 괴고 몸을 기울여 앉아 있습니다. 푸른 배경에 빗금 같은 붓 터치가 촘촘히 나 있습니다. 탁자에는 책 두 권이 포개져 있습니다. 책은 콩쿠르 형제가 쓴 『제르미니 라세르퇴(Germinie Lacerteux)』와 『마네트 랄르몽(Manette Salomon)』입니다. 『제르미니 라세르퇴』는 신경 증상인 노이로제를 다룬, 『마네트 랄르몽』은 파리 예술가에 대한 책입니다. 가셰 박사가 의학과 예술을 모두 이해하는 사람이라는 표현입니다. 탁자에 놓인 물컵에 당시 신경병 즉 간질 치료제로 사용하던 디지털리스 꽃이 꽂혀 있는 것으로 보아, 고흐가 앓고 있던 측두엽 간질 치료에 이 식물을 사용했다는 것을 알 수 있습니다.

지금처럼 의료에서 진료과가 명확한 시절은 아니었지만, 가셰 박사는 서른 살에 우울증 연구로 박사학위를 취득했습니다. 가셰 박사는 지금으로 따지면 정신건강의학과 의사라고 하면 정확할 것으로 보입니다. 가셰는 독특한 의사로 후에 대체의학 또는 보완의학이라고 불리는 과학적으로 입증되지 않은 방법, 즉 식물을 약으로 이용해 환자를 치료했습니다. 그는 아직 세상의 인정을 받지 못했던 고흐를 비롯한 모네Claude Monet, 1840~1926, 피사로Camille Pissarro, 1830~1903, 세잔Paul Cezanne, 1839~1906 등 인상파 화가와 교류하고 그들의 그림을 수집하는 컬렉터이기도 했습니다. 게다가 보들레르Charles Pierre Baudelaire, 1821~1867, 빅토르 위고Victor Hugo, 1802~1885 등의 문인들과도 친분이 있는 '예술을 사랑하는 의사'였지요. 그 역시 아마추어 화가인 동시에 골상학자, 수상학자였습니다. 또한 식물치료학에도 능한 다방면에 관심이 많은 독특한 이력의 의사였습니다.

빈센트 반 고흐, 〈가셰 박사의 초상〉, 1890년, 캔버스에 유채, 67×56cm, 개인 소장(행방불명)

가셰는 고흐의 병 치료에는 큰 관심이 없었던 것으로 보입니다. 본업인 의사 일을 제쳐놓고 그림 그리는 일에 더 몰두했습니다. 얼마 후 고흐는 이런 가셰에게서 치료의 희망을 놓아버린 것 같습니다. 가셰가 어쩌면 자기보다 더 심한 정신 질환 즉, 우울증이 있다는 것을 알고 포기한 것은 아닐까요? 고흐는 오히려 가셰가 측은하다는 생각마저 한 것 같습니다. 동생 테오에게 보낸 편지를 통해서도 당시의 상황을 알 수 있습니다.

"근심으로 경직된 얼굴의 소유자로서 노이로제를 앓고 있고, 나보다 더 아프거나 최소한 나와 비슷하게 아픈 사람으로 보인다." "그에게서 나보다 더 불안정한 정신을 발견해서 기쁘다. 나는 우리가 그에게 의지해서는 안 된다고 생각한다. 무엇보다도 그는 나보다 더 병들었다."

가셰는 일주일에 한두 번 고흐를 식사에 초대했고, 병은 생각하지 말고 그림에 전념하라고 권유했습니다. 당시 고흐는 하루에 하나꼴로 작품을 그렸습니다. 두 사람은 〈파이프를 문 가셰〉(165쪽)라는 동판화를 함께 제작할 만큼 매우 가깝게 지냈습니다. 의사와 환자가 아닌 동료 화가 또는 화가와 그를 지지해주는 컬렉터의 관계에 가까웠지요.

고흐의 실험정신이 깃든 〈가셰 박사의 초상〉

〈가셰 박사의 초상〉은 〈의사 펠릭스 레이의 초상〉처럼 고흐가 자신을 치료해준 의사에게 감사하는 마음으로 그린 그림이 아닙니다. 〈가셰 박사의 초상〉을 그리기 2년 전인 1888년, 고흐는 폴 고갱과 함께 아를에서 조금 떨어진 몽펠리에라는 곳에 있는 파브르미술관에서 알프레드 브뤼야스Alfred Bruyas, 1821~1876의 컬렉션을 봅니다. 알프레드 브뤼야스는 프랑스 사실주의 거장인 화가 구스타프 쿠르베Gustave Courbet, 1819~1877의 후원자였습니다. 들라크루아Eugene Delacroix, 1798~1877의 〈정신 병동에 갇힌 티소〉와 쿠르베의 〈알프레드 브뤼

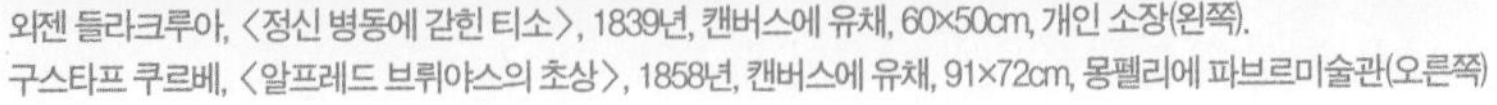
외젠 들라크루아, 〈정신 병동에 갇힌 티소〉, 1839년, 캔버스에 유채, 60×50cm, 개인 소장(왼쪽).
구스타프 쿠르베, 〈알프레드 브뤼야스의 초상〉, 1858년, 캔버스에 유채, 91×72cm, 몽펠리에 파브르미술관(오른쪽)

야스의 초상〉에 크게 감명받은 고흐는 후에 초상화에 대한 자기 생각을 캔버스에 표현합니다. 그 결과가 〈가셰 박사의 초상〉입니다. 다시 말해 〈가셰 박사의 초상〉은 초상화 장르에 대한 고흐의 실험정신이 담긴 작품입니다. 이 점은 동생 테오에게 보낸 편지를 통해서도 알 수 있습니다.

"1세기 뒤에 사람들이 계시의 출현이라고 생각할 초상을 그리기를 소원한다 …… 달리 말하자면, 나는 사람들을 사진처럼 너무 흡사하게 그리지 않고 감정이 드러나는 표정을 그리고, 성격의 특성을 표현하는 수단으로서, 또 그 효과를 높이는 수단으로서, 색채에 대한 현대적인 지식과 감각을 이용해서 초상화를 그리고자 노력하고 있어."

"〈가셰 박사 초상〉을 우울해 보이게 끝마쳤어. 누가 보면 인상 쓰고 있다고 느껴질 정도야. 슬프지만 점잖고, 아직 명석하고 지적이게 …… 거기엔 현대의 정점이 있어. 오랫동안 지켜볼, 아마도 백 년 후에도 고대하며 돌아보게 될 거야."

소유자의 사망과 함께 종적을 감춘 그림

고흐가 죽은 지 어느새 130여년이 지났습니다. 〈가셰 박사의 초상〉은 파리를 시작으로 전 유럽을 돌아 뉴욕을 경유해 일본에 정착했습니다. 긴 여행 동안 5개국을 거치고 주인이 열세 번이나 바뀐 것으로도 유명한 작품입니다. 그런데 이 작품은 현재 행방불명입니다.

〈가셰 박사의 초상〉은 1990년 5월 뉴욕 크리스티 경매에서 경매 시작 3분여 만에 당시 그림 거래가로는 세계 최고가인 8250만 달러에 일본 제지회사의 명예 회장인 사이토 료에이에게 낙찰됐습니다. 2004년 피카소 작품이 경매에 나오기 전까지 무려 14년 동안 〈가셰 박사의 초상〉은 세계에서 가장 비싸게 팔린 그림 부동의 1위를 고수했습니다.

사이토 료에이는 〈가셰 박사의 초상〉을 너무나 좋아해서, 자신이 죽으면 가지고 있던 고흐, 르누아르Auguste Renoir, 1841~1919 그림들과 이 작품을 함께 화장해 달라는 유언을 남겼습니다. 이후 전 세계 미술인의 반대로 사이토 료에이의 유언은 취소됐습니다. 하지만 1990년 뉴욕 크리스티 경매 이후 이 그림은 단 한 번도 세상에 모습을 드러낸 적이 없습니다. 1996년에 사이토 료에이가 사망한 이후 종적을 감췄고, 1999년 7월경에 익명의 미국인에게 처음 가격보다 훨씬 낮은 4400만 달러에 팔렸다는 이야기만 전해질 뿐입니다. 익명의 소유자는 공개나 전시를 하지 않고 있어 1990년 5월 이후 이 작품을 본 사람은 아무도 없습니다.

오르세의 〈가셰 박사의 초상〉은 진품일까?

우리가 오르세미술관에서 볼 수 있는 〈가셰 박사의 초상〉입니다. 그런데 이 그림은 가셰 박사가 얼굴을 손으로 괴고 있는 것 말고는, 사라진 〈가셰 박사의 초상〉과 완전히 다른 스타일의 작품입니다. 일단 배경색과 표현 방법이 다르고, 가셰 박사의 표정도 다릅니다. 그림 속 가셰 박사는 이맛살을 찌푸리고 있고, 눈빛에는 총기가 없습니다. 무엇 때문인지 모르겠지만 괴로워하는 표정입니다. 사라진 그림에는 노란 표지의 책이 두 권 놓여 있지만, 오르세미술관의 그림에는 책이 없습니다. 디지털리스도 유리컵에 꽂혀 있지 않고 가셰 박사 손에 들려 있습니다. 재킷에 있던 단추 세 개도 없고, 붓 터치도 처음 그린 〈가셰 박사의 초상〉과 확연히 다릅니다.

빈센트 반 고흐, 〈가셰 박사의 초상〉, 1890년, 캔버스에 유채, 67×56cm, 파리 오르세미술관

이 그림을 소유하고 있는 오르세미술관에 따르면, 고흐는 처음 그린 그림은 자신이 소장하고 한 장을 더 그려 가셰 박사에게 선물했다고 합니다. 그러나 가셰 박사는 고흐가 죽은 직후, 다락방에 남아 있던 고흐의 그림을 한 푼도 내지 않고 그냥 가져갔을 정도로 냉정하고 냉담한 사람이었습니다. 그리고 세월이 지나서 가셰 박사가 가지고 있던 고흐 그림은 그의 아들 폴 루이에게 전해졌습니다. 폴은 제2차 세계대전이 끝난 뒤 물려받은 작품 중 일부를 팔고 남은 작품을 오르세미술관에 기증해 정부로부터 레지옹 도뇌르(프랑스 최고 권위의 훈장) 훈장을 받았습니다.

유명한 미술사학자이자 고흐 전문가인 브누아 랑데는 오르세미술관의 〈가셰 박사의 초상〉이 위작이라는 충격적인 발표를 했습니다. 고흐는 그림을 그리고 중요한 작품에 대해서는 동생 테오에게 보내는 편지를 통해 그림을 그린 이유나 작품에 대한 자신의 평가를 밝혀왔습니다. 하지만 오르세미술관의 〈가셰 박사의 초상〉에 대한 이야기는 편지 어디에도 없습니다.

이에 덧붙여 브누아 랑데는 위작을 그린 사람이 다름 아닌 가셰 박사라고 주장했습니다. 가셰 박사는 파울 반 리셀이란 가명으로 그림을 그렸고, 당시 유명한 화가의 작품을 베껴 그리기도 했습니다. 그런데 모사하는 그림은 비슷하면서도 약간씩 다르게 그렸습니다. 고흐의 〈암소〉, 세잔Paul Cezanne, 1839~1906의 〈모던 올랭피아〉 등을 모사한 그림이 그렇습니다. 〈가셰 박사의 초상〉 또한 고흐의 원작을 보고 모사했지만, 일부러 약간 다르게 그렸다는 것이 브누아 랑데의 주장입니다.

브누아 랑데의 주장에도 오르세미술관은 진품이라는 입장을 굽히지 않았으며, 가셰 박사가 고흐의 위작을 그릴만한 실력이 되지 않는다고 주장했습니다. 오르세미술관의 〈가셰 박사의 초상〉 위작 논란은 지금도 계속되고 있습니다. 진실을 밝힐 수 있는 사람은 당사자인 고흐와 가셰 박사뿐인데, 둘 다 세상에 없으니 위작 논란은 종식되기 어려워 보입니다.

고흐는 의료과실로 죽은 건 아닐까?

고흐는 1890년 7월 27일 일요일 오후, 프랑스의 작은 마을인 오베르 우아즈 강가 언덕 위에 있는 넓은 밀밭에서 총에 맞아 쓰러졌습니다. 자살이든 타살이든 간에 치명상은 아니었습니다. 고흐가 총상을 입고도 비틀거리며 꽤 먼 거리에 있는 하숙집까지 혼자 힘으로 걸어갔기 때문입니다. 상처 입은 고흐를 본 가셰 박사는 복부에 박혀 있는 총알을 빼낼 외과 수술을 시도하지도 않고, 상처를 간단히 소독만 한 뒤 자신의 집으로 돌아왔습니다.

외과 수술 반대론자였던 가셰 박사가 적극적인 치료를 하지 않아, 치명적인 부상이 아니었음에도 고흐는 사망에 이르게 됐습니다. 고흐의 복부에 남아 있던 총알은 염증을 일으켰을 것이고, 염증이 장기로 퍼져나가 복막염이 발생했을 것입니다. 고흐는 고열로 사경을 헤매다 결국, 패혈증(체내로 침입한 균에 감염되어 전신에 심각한 염증 반응이 나타나는 상태)으로 사망한 것으로 추정됩니다. 또는 계속된 출혈로 인한 출혈성 쇼크로 사망했을 수도 있습니다.

빈센트 반 고흐·폴 페르디낭 가셰,
〈파이프를 문 가셰〉, 1890년, 종이에 에칭,
18.4×14.9cm, 필라델피아미술관

설령 가셰 박사가 총알을 빼낼 외과 수술 능력이 없었다고 해도, 인근에 있는 병원으로 옮겨 수술받게 돕는 것이 의사로서 당연한 의무입니다. 이처럼 환자를 방치하는 행위는 현재에는 징계 및 범법 사유에 해당하는 의료과실입니다. 하지만 당시에는 이런 상황이 비일비재했고, 안타까운 죽음에 아무도 책임지지 않았습니다.

고흐의 삶은 마지막 순간까지 비참했습니다. 그를 도와줄 유일한 사람이었던 가셰 박사가 방관하는 가운데, 그는 서서히 죽어가며 고통을 견디기 위해 30시간이나 파이프 담배를 피웠다고 합니다. 그리고 이 세상에서 자신을 이해해주고 지지해줬던 유일한 사람, 동생 테오의 품에 안겨 숨을 거뒀습니다.

고흐가 남긴 두 의사의 초상화를 보며, "나의 생애를 인류 봉사에 바칠 것을 엄숙히 서약하노라"라고 시작하는 히포크라테스 선서를 환기해봅니다. '의사로서 최선을 다했는가?' 진료실 문을 열며 자신에게 묻고 또 묻습니다.

하나의 죽음, 엇갈린 세 개의 시선

스물다섯 살 여인에게 암살당한 혁명가, 장 폴 마라

우리는 똑같은 것을 두고도 서로 다르게 이해하거나 정반대로 해석하기도 합니다. 이러한 시각차는 세상을 바라보는 인식과 자세의 차이에서 비롯됩니다. 화가의 관점에 따라 하나의 사건이 확연히 다른 결로 해석될 수 있음을 보여주는 유명한 살인 사건이 있습니다. 바로 장 폴 마라Jean-Paul Marat, 1743~1793 암살 사건입니다.

1792년 10월 왕정이 무너진 뒤 프랑스 혁명정부는 자코뱅당과 지롱드당으로 나뉩니다. 자코뱅당은 소시민과 프롤레타리아의 지지를 받아 급진적인 토지 개혁과 통제 경제를 주장했고, 지롱드당은 부르주아의 지지를 기반으로 사유 재산을 인정하고 온건한 개혁을 추진했습니다.

자크 루이 다비드, 〈마라의 죽음〉, 1793년, 캔버스에 유채, 165×128cm, 브뤼셀 벨기에왕립미술관

조제프 보스, 〈장 폴 마라의 초상〉, 1793년, 캔버스에 유채, 59.5×48.5cm, 파리 카르나발레박물관

장 폴 마라는 조르즈 당통Georges Jacques Danton, 1759~1794, 막시밀리앵 드 로베스피에르Maximilien François Marie Isidore de Robespierre, 1758~1794와 함께 자코뱅당을 대표하는 인물입니다. 1743년 스위스 서부 뇌샤텔에서 태어난 마라는 보르도에서 의학을 배운 뒤 런던과 파리에서 내과의사로 활동했습니다. 동통이나 마비된 근육을 전기적 자극으로 치료하는 방법에 관한 논문을 발표하는 등 의학적으로도 활발한 활동을 펼쳤지요. 『노예제도 사슬』이라는 책을 통해 절대주의 권력을 비판하던 마라는, 1789년 7월 프랑스혁명이 발발하자 〈인민의 벗〉이라는 신문을 발간하며 내과의사 일을 접고 혁명의 중심부로 뛰어들었습니다.

민중에 기초한 혁명을 완수해야 한다는 강한 신념을 지니고 있던 마라는 〈인민의 벗〉을 통해 강경한 어조로 '혁명의 적'을 비판하면서, 민중의 정치 참여를 독려했습니다. 혁명 과정에서 프랑스 민중이 그에게 보낸 지지는 전폭적이었지요. 그는 온건혁명파인 지롱드파가 몰락한 이후 로베스피에르, 당통과 함께 혁명의 주역으로 떠올랐습니다.

혁명 이후 프랑스는 극심한 혼란에 빠졌고, 로베스피에르와 자코뱅당은 1년간 1만 5000명 이상을 단두대에서 처형하는 '공포정치'로 사태를 수습하고자 했습니다. 혁명에 열의를 표시하지 않은 사람, 혁명에 반대하는 언사를 한 사람, 혁명을 위해 아무것도 하지 않은 사람 모두 단두대의 이슬로 사라졌지요.

온건주의를 표방한 지롱드파는 마라를 눈엣가시로 여겼습니다. 결국 지롱드파 지지자이던 스물다섯의 젊은 여성 샤를로트 코르데Marie-Anne Charlotte de Corday d'Armont, 1768~1793가 1793년 7월 13일 마라의 집을 찾아갔습니다. 지롱드파에 대한 정보를 담은 편지를 전하겠다며 집안에 발을 들인 코르데는 거짓 편지와 함께 날카로운 조리용 칼을 가슴에 숨기고 있었습니다. 그녀는 차가운 물에 몸을 담그고 있는 마라에게 안내되었습니다. 지롱드파 지지자들의 이름을 전하는 척하던 코르데는 품고 있던 칼로 욕조 안에 있던 마라의 가슴을 찔렀고, 마라는 그 자리에서 즉사했습니다.

현장에서 체포된 코르데는 나흘 뒤 단두대에서 처형당했습니다. 다음 해인 1794년 7월 28일 테르미도르 반동으로 로베스피에르를 비롯한 자코뱅파가 숙청되면서 공포정치는 드디어 막을 내렸습니다. 여기까지가 장 폴 마라의 죽음에 대한 역사적 이야기입니다.

마라를 '혁명의 순교자'로 묘사한 다비드

장 폴 마라의 죽음을 다룬 가장 유명한 작품은 자크 루이 다비드Jacques-Louis David, 1748~1825가 그린 〈마라의 죽음〉입니다. 평소 마라를 존경하던 다비드가 마라가 죽은 지 며칠 뒤 혁명정부로부터 의뢰를 받고 그린 작품입니다.

마라는 평소 피부병을 심하게 앓고 있었고 극심한 가려움으로 고생했다고 합니다. 당시 의학이 발전하지 않았던 관계로, 피부병에 대한 적절한 약물 및 치료법이 없었습니다. 가려움, 즉 소양증으로 고생했던 마라는 틈나는

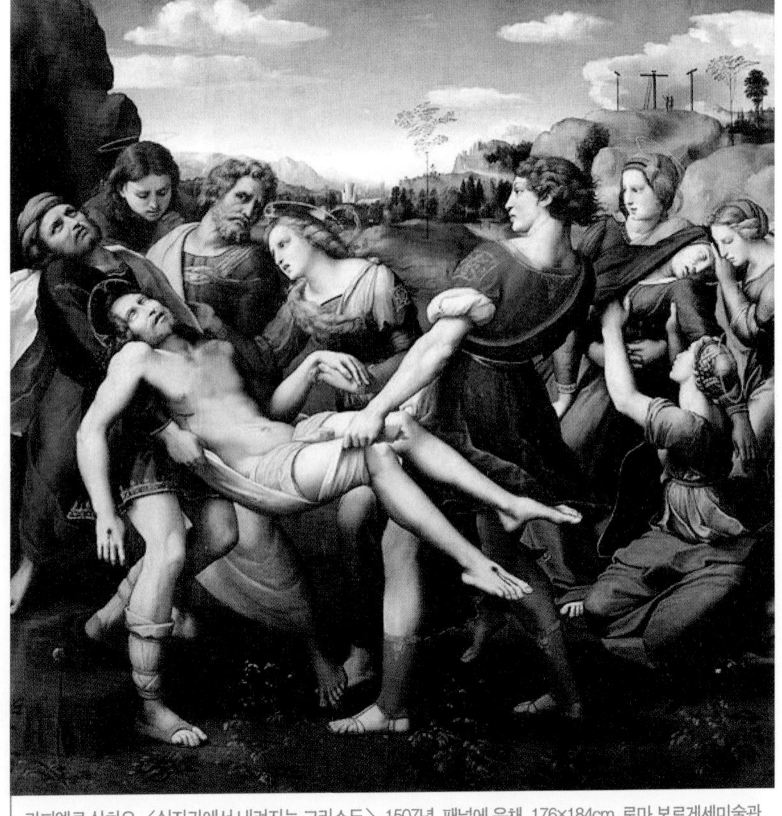

라파엘로 산치오, <십자가에서 내려지는 그리스도>, 1507년, 패널에 유채, 176×184cm, 로마 보르게세미술관

대로 욕조에 몸을 담갔다고 합니다. 마라가 심한 피부병을 앓았던 이유는 혁명 당시 정적들에게 쫓길 때 도피처로 파리의 하수도를 이용했기 때문이라고 합니다. 제대로 씻지도 못한 채 하수도에서 지내야 했던 그가 앓던 피부병은 지금 생각해보면 접촉성 피부염으로 추정됩니다.

다비드가 이 그림을 그릴 당시 마라는 죽은 지 꽤 되어서 시체가 심하게 부패한 상태였다고 합니다. 그림에서 욕조 바깥으로 늘어져 있는 팔이 실제로는 썩어 문드러져서 몸통에서 떨어져 나가 있었을 정도였다고 합니다.

여러 가지 정황을 종합해볼 때 마라의 피부는 피부병으로 많이 부어 있어야 하고, 부패로 인해 흉하게 변해 있어야 합니다. 그런데 다비드의 그림 속 마라는 피부가 티 없이 깨끗하고 매끈합니다. 고개를 비스듬하게 떨군 자세, 상처에서 흐르는 피는 마치 십자가에서 내려진 그리스도를 떠올리게 합니다. 다비드는 마라를 '혁명의 순교자'로 묘사했습니다.

살해범을 영웅처럼 묘사한 보드리

마라 암살 사건을 다룬 또 하나의 유명한 작품은 제2제정(나폴레옹 1세의 조카 나폴레옹 3세가 통치한 1852~1870년) 때인 1860년 폴 자크 에메 보드리Paul Jacques Aimé Baudry, 1828~1886라는 화가가 그린 〈샤를로트 코르데〉입니다. 보드리의 그림에는 막 죽은 마라뿐만 아니라, 그를 살해한 샤를로트 코르데의 모습도 보입니다.

작가가 그림의 제목에서부터 드러냈듯이, 이 그림의 주인공은 마라가 아니라 코르데입니다. 벽에 걸린 프랑스지도 앞에 선 코르데의 모습은 매우 의연하고 표정은 단호합니다. 그녀는 마치 마라라는 괴물을 처치한 '자유의 수호자'처럼 보입니다. 반면 칼에 가슴을 찔린 마라는 한 손으로 욕조를 꽉 움켜쥐고 고통으로 신음하는 평범한 인간의 모습입니다. 영웅과 역적이 처지가 뒤바뀌어있습니다. 재판정에서 선 코르데는 자신이 단독으로 일을 벌였으며, "10만 명의 목숨을 살리기 위해 한 명의 목숨을 없앴다"고 말했습니다. 자코뱅식 공포정치는 주변국 군주들에게만 공포를 준 것이 아니라, 상당수 프랑스인에게도 공포와 혐오감을 주었습니다.

폴 자크 에메 보드리, <샤를로트 코르데>, 1860년, 캔버스에 유채, 203×154cm, 낭트미술관

테르미도르 반동이 일어나기 훨씬 전부터 민중들이 로베스피에르의 무시무시한 공포정치에 대해 양가감정을 가지고 있었다는 것을 알려주는 일화가 있습니다. 코르데의 목이 단두대에서 잘리자, 르그로라는 이름의 사내가

잘려나간 코르데의 머리를 집어 들고 마구 따귀를 때렸다고 합니다. 아마도 그는 열광적인 마라의 지지자였을 것입니다. 하지만 이 행동은 곧 지켜보던 민중의 분노를 샀고, 치솟는 민중들의 분노를 잠재우고자 공안당국은 르그로를 징역 3개월 형에 처할 수밖에 없었다고 합니다. 코르데의 살인 행위가 참수형에 마땅하다는 것을 인정한 대다수 민중도, 망자에 대한 모욕은 받아들일 수 없었던 것이지요. 어쩌면 많은 사람이 코르데에게 동조하고 있었을지도 모릅니다.

단독범이라는 코르데의 주장에도 불구하고, 공안당국은 그녀를 부검해서 처녀성을 확인했다고 합니다. 그녀와 공모해 마라 암살에 가담한 남자가 더 있었는지 궁금했던 모양입니다. 당시 어떤 부검 방식으로 처녀성을 입증했는지 기록에는 나와 있지 않지만, 부검 결과 코르데는 처녀였다고 합니다. 테르미도르 반동으로 세상이 바뀌자 코르데는 잔 다르크 이후 프랑스 역사에 개입했던 가장 유명한 처녀로 불렸습니다. 19세기 프랑스 낭만주의를 대표하는 시인이자 정치가 알퐁스 드 라마르틴Alphonse de Lamartime, 1790~1869은 존경과 연민의 뜻을 담아 코르데를 '암살의 천사'라고 불렀습니다.

뭉크, 남성을 유혹해 죽음으로 몰고 간 악녀에 주목하다

질병과 죽음을 주제로 많은 작품을 남긴 노르웨이의 화가 에드바르 뭉크Edvard Munch, 1863~1944도 마라 암살 사건과 관련한 그림을 여러 점 그렸습니다. 그가 왜 이 주제로 그림을 그렸는지는 알려져 있지 않습니다.

뭉크의 그림은 〈마라의 죽음 1〉이라는 작품명을 알기 전까지 앞서 살펴본 두 작품과 같은 사건을 다루었다고 믿기 힘들 만큼 세부 묘사와 느낌이 전혀 다릅니다. 우선 욕조가 아니라 침대에서 죽은 마라입니다. 뭉크는 마라라는 역사적 인물의 죽음을 그린 것이 아니라 남자의 목숨을 빼앗은 여자 이야기를 그렸습니다.

그림 속 죽은 남자는 마라이지만, 그에게서 뭉크의 모습이 겹칩니다. 여자에게 몇 차례 버림받은 경험이 있던 뭉크는 죽음의 공포와 질병, 고독과 싸우면서 방황하고 있었습니다.

그런 그에게 다가온 툴라 라르센Tulla Larsen이라는 부잣집 여성 때문에 그는 더 깊이 절망하게 됩니다. 뭉크의 재능을 흠모하던 라르센은 그에게 결혼하

에드바르 뭉크, 〈마라의 죽음 1〉, 1907년, 캔버스에 유채, 150×190cm, 오슬로 뭉크박물관

자고 매달렸지만, 결혼에 별 생각이 없던 뭉크는 그녀의 구애를 거부했습니다. 라르센은 자신이 중병에 걸렸다며 뭉크를 병실로 불러 허위 자살 기도까지 벌이게 됩니다. 이때 실수로 발사된 총알에 뭉크는 왼쪽 넷째 손가락을 크게 다칩니다. 그렇지 않아도 정신적으로 문제가 많이 있었던 뭉크는 이 사건으로 여자에게 쫓기는 환상과 피해망상에 시달렸고, 평생을 결혼하지 않았습니다.

뭉크의 여성 공포증으로 탄생한 작품이 〈마라의 죽음〉 연작입니다. 침대에 누워 피 흘리는 남자는 뭉크 자신입니다. 적장 홀로페르네스의 목을 자른 유디트처럼 벌거벗은 채 당당하게 서 있는 여자는 악녀 라르센입니다. 여자의 유혹에 무너져 살해당한 남자, 남자를 살해하고도 너무나 태연자약한 여인의 모습에서 뭉크의 심연에 내재한 여성에 대한 공포심과 비참함을 읽을 수 있습니다. 여성에 대한 뭉크의 트라우마는 〈마돈나〉, 〈여자의 세 단계〉 등 그의 작품을 지배하는 주요 키워드 가운데 하나입니다.

로베스피에르 등과 함께 공포정치를 주도한 마라는 무수한 사람을 반혁명분자라는 이유로 단두대로 보냈습니다. 의사로서 정치적 목소리를 내는 일을 반대하지는 않습니다. 그러나 사람의 목숨을 구하는 의술을 배운 사람이, 피비린내 나는 살육의 중심에 선 것은 지지할 수 없습니다. 마라가 평생 내과의사의 삶을 살고 프랑스대혁명에 휩쓸리지 않았더라면, 그가 세상을 좀 더 비폭력적인 방법으로 바꾸고자 했더라면 그의 죽음을 그린 세 개의 전혀 다른 작품이 나올 수 있었을지 생각해 봅니다.

파멸이 예정된 게임, 도박 중독

의지만으론 빠져나올 수 없는 늪, 도박 중독

〈올인〉이라는 드라마가 높은 시청률을 기록하며 인기를 끈 적이 있습니다. 카지노를 배경으로 젊은이들의 야망과 사랑을 그렸던 드라마입니다. 한자로는 '고주(孤注)'라고 하는 '올인(all-in)'은 도박을 할 때 자신이 가진 모든 돈을 다 걸고 마지막 승패를 겨루는 것입니다.

도박은 결과가 불확실한 사건이나 상황에 돈이나 재물을 거는 행위로, 우리 생활에 매우 광범위하게 퍼져 있는 놀이 문화의 일종입니다. 인류 문명 초기에도 도박을 했다는 기록이 있을 정도로 오래된 역사를 가지고 있습니다. 고대 인도의 힌두교 경전에는 도박으로 왕국과 왕비를 잃는 이른바 '병적 도박'에 빠진 왕 이야기가 나옵니다. 도박의 폐해 역시 역사가 깊습니다.

조르주 드 라 투르, 〈카드놀이에서 사기 도박꾼〉, 1635년경, 캔버스에 유채, 106×146cm, 파리 루브르박물관

도박 중독은 충동을 스스로 억제하지 못해 사회나 가정에서 자기 역할과 책임을 다하지 못하고 반복적으로 도박을 하는 일종의 '충동조절장애'입니다. 충동조절장애란 어떤 욕구를 실행할 때까지 불안감이 증가하다가 이를 실행한 뒤에야 마음이 편안해지고 안도감을 느끼는 질환을 말합니다. 도벽증, 폭식증, 게임 중독, 알코올 중독, 마약 중독처럼 특정 대상에 병적으로 몰입하는 정신 질환입니다. 아직 질환으로 인정되지 않는 게임 중독과 달리, 도박 중독은 세계보건기구(WHO)에서 제정한 질병 진단 분류에 포함되는 질병입니다. 의학적으로는 '병적 도박'이라고 부릅니다.

사교적 도박과 병적 도박은 엄연히 다릅니다. 사교적 도박은 특별한 날에 친구들이나 지인들과 함께 자신이 감당할 만큼의 금전 손실을 예상하면서 그 한도 내에서 도박을 즐기는 경우입니다. 도박 중독은 질병이기 때문에 사람의 의지나 설득으로 쉽게 끊을 수 없습니다.

눈속임과 사기가 판치는 도박장 풍경

네 남녀가 테이블을 에워싸고 있습니다. 목, 팔, 귀, 머리 등 걸칠 수 있는 모든 곳에 진주를 걸치고 중앙에 앉아 있는 여인은 눈을 치켜뜨고 바로 옆에 술잔을 든 여인에게 오른손으로 어떤 신호를 보내고 있습니다. 잔을 든 여인은 고개는 중앙의 여인을 향하고 있지만, 곁눈질로 맨 왼쪽에 검은 술 장식을 어깨에 단 남성의 카드를 뚫어지게 바라보고 있습니다. 그녀는 술 시중을 빌미로 테이블에 둘러앉은 사람들 사이를 자유로이 오가며 모두의 카드를 보았을 것입니다. 그녀는 맨 오른쪽 양손에 카드를 들고 있는 남자에게 왼쪽 남자가 어떤 카드를 쥐고 있는지 알려줬겠지요. 카드를 양손에 쥔 남자는 신호를 받고 고민에 휩싸여 있습니다.
등장인물들의 얽혀 있는 시선에서 이들이 하는 카드놀이가 친목 도모용이 아니라는 것을 알 수 있습니다. 그림은 전문 도박 사기단과 부유하지만 멍청한 사내가 도박하는 장면을 극적으로 묘사하고 있습니다. 맨 왼쪽 사내는 허리춤에 다이아몬드 에이스 카드를 숨기고 있는 걸로 보아 사기꾼입니다. 오른쪽 청년 앞 테이블 위에는 금화가 많이 쌓여 있습니다. 커다란 황금색 깃털 장식이 달린 모자를 쓰고 화려한 옷을 입고 있는 것으로 보아 매우 부유한 사람입니다. 그런데 이 불쌍한 청년은 세 사람의 사기 행각을 전혀 눈치채지 못하고 있습니다. 아마 곧 청년은 돈을 모두 잃고 빈털터리가 되겠지요.

부업이 고리대금업이던 탐욕스러운 화가, 조르주 드 라 투르

〈카드놀이에서 사기 도박꾼〉을 그린 조르주 드 라 투르Georges de La Tour, 1593~1652는 17세기 프랑스 바로크를 대표하는 최고 화가 중 한 사람입니다. 카라바조Michelangelo da Caravaggio, 1573~1610의 영향을 받아 빛의 강렬한 대비를 보여주는 그림을 즐겨 그려 '촛불 화가'라고 불리기도 했습니다.
라 투르는 빵집 아들로 태어나 귀족의 딸과 결혼해 종교전쟁 및 30년 전쟁 등으로 혼란한 시대에 광대한 영지를 가지는 행운을 얻었습니다. 라 투르는 17세기 초반 전쟁과 페스트가 창궐할 때 고향 로렌 지방을 떠나 파리로 가서 루이 13세의 궁정화가로도 활약했습니다. 궁정화가 시절 숭고한 작품들을 많이 그렸지만, 말년에는 고향으로 돌아와 고리대금업자로 농민들에게 폭력을 행사하고 하인들에게 악행을 일삼았다고 합니다. 1652년 1월 라 투르의 악행에 분노한 농민들은 그의 일가족을 살해했습니다. 이때 라 투르의 작품 상당수가 훼손되어 사라졌습니다. 그래서 현재 라 투르의 작품으로 입증된 것은 30점 정도에 불과합니다.

라 투르는 1915년 독일의 미술사학자인 헤르만 보스Hermann Voss, 1894~1987에 의해 극적으로 재발견될 때까지 미술사에서 거의 300년 동안 사라졌던 화가였습니다. 라 투르가 재발견 된 후 루브르박물관은 이 그림을 천만 프랑이라는 아주 큰 돈을 지급하고 사들였습니다.

한때 이 그림은 위작 시비에 휘말렸습니다. 그러나 정교한 과학적 분석으로

조르주 드 라 투르, 〈카드놀이에서 사기 도박꾼〉, 1630~1634년경, 캔버스에 유채, 978×1562cm, 텍사스 킴벨미술관

그림에 사용된 물감이 17세기 것임이 입증되었고, 이 그림에 대한 설명이 포함된 미술품 목록이 존재한다는 점을 근거로 진품으로 인정받고 있습니다. 이 그림과 거의 동일한 그림 한 점이 텍사스 킴벨미술관에 있습니다. 루브르박물관 그림과는 등장인물의 복장이 조금 다르고 사기꾼 남자가 가지고 있는 카드도 다릅니다.
이 작품은 당시 민중들의 일상적인 모습을 보여주는 풍속화입니다. 17세기 사람들이 가장 두려워한 세 가지 유혹이 여자, 술, 도박이었습니다. 라 투르는 이 세 가지 유혹을 그림 속에 모두 담아 교훈을 주려 했습니다.

도박에 빠져 『죄와 벌』을 구술필기로 집필한 유명한 도박 중독자 도스토옙스키

프로이트Sigmund Freud, 1856~1939의 도박에 대한 정신분석학적 해석은 당대 유명한 도박꾼이었던 도스토옙스키Fyodor Mikhailovich Dostoevskii, 1821~1881를 연구하면서 이루어졌습니다. 『죄와 벌』, 『카라마조프 가의 형제들』 등의 명작을 남긴 러시아의 대문호 도스토옙스키는 항상 도박으로 인한 빚에 쪼들렸습니다. 빚을 갚기 위해 출판사와 무리한 계약을 하기도 했으며 도박에 빠져 시간에 쫓기느라 『죄와 벌』은 그가 부르는 대로 받아 적는 구술필기 형태로 집필했다고 합니다.
프로이트는 도박 중독자가 도박을 하는 이유가 돈을 벌기 위해서 또는 빚을 갚기 위해서가 아니라, 도박이라는 행위 자체를 즐기기 때문이라고 설명합니다. 프로이트는 도박꾼의 심리 저변에는 아버지에게 품었던 열등감과

바실리 페로프, <도스토옙스키의 초상화>, 1872년, 캔버스에 유채, 99×80.5cm, 모스크바 트레야티코프갤러리

증오심이 하나의 죄의식으로 남아 있다며, 도박 중독을 오이디푸스 콤플렉스(314쪽 참조) 측면에서 바라보기도 합니다. 자신도 모르는 죄의식에서 벗어나기 위해 도박을 하고, 돈을 잃어야 죄의식을 벗을 수 있다는 무의식적인 사고가 그들을 지배하고 있다는 것이지요.

프로이트는 도박을 자위행위를 대신하는 행위로 보았습니다. 그래서 도박에서 느끼는 쾌감과 성적쾌감이 매우 유사하다고 분석했습니다. 도박이나 성(性)은 그 충동을 억제하지 못하면 파멸한다는 점에 매우 유사합니다.

병적 도박의 원인은 매우 다양합니다. 병적으로 도박에 집착하는 부모의 모습을 보며 자랐을 경우 도박 중독이 대물림되는 경우도 많이 있으며, 사회생활을 하면서 겪는 심한 스트레스 또한 병적 도박의 원인이 될 수 있습니다. 기질적으로 쾌락과 소비, 자기과시를 즐기는 사람이 도박에 빠지기 쉽습니다.

병적 도박의 생리적 원인은 뇌에서 분비되는 도파민, 세로토닌, 노르에피네프린 등의 신경전달물질 분비 이상과 관련이 있습니다. 세로토닌은 기억력, 감정 변화를 조절하는 물질로 방화, 자살, 폭력과 같은 충동적인 행동과 밀접한 연관이 있습니다. 병적 도박도 충동조절장애의 한 종류로 세로토닌의 기능 이상과 관련 있습니다. 실제 병적 도박 환자의 경우 혈중 세로토닌 수치가 비정상적으로 증가 또는 감소해 있다는 보고가 있습니다. 무언가를 성취했을 때 분비되는 호르몬인 도파민과 각성, 스릴 등을 느끼게 하는 호르몬인 노르에피네프린 또한 병적 도박 환자에게서 비정상적으로 분비됩니다.

도박 중독의 최후는 파멸뿐

한 남자가 뒤집힌 의자에 머리를 기댄 채 피를 흘리며 바닥에 쓰러져 있습니다. 남자의 잿빛 피부와 표정으로 보아 이미 사망했음을 알 수 있습니다. 그 뒤로 한 남자가 피를 흘리며 가슴을 움켜쥐고 고통으로 몸부림치고 있습니다.

〈카드 게임의 끝〉이라는 제목에서 카드 게임 직후 두 남자가 긴 칼로 결투를 벌였고, 결국에는 이 지경에 이르게 되었다는 것을 알 수 있습니다. 참으로 안타깝고 의미 없는 죽음입니다.

도박은 서로에게 이렇게 씻을 수 없는 상처를 주고 그 끝은 언제나 비극뿐이라는 걸 보여주는 작품입니다. 이 그림은 장 루이 에르네스트 메소니에Jean-Louis Ernest Meissonier, 1815~1891의 대표작으로 크기가 아주 작은 그림입니다. 하지만 인물 묘사와 구도가 탁월합니다.

메소니에는 나폴레옹과 관련된 전쟁, 군대, 역사적 주제 등을 주로 그린 유명한 사실주의 경향의 아카데미즘 화가이자 조각가입니다. 우리에게는 다소 낯선 화가이지만, 19세기 말에는 대단히 인기 있던 화가였습니다. 그는 마치 사진을 보고 있다는 착각이 들 정도로 놀랄 만큼 정밀하고 세밀하게 그림을 그렸습니다. 이는 당시로써는 매우 획기적인 스타일이었습니다.

메소니에는 부유층이 가진 그림에 대한 그들의 기호를 정확히 파악해, 1840년대에는 주로 일상생활의 소소한 이야기를 담은 풍속화와 풍경화를 그려 주목을 받았습니다.

그러다 1843년과 1844년 연속으로 살롱전에 1등으로 입상해 화가로서 최고 반열에 들어서고, 1855년 살롱전에서 나폴레옹 3세에게 작품을 팔면서 더욱 유명해졌습니다. 1859년 이탈리아 전쟁에 종군한 뒤로부터는 주로 전쟁화에 전념했습니다. 뒤이어 인상파가 등장하고 20세기에 다양한 사조가 유행하면서 메소니에는 서서히 잊혀진 화가가 됩니다.

장 루이 에르네스트 메소니에, 〈카드 게임의 끝〉, 1865년, 패널에 유채, 22.2×18cm, 볼티모어 월터스아트뮤지엄

늘어나는 도박 중독, 치료받는 사람은 극소수

병적 도박은 대개 청소년기나 초기 성인기에 시작되며, 남자가 좀 더 이른 시기에 시작되는 경향이 있습니다. 하지만 역학 연구에 따르면 미국에서 병적 도박 환자의 32퍼센트는 여성입니다.

최근 국내에서도 도박 중독으로 병원을 찾아 진료를 받는 사람이 해마다 늘고 있다고 합니다. 건강보험심사평가원 자료를 이용하면 어떤 질병으로 한 해 치료받고 있는 사람의 수를 알 수 있습니다. 자료를 보면 '도박 중독'이라는 진단명으로 병의원에서 진료받은 사람은 2014년에 751명에서 2016년에 1113명으로 3년 사이에 거의 50퍼센트 정도 증가했습니다.

사행산업통합감독위원회가 2014년 도박 중독에 대해 실태조사를 한 적이 있었습니다. 우리나라 스무 살 이상 성인의 도박 중독률은 5.4퍼센트로 200만 명 이상이 평생에 한 번은 도박 중독을 겪는 것으로 조사됐습니다. 이 조사와 건강보험심사평가원 자료를 비교해 보면 실제 도박 중독으로 치료를 받는 사람은 매우 드물다는 것을 알 수 있습니다.

이런 결과가 나온 것은 아마도 도박 중독을 범죄와 연관 짓는 인식의 영향 때문일 수 있습니다. 그리고 '중독자'라고 낙인이 찍히는 것이 두려워 치료를 받지 않는 사람들이 많기 때문일 수도 있습니다.

도박에 대해 어떠한 가치 평가도 담지 않은 세잔

검붉은 벽이 보이는 구석진 방입니다. 황갈색 천으로 덮여 있는 테이블을 경계로 중절모를 쓴 두 명의 사내가 각자의 카드에 몰두하고 있습니다. 테이블 한가운데 기다란 술병이 놓여 있습니다. 병목에서 몸체까지 흐르는 곡선의 모양으로 보아 와인입니다. 그림 속 두 남자의 차림새와 표정, 손에 쥔 카드, 와인병을 축으로 완벽하게 균형감을 이루는 대칭적 구조는 마치 굳건한 건축을 보는 듯 숨이 막힙니다.

이 그림은 사과 하나로 현대미술사를 다시 쓴 폴 세잔Paul Cezanne, 1839~1906의 〈카드놀이 하는 사람들〉입니다. 세잔은 피카소Pablo Picasso, 1881~1973와 마티스Henri Matisse, 1869~1954가 '우리 모두의 아버지'라고 부른 프랑스의 대표적인 화가입니다.

프랑스 남부 엑상프로방스 출신의 세잔은 부유한 은행가 아버지 덕에 윤택한 어린 시절을 보냈습니다. 아버지의 뜻에 따라 법과대학에 다니다가 그만두고, 1861년 그림을 배우기 위해 파리로 갔습니다.

세잔은 미술학교 에콜 드 보자르에 낙방한 후에도 포기하지 않고 독학으로 그림을 공부했습니다. 파리에서 카미유 피사로Camille Pissarro, 1830~1903, 클로드 모네Claude Monet, 1840~1926, 오귀스트 르누아르Pierre-Auguste Renoir, 1841~1919 등 인상주의 화가와 교제하면서, 1874년 제1회 인상주의 전시회부터 3회 전시회까지 참여했습니다.

세잔은 아버지에게 막대한 유산을 물려받았기 때문에 그림을 팔아 생계를 유지할 필요가 없었습니다. 그는 줄곧 엑상프로방스에 은거하면서 자신만의 그림 세계를 위해 연구하고 실험했습니다. "자연은 구형, 원통형, 원추형에서 비롯되는 것이다"라고 밝힐 만큼, 세잔은 자연의 대상을 단순화된 기본 형체로 집약해서 화면에 새로이 구축해나가는 자세로 그림을 그렸습니다.

'카드놀이 하는 사람들'이라는 주제는 젊은 시절에 엑상프로방스 미술관을 자주 드나들었던 세잔이 그곳에서 17세기 중반 활동한 르냉 형제Antoine Louise et Mathieu Le Nain(앙투안1588~1648, 루이1593~1648, 마티외1607~1677의 삼 형제를 가리킴)가 그린 〈카드놀이 하는 사람들〉이라는 작품을 보고 모티브를 얻었다고 합니다. 그리고 1861년 세잔이 루브르박물관에서 모사 화가로 일하면서 당시 여러 화가가 그린 카드놀이 하는 사람들을 감상했던 것 또한 영향을 미쳤다고 합

폴 세잔, 〈카드놀이 하는 사람들〉, 1890년, 캔버스에 유채, 58×48cm, 파리 오르세미술관

니다. 카드놀이 또는 도박하는 풍경은 르네상스와 바로크를 거처 특히 17세기 플랑드르와 네덜란드 회화에서는 자주 그려지던 소재였습니다. 당시 이런 그림들은 다분히 유희적이거나 교훈적인 메시지를 담고 있었습니다. 그러나 세잔은 애초 〈카드놀이 하는 사람들〉을 통해 당대의 풍속을 풍자할 생

각이 없었습니다. 그는 1890년부터 5~6년 동안 총 다섯 점의 〈카드놀이 하는 사람들〉 연작을 그리면서 완벽한 구도와 색채를 연구했습니다.

세잔은 인상파 화가들과는 달리 눈에 보이는 대로 그림을 그리지 않았습니다. 그렇다고 아는 대로 그리지도 않았지요. 보이는 것과 아는 것, 이 두 가지를 종합해 그림을 그렸습니다. 그래서 세잔은 사과가 썩을 정도로 오랜 시간 관찰해 그림을 그렸습니다. 세잔의 그림 모델을 서본 적 있는 사람은 다시는 모델을 서지 않았다고 합니다. 세잔이 기본적으로 모델을 하나의 정물로 생각해 150번 이상 같은 자리에 앉혀놓고 그림을 그렸기 때문입니다. 이런 열정과 탐구 정신이 오늘날 '세잔의 사과'가 있게 한 원동력이었습니다.

도박 중독은 죽어야만 고칠 수 있는 병이다?

"도박꾼은 손을 못 쓰게 만들어도 발가락으로 도박한다"라는 속담이 말해주듯, 도박 중독은 치료가 매우 어렵습니다. 왜냐면 도박 중독자들은 본인이 병에 걸린 것을 인정하지 않기 때문입니다. 대부분 도박 중독은 주변 사람들이 먼저 아는 경우가 많습니다.

모든 질환이 치료보다는 예방이 더 중요하다는 것을 우리는 잘 알고 있습니다. 도박 중독도 예방이 매우 효과적이라는 연구 결과가 있습니다. 미국이나 유럽의 선진국에는 자조집단 즉, 자발적으로 상호 도움을 주는 모임이 있습니다. 예를 들면 미국에는 도박 중독 회복 자조모임(GA : Gamblers Anonymous)이라는 조직이 있습니다.

장 외젠 뷜랑, 〈도박장〉, 1883년, 캔버스에 유채, 63.5×109.22cm, 개인 소장

GA는 과거에는 병적 도박 환자였지만, 지금은 도박하지 않고 정상 생활을 하는 사람들의 모임입니다. GA에 따르면 모임에서 자신이 도박 중독자였다는 사실을 공개적으로 밝히고, 서로 더 이상 도박을 하지 못하게 감시하며, 도박 중독에서 회복된 사람끼리 서로 지지해 주는 것이 재발 방지에 가장 효과가 좋다고 합니다.

파국이라는 결말이 훤히 보이는 확률 낮은 게임에 소중한 인생을 올인하시겠습니까? 과유불급(過猶不及)이라는 말처럼, 무엇이든 지나치게 깊게 빠지면 화를 부릅니다.

대재앙이 인생을 휩쓴 후 자라나는 외상후스트레스장애

로마를 변곡점 위에 세운 성폭행 사건

티치아노Tiziano, 1488~1576가 여든여덟 고령의 나이에 페스트로 사망했을 때, 이미 그는 역사상 가장 성공한 화가 중 한 명이었습니다. 페스트라는 중세 시대의 치명적인 전염병만 없었다면, 그는 더 오래 살며 더 많은 명작을 남겼을 것입니다. 티치아노는 렘브란트Rembrandt van Rijn, 1606~1669와 더불어 나이가 들면서 작품의 예술적 깊이가 더욱 깊어진 화가입니다.

〈타르퀴니우스와 루크레티아〉는 티치아노가 여든이 넘은 나이에 스페인 펠리페 2세Felipe II, 1527~1598의 간곡한 요청으로 그린 작품입니다. 이 작품은 '타르퀴니우스와 루크레티아'에 관한 이야기를 그리고 있습니다. 타르퀴니우스와 루크레티아는 로마가 왕이 다스리는 왕정(王廷)에서 집정관, 원로회, 평민회가 중심이 되어 나라를 이끄는 공화정(共和政) 체제로 변화하게 한 중요한 인

| 티치아노, 〈타르퀴니우스와 루크레티아〉, 1570년경, 캔버스에 유채, 189×145cm, 케임브리지 피츠윌리엄박물관

물들입니다.

식스투스 타르퀴니우스는 왕정 체제 로마에서 마지막 왕이었던 루키우스 타르퀴니우스 수페르부스(로마 제7대 왕)의 아들입니다. 타르퀴니우스는 자신의 지위를 이용해 로마 여자들을 마음대로 취할 수 있다는 오만한 생각을 하고 있었습니다. 아름답기로 유명한 콜라티누스의 아내 루크레티아에게 접근해서 잠자리를 갖자고 요구했습니다. 루크레티아가 거절하자 타르퀴니우스는 그녀를 죽이겠다고 협박했습니다.

티치아노의 그림을 자세히 살펴볼까요. 루크레티아의 침실에 난입한 타르퀴니우스가 벌거벗은 루크레티아의 팔을 잡고 칼로 위협하고 있습니다. 루크레티아는 한 손으로 타르퀴니우스의 가슴을 밀치며 강하게 저항하고 있습니다. 루크레티아가 타르퀴니우스에게 붙잡힌 쪽 손바닥을 쫙 펴고 있는 모습에서, 그녀가 도움을 요청하는 중이라는 것을 알 수 있습니다. 하지만 배경의 닫혀 있는 검은색 커튼은 그녀가 어떤 도움도 받을 수 없는 상황임을 암시합니다. 겁에 질린 루크레티아의 얼굴에서 악몽 같은 상황에서 벗어나길 바라는 간절함을 읽을 수 있습니다.

반면 타르퀴니우스의 두 눈은 끓어오르는 욕정과 광기로 번뜩입니다. 타르퀴니우스가 루크레티아에게 시선을 두지 않는 모습에서, 단지 그가 성적 욕망을 채우는 데만 급급하다는 것을 알 수 있습니다. 하얀 침대 시트는 검은색 커튼과 대조를 이루며 루크레티아의 순결을 상징합니다. 암녹색 커튼은 절제를 모르는 타르퀴니우스의 성적 욕망을 상징합니다.

타르퀴니우스가 옷을 입고 있는 것은 그가 휘두르는 무자비한 권력을 뜻합니다. 반대로 루크레티아가 나체인 것은 그녀가 무방비 상태임을 뜻합니다. 두 남녀의 다리가 나란히 평행으로 놓인 모습은, 두 사람이 절대 함께할 수 없는 관계임을 뜻합니다. 그림 왼쪽에서 커튼을 살짝 들고 두 사람을 지켜보는 불쌍한 노예는 그들이 관계를 맺었다는 것을 입증하기 위해 세워둔 사람입니다.
결국 타르퀴니우스는 루크레티아를 겁탈했습니다. 수치심과 모욕감에 뜬눈으로 밤을 지새운 루크레티아는 날이 밝자 남편과 친정아버지를 불러 지난밤 당한 능욕을 이야기합니다. 그리고 두 사람에게 자신의 복수를 당부하며 더는 불명예를 안고서는 살 수 없다며 스스로 목숨을 끊습니다. 타르퀴니우스의 악행에 분노한 시민들은 왕을 쫓아내고 로마를 왕정에서 공화정으로 바꿉니다.

여성 화가의 눈에 비친 성폭행 피해자의 고통

이번에는 루크레티아가 자결하려는 순간을 그린 작품입니다. 아르테미시아 젠틸레스키Artemisia Gentileschi, 1593~1652의 〈루크레티아〉는 남성의 성폭력 즉 강간에 저항하지 못한 여성의 수치심을 표현하고 있습니다. 그림은 능욕당한 루크레티아가 자살하기 직전 상황을 묘사하고 있습니다. 루크레티아는 처참히 짓밟힌 여성성을 상징하는 자신의 가슴을 움켜쥐고 왼손에는 칼을 들고 있습니다.
이 작품은 당시 화가들에게 절대적인 영향을 주었던 카라바조Michelangelo da Caravaggio, 1573~1610 화풍으로 그려졌습니다. 강한 명암 대비와 인물의 과장된 동작은 그림 속 내용을 더 드라마틱하게 만듭니다. 역사적 이야기를 그린 작품이지만, 성폭력에 짓밟힌 화가의 고통을 느낄 수 있는 자화상 같은 작품입니다.

화가였던 젠틸레스키의 아버지는 어떤 이유로 자신의 제자인 화가 아고스티노 타시Agostino Tassi, 1578~1644에게 딸의 개인교습을 맡깁니다. 그런데 이 타시라는 작자가 젠틸레스키를 성폭행하고, 결혼을 미끼로 사건을 무마하려 합니다. 하지만 그는 이미 결혼한 상태였고 젠틸레스키는 타시를 강간으로 고발합니다. 타시는 강간 혐의로 체포되었지만 가벼운 처벌을 받고 추방당합니다.

아르테미시아 젠틸레스키, 〈루크레티아〉, 1621년, 캔버스에 유채, 54×51cm, 제노바 카타네오아도르노궁전

그러나 젠틸레스키는 재판 과정에서 더 큰 상처를 받습니다. 타시는 혐의를 부인하며 오히려 젠틸레스키를 음란한 여자로 매도했습니다. 피해자로 재판장에 선 젠틸레스키는 많은 사람이 보는 앞에서 자신이 강간당했다는 걸 입증해야만 했습니다.

성폭행 관련 사건에서 피해자를 두 번 죽이는 수사와 재판 방식은 우리나라에서도 여러 번 문제가 되었습니다. 피해자에게 다시는 복기하고 싶지 않은 고통의 순간을 재현하는 듯한 재판은 피해자를 또 한 번 치욕과 고통의 수렁에 빠뜨립니다. 수사와 재판 과정에서 피해자가 치르게 될 또 다른 폭력은 결국 성폭행 피해자들을 침묵하게 합니다. 용감하게 세상에 맞선 젠틸레스키는 고대 역사나 신화, 성경 내용을 소재로 자신의 고통을 승화시킨 많은 명작을 남겼습니다.

명예를 지키기 위해 자살한 루크레티아

사건이 일어난 시간순으로 본다면 렘브란트의 〈루크레티아〉는 앞서 두 작품 이후에 일어난 이야기를 그리고 있습니다. 여러 대가가 〈루크레티아〉라는 제목으로 유사한 그림을 그렸는데, 그중 렘브란트의 그림이 가장 울림이 큽니다.

렘브란트가 『성경』이 아니라 로마 역사를 작품의 주제로 택한 것은 드문 일이었습니다. 아마도 타르퀴니우스와 루크레티아 사건이 갖는 정치성 때문에 급진적 공화주의자들이 렘브란트에게 이 그림을 주문했을 것이라 추측하기도 합니다. 그러나 이 그림을 맨 처음 소유한 사람에 대해서는 알려진 것이 없습니다. 렘브란트의 그림 속 루크레티아는 명예를 지키기 위해 스스로 목숨을 끊으려 하고 있습니다. 저항하는 루크레티아에게 타르퀴니우스는 이렇게 협박합니다. "당신을 죽이고, 당신 노예의 목을 따 당신 곁에 뉘어 놓겠다." 노예와 불륜을 저지르다 죽임을 당했다는 모함으로 가문의 명예를 더럽힐 수 없었던 루크레티아는 위협에 굴복당합니다. 그러나 그녀는 어떤 이유로도 자신이 용서되지 않았나 봅니다. 더럽힌 자신의 몸을 스스로 정리한다는 굳은 결심으로 자결합니다. 렘브란트는 1666년 죽어가는 루크레티아의 모습을 실물 크기로 그렸습니다. 루크레티아는 이미 작은 칼로 왼쪽 옆구리를 찌른 뒤라 상처에서 새어나온 붉은 피가 하얀

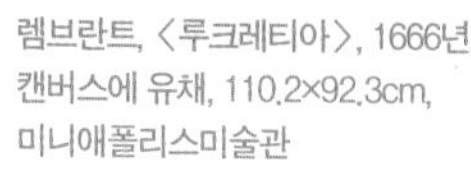

렘브란트, 〈루크레티아〉, 1666년,
캔버스에 유채, 110.2×92.3cm,
미니애폴리스미술관

옷을 적시고 있습니다. 얼굴은 정면을 향하고 있지만 눈동자는 다른 곳을 향하고 있습니다. 그녀의 표정에는 슬픔과 회한이 가득합니다. 스스로 목숨을 끊을 수밖에 없는 상황을 너무도 안타깝게 그리고 있습니다.

자살을 바라보는 사회적 시선은 역사에 따라서 많은 변화를 겪었습니다. 고대에는 명예를 지키기 위해 자살을 선택하는 경우가 많았습니다. 이런 자살은 기독교가 사회 전반을 지배하던 중세 이후 죄악시되다가, 근세에 이르러 죄의 의미는 사라지고 자살이 실존적 고뇌의 결과라는 동정적인 시선이 나타나기 시작했습니다. 오늘날에는 자살을 대부분 병적인 현상으로 바라보고 있습니다.

루크레티아는 자신의 명예와 정조를 위해 자살을 선택했고, 그 결과 로마는 왕정에서 공화정으로 엄청난 변화를 겪게 됩니다. 역사에서 미모와 색으로 한 나라의 운명을 좌지우지하는 여인 즉, 경국지색(傾國之色)은 많습니다. 하지만 정절로 한 나라의 운명을 바꾼 것은 아마 루크레티아가 최초일 것입니다. 타르퀴니우스와 루크레티아 사건은 비록 정확한 역사적 사료는 아니지만, 많은 화가에게 영감을 주는 소재였습니다. 많은 화가가 타르퀴니우스와 루크레티아 이야기에 매료된 데는 윌리엄 셰익스피어William Shakespeare, 1564~1616의 장편시 『루크리스의 능욕(The Rape of Lucrece)』이 큰 영향을 미쳤습니다.

THE
RAPE
OF
LVCRECE.
By
Mr. William Shakespeare.
Newly Reuised.
LONDON:
Printed by T. S. for Roger Jackson, and are to be solde at his shop neere the Conduit in Fleet-street. 1616.

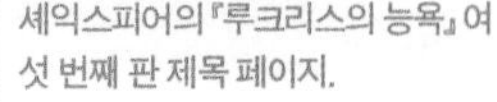
셰익스피어의 『루크리스의 능욕』 여섯 번째 판 제목 페이지.

루크레티아를 성폭행한 타르퀴니우스는 어찌 됐는지 궁금하지 않으신가요? 아버지인 황제 타르퀴니우스를 따라 망명했다는 설이 있는가 하면, 분노한 민중의 손에 맞아 죽었다는 설도 있습니다. 후세의 극작가들은 후자 쪽 이야기에 더 드라마틱한 매력을 느낀 모양입니다. 한순간의 연정과 욕정을 주체하지 못해 자신은 물론 일가의 몰락을 불러오고 역사에까지 오명을 남긴 타르퀴니우스. 이 시대에도 타르퀴니우스 같은 사람들이 있습니다.

심각한 사건을 겪은 후 찾아오는 심리적 고통, 외상후스트레스장애

강간은 역사적으로도 매우 오래된 범죄입니다. 우리 사회는 넘쳐나는 성범죄에 처벌을 강화해야 한다고 목소리 높인지 오래되었습니다. 성폭행 피해자들은 평생을 신체적 정신적 상처를 안고 살아갑니다.

생명에 위협을 느낄 정도의 심각한 사건(정신적 외상)을 경험하거나 목격한 뒤 나타나는 불안장애를 외상후스트레스장애(PTSD : Post-traumatic Stress Disorder)라고 합니다. 지진과 같은 자연재해, 전쟁, 붕괴사고, 교통사고, 강도, 강간, 폭행, 유괴 등도 큰 스트레스를 줄 수 있는 외상 사건의 대표적인 예입니다.

외상 사건을 겪은 사람들은 심한 우울증, 식사 장애, 수면 장애, 알코올 및 약물 중독, 환각과 환청 등을 겪을 확률이 높습니다. 최악에는 자살을 시도하기도 합니다. 특히 성폭행 같은 인재의 경우 자연재해와 달리 원망의 대상이 존재하므로, 정신적인 회복이 더딥니다. 누군가의 인생을 송두리째 짓밟은 죗값이 결코 가벼워서는 안 됩니다. 처벌은 강화되고 피해자 구제 제도는 피해자의 치유가 최우선이 되도록 개선돼야 할 것입니다.

‘밤의 산책자’를 옭아맨 숙명, 유전병

몽마르트의 밤을 사랑한 화가의 특별한 자화상

엽서보다 약간 큰 작은 정물화입니다. 주둥이가 짧은 커피포트가 어두운 배경을 뒤로하고 테이블에 놓여 있습니다. 바닥은 하얀색 천으로 덮여 있어 검은 배경과 대조를 이룹니다. 금속 소재의 커피포트에는 빛이 반사돼 사람의 형체가 어려 있습니다. 하지만 형체가 뚜렷하지는 않습니다. 자세히 보면 일반적인 커피포트와 달리 다리가 달려 있습니다. 사람의 몸에 비유하자면 가늘고 짧은 다리가 커다란 몸통을 떠받치고 있는 형상입니다.

〈커피포트〉라는 제목의 이 그림은 정물화가 아닙니다. “나의 몸은 주둥이가 너무 큰 커피포트처럼 생겼다네”라고 장애가 있는 자신의 몸을 위트 있게 표현할 줄 알았던 한 남자의 자화상입니다. 그리고 ‘커피포트’는 몽마르트

툴루즈 로트레크, 〈커피포트〉, 1884년경, 캔버스에 유채, 24×16.2cm, 개인 소장

의 매춘부들이 그를 부르던 별명이었습니다. 이 그림은 툴루즈 로트레크Henri de Toulouse-Lautrec, 1864~1901의 자화상입니다. 유전병으로 성장을 멈춘 짧은 다리와 그에 걸맞지 않게 큰 머리와 통통한 몸, 로트레크는 커피포트의 모습을 빌려 캔버스에 자신의 몸을 그렸습니다.

로트레크를 덮친 숙명의 질병, 농축이골증

로트레크의 본명은 '앙리 마리 레이몽드 드 툴루즈 로트레크 몽파Henri Marie Raymond de Toulouse-Lautrec-Monfa'입니다. 엄청나게 긴 그의 이름은 그가 얼마나 지체 높은 귀족 가문의 자손인지를 가늠하게 합니다. 로트레크의 고향은 프랑스 서남부의 알비(Albi)입니다. 알비는 12세기부터 이 지역의 강력한 영주였던 툴루즈 백작의 영향력 아래 있었습니다. 툴루즈 가문은 중세 봉건시대부터 천 년간 명맥을 유지해온 유서 깊은 귀족 가문으로, 십자군원정에 자원 출전하기도 한 프랑스의 대표적인 명문가입니다. 로트레크는 툴루즈 가문의 직계손입니다.

로트레크 가문은 집안의 순수 혈통을 유지한다는 명분으로 중세 시대부터 근친혼을 했습니다. 로트레크의 아버지 알퐁스 샤를르 드 툴루즈 로트레크 몽파Alphonse Charlers de Toulouse-Lautrec-Montfa, 1838~1913백작과 어머니 아델 드 툴루즈 로트레크Marie Marquette Zoe Adele Tapie de Celeyran, 1841~1930도 이종사촌 간이었습니다. 로트레크의 친할머니와 외할머니는 친자매였지요.

로트레크의 질병은 매우 드문 유전질환인 '농축이골증(pycnodysostosis)'입니다. 오래전부터 행해온 로트레크 가문의 근친혼에서 비롯된 유전질환입니다. 농축이골증은 골격 발육에 장애가 생기는 선천성 골계통질환으로, 열성 염색체가 유전돼 발현됩니다. 농축이골증을 앓는 사람은 머리가 크고, 키가 150센티미터 이상 자라지 못하며, 뼈가 아주 약해서 잘 부스러지고 사지에 골절이 많이 생깁니다. 그리고 이마가 툭 튀어나오고, 치아 문제로 고통을 겪습니다.

툴루즈 로트레크

로트레크는 10대 때 두 차례의 골절 사고를 당했으며, 두 다리의 성장이 멈췄습니다. 사고 이후 키가 자라지 않아 성인이 된 로트레크의 키는 152센티미터에 불과했습니다.

몽마르트의 밤을 사랑한 화가 툴루즈 로트레크는 알코올 중독과 매독의 후유증으로 정신 질환을 앓다 서른일곱의 나이에 뇌졸중으로 사망했습니다. 서른일곱 살은 미술사에서 좀 특별한 나이입니다. 서른일곱이라는 나이에 유독 많은 천재 화가들이 세상을 떠났기 때문입니다. '르네상스 3대 천재 화가'로 꼽히는 레오나르도 다 빈치Leonardo da Vinci, 1452~1519가 예순일곱, 미켈란젤로 부오나티Michelangelo Buonarroti, 1475~1564가 여든아홉까지 장수한데 반해, 라파엘로 산치오Raffaello Sanzio, 1483~1520는 서른일곱에 요절했습니다. 로코코 미술의 대가 장 앙투안 와토Jean-Antoine Watteau, 1684~1721는 서른일곱에 결핵으로 세상을 등졌으며, 빈센트 반 고흐Vincent van Gogh, 1853~1890가 스스로 복부에 총을 쐈을 때가 서른일곱이었습니다.

근친혼 전통이 불러 온 재앙, 근교약세

로트레크가 죽은 뒤 그의 신체 장애에 관해 많은 연구가 이루어졌습니다. 그 결과 잦은 골절은 오랫동안 로트레크 가문에서 이루어진 근친혼에 따른 유전병이라는 결론을 얻게 되었습니다. 1962년 두 명의 프랑스 의사가 이 병을 농축이골증이라고 진단했습니다. 지금은 어려운 병명 대신 '로트레크 증후군'이라고 부릅니다.

농축이골증이 생기는 원인은 뼈파괴세포 이상 때문입니다. 뼈파괴세포는 뼈가 성장하는 과정에서 필요 없어진 뼈 조직의 무기질과 유기질 성분을 분해하고 제거해 뼈에서 이들 성분의 흡수를 촉진합니다. 이 과정을 통해 뼈를 성장시키고 유지하는 역할을 하지요. 뼈파괴세포 효소 가운데 흡수를 촉진하는 카셉틴케이(catheptin K)라는 유전자에 돌연변이가 생기면 농축이골증이 발생합니다. 농축이골증은 상염색체 열성 유전으로 발생합니다.

인간은 아버지와 어머니로부터 쌍을 이루는 유전자를 하나씩 받습니다. 쌍을 이룬 두 개의 유전자를 '대립유전자'라고 합니다. 예를 들어 곱슬머리와 직모는 머리카락 형태에 관한 대립유전자입니다. 대립유전자는 서로 동일한 형질끼리 쌍을 이루면 '동형접합체', 서로 다른 형질끼리 쌍을 이루면 '이형접합체'라고 합니다. 대립유전자 간에는 발현 관계에서 우열이 있습니다. 예를 들어 곱슬머리는 직모에 대해 우성 형질입니다. 보조개, 주걱턱, 쌍꺼풀도 그렇지 않은 형질에 대해 우성입니다. 우성 형질은 동형접합체일 때뿐 아니라 이형접합체일 때도 발현합니다. 하지만 열성 형질은 반드시 동형접합체일 때만 발현합니다.

로트레크는 부모로부터 농축이골증을 일으키는 유전자(열성)를 각각 하나씩 제공받았을 것입니다(동형접합체). 농축이골증을 일으키는 유전자(열성)를 하나씩만 가지고 있던 로트레크의 부모(이형접합체)에게는 이 병이 나타나지 않았지만, 농축이골증을 일으키는 유전자를 부모로부터 두 개 받은 로트레크에게는 병이 나타난 것이지요. 로트레크의 세 살 터울 동생이 태어난 이듬해에 죽은 이유도 농축이골증 때문이었을 것입니다.

유전학에 '근교약세'라는 개념이 있습니다. 유전자가 가까운 것끼리 교배, 즉 근친 교배를 오랫동안 지속하면 열성 유전이 반복된다는 것입니다. 혈연적으로 관련이 없는 개체들이 결합할 때는 두 개체(아버지와 어머니) 모두 자손에게 동일한 문제를 일으킬 대립유전자를 전달해줄 확률이 매우 낮습니다. 그러나 근친혼의 경우 그 가능성이 훨씬 높아집니다.

프랑스에서 사촌 사이의 결혼으로 태어난 자녀를 대상으로 실시한 연구가 있습니다. 사촌 사이의 결혼으로 태어난 자녀는 혈연 관계가 없는 부모에게서 태어난 자녀에 비해 성인이 되기 전 사망할 가능성이 두 배나 높은 것으로 나타났습니다.

로트레크와 대비되는
준수한 생김새의 사촌 가브리엘

로트레크가 그린 스케치 한 점을 보실까요. 수술하고 있는 파리의 저명한 외과의사 줄레 에밀 페안Jules-Emile Pean, 1830~1898 박사를 도와주고 있는 오른쪽 검은 머리 남자가 로트레크의 고종 사촌인 가브리엘 타피에 드 셀레랑Gabriel Tapie de Celeyran입니다. 가브리엘은 작은 키에 병약한 외모의 로트레크와는 달

툴루즈 로트레크, 〈페안 박사의 수술〉, 1891년, 버크셔 클라크아트인스티튜드

리 키도 크고 준수한 외모를 가진 젊은 의사였습니다. 로트레크는 가브리엘이 파리에 거주할 때 매우 가깝게 지냈습니다. 함께 물랭루주도 자주 드나들었지요. 가브리엘은 로트레크의 어머니 아델 부인이 로트레크 사후 고향 알비에 미술관을 건립하려고 할 때 적극적으로 참여해 돕고, 로트레크가 자신을 그린 그림 또한 기증할 만큼 마음이 따뜻한 의사였습니다. 하지만 이런 사촌 동생을 로트레크는 자주 구박하고 멸시했다고 하네요. 아마도 열등감에서 비롯된 행동이었겠지요.

몽마르트의 밤을 사랑한 남자

로트레크의 대표작 〈물랭루주에서〉입니다. 마치 스냅사진과 같은 구도도 순간적인 장면을 묘사하고 있습니다. 중앙에 한 무리 사람들이 술을 마시며 이야기 나누고 있습니다. 하지만 대화가 그리 유쾌하지 않은지 모두 표정이 심드렁합니다. 그들 뒤로 모자를 쓴 두 남자가 보입니다. 앞에 있는 사람은 앉아 있다고 착각할 만큼 키가 매우 작네요. 반면 그 뒤에 있는 사람은 앞의

툴루즈 로트레크, 〈물랭루주에서〉, 1892~1895년, 캔버스에 유채, 123×140.5cm, 시카고미술관

사람과 무척 대비되게 키가 큽니다.

키가 작은 남자가 로트레크이고 키가 큰 남자가 사촌 동생 가브리엘입니다. 이 떠들썩한 분위기에 어울리지 못하는 것일까요. 로트레크와 가브리엘은 자리를 옮기는 중인 것 같습니다. 그림 맨 오른쪽에는 물랭루주의 환한 밤 조명을 받아 얼굴이 병자처럼 파랗게 보이는 금발 머리 여인이 보입니다. 흡사 가면을 쓴 것처럼 보입니다. 서로 동질감을 느끼지 못하는 이곳 분위기를 잘 표현하고 있습니다.

이곳은 물랭루주입니다. 물랭루주는 파리 몽마르트 번화가에 있는 댄스홀로, '붉은 풍차'를 뜻합니다. 물랭루주라는 이름이 붙은 것은 건물 옥상에 크고 붉은 네온사인 풍차가 있기 때문입니다. 로트레크는 물랭루주의 한 공간을 점유하고, 여기서 댄서들과 이곳을 드나드는 사람들을 많이 그렸습니다. 로트레크는 이 작품에서 왜소증 탓에 키가 작은 자기 모습을 과장 없이 객관적으로 그리고 있습니다. 평범한 사람들 속에 섞여 있는 당당한 로트레크

사무라이 복장을 한 로트레크.

의 모습에 동정심이 끼어들 틈은 없어 보입니다. 로트레크는 자화상을 거의 그리지 않은 화가입니다. 하지만 볼품없는 자기 모습을 마주하기 싫어서였거나 그림으로 남기고 싶지 않아서 자화상을 그리지 않았다고 생각한다면, 섣부른 추측일지 모릅니다. 그는 일본 사무라이 복장이나 어릿광대 복장 등 특이한 의상을 입고 사진 찍기를 즐겼습니다. 신체적인 장애 때문에 평생 세상의 편견과 맞서면서도 그림 속에 자신을 당당하게 표현할 줄 아는 로트레크는, 유머 감각을 가진 낙천적인 사람이었을 것입니다.

자신과 닮은 천대받는 사람들을 그리다

이번에는 〈의료 검진〉이라는 독특한 제목의 작품을 보실까요. 붉은색 방에 두 명의 여인이 치마를 걷어 올리거나 아예 벗고 순서를 기다리고 있습니다. 여인들의 시선은 아래를 향하고 있으며, 표정에서 어떤 감정도 느껴지지 않습니다. 그렇습니다. 지금 이 여인들은 당시 아주 유행했던 성병을 검사하는 중입니다. 당시 프랑스 매춘부들은 경찰의 관리 아래 있었으며, 정기적으로 성병 검사를 받을 의무가 있었습니다. 등록된 매춘부만 약 3만 4000명이었다고 합니다. 여성 환자에 대한 배려라고는 단 1퍼센트도 없어 보이는 노골적인 검사 과정에 수치스러울 법도 한데 여인들은 무척 담담합니다. 이런 장

툴루즈 로트레크, 〈의료 검진〉, 1894년경, 카드보드지에 유채와 파스텔, 83.5×61.4cm, 워싱턴D.C.국립미술관

면을 그림으로 그렸다니, 로트레크의 발상도 참 대단합니다.

모델과 화가가 어지간히 친하지 않으면 이런 상황을 그릴 수 없었을 것입니다. 로트레크는 몽마르트의 매춘부들과 어울리며 그들의 삶에 깊이 공감했습니다. 로트레크는 자신처럼 소외당하고 천대받는 사람들과 함께하며 그림을 그렸지요. 로트레크의 진심을 알기에 매춘부들도 자연스럽게 그의 모델이 되어 주었을 것입니다.

비록 로트레크는 서른일곱에 요절했지만, 20년이 채 안 되는 짧은 화가 생활 동안 수채화 275점, 판화와 포스터 370여점, 캔버스화 730여점, 그리고 드로잉은 자그마치 4700여점 남겼습니다. 방대한 작품 수는 그가 육체의 고통을 예술로 승화시킨 증거로 볼 수 있습니다. 그는 미술사적으로는 현대 광고 전단지의 전신이라고 할 수 있는 상업 포스터를 예술 차원으로 격상시켰다는 평가를 받고 있습니다. 후에 동료 나비파(19세기 상징주의 문예 운동의 영향을 받은 화풍으로, 신비적, 상징적, 반 사실주의적, 장식적, 대담한 화면 구성이 특징이다) 화가인 에두아르 비야르Edouard Vuillard, 1868~1940는 "로트레크는 귀족적인 정신을 갖추었지만 신체적인 결함이 있었고, 매춘부들은 신체는 멀쩡했지만 도덕적으로 타락해 있었다. 이들은 서로에게 묘한 동질감을 가졌을 것이다"라고 말했습니다.

로트레크와 매춘부들의 친밀한 관계는 많은 명작을 탄생시켰지만, 로트레크를 젊은 나이에 죽음으로 이끌기도 했습니다. 로트레크는 매독에 전염되었고, 압생트 같은 독한 술을 지속적으로 마셔 안 그래도 병약한 몸이 빠른 속도로 나빠졌습니다.

매독은 왜 '프랑스병'으로 불렸을까?

매독은 트레포네마 팔리듐균에 의해 신체 전반에 감염 증상이 나타나는 질환입니다. 매독균에 감염된 어머니로부터 태아에게 전염되는 경우도 있지만, 매독의 가장 중요한 전파 경로는 성접촉입니다.

1기 매독은 매독균과 접촉한 성기나 입술, 구강 등에 단단하고 둥근 궤양이 나타나며 통증이 없습니다. 하지만 2기 이상 진행되면 중추신경계, 눈, 심장, 대혈관, 간, 뼈, 관절 등 다양한 장기에 매독균이 침범해 장기 손상을 초래합니다. 중추신경계를 침범하는 신경매독은 척수를 따라 매독균이 이동해 발작이나 마비 등이 나타나기도 합니다.

매독을 뜻하는 영어 'syphilis'는 1530년 발표된 서사시에 등장하는 양치기 이름에서 유래했습니다. 지필루스(Syphilus)라는 양치기가 더위에 지쳐 '태양의 신' 아폴론을 저주하자, 분노한 아폴론이 양치기에게 무서운 질병을 내려 벌했다고 합니다. 이 질병이 매독입니다. 매독은 나라마다 다른 이름으로 불렸습니다. 이탈리아와 영국에서는 '프랑스병', 프랑스에서는 '이탈리아병', 네덜란드와 포르투갈 등에서는 '스페인병', 이슬람 국가에서는 '기독교인들의 병'이라고 불렀다고 합니다. 매독의 책임을 다른 나라에 떠넘기려는 모습이 재미있습니다. 1492년 신대륙을 발견한 콜럼버스Christopher Columbus, 1451~1506 일행이 아메리카 대륙에서 매독을 유럽으로 옮겨왔을 것이라는 가설이 있습니다. 1909년 독일의 세균학자 파울 에를리히Paul Ehrlich, 1854~1915가 매독 치료제 '살바르산 606'을 개발하기 전까지 매독 치료제로 가장 많이 썼던 것이 수은입니다. 수은 치료법은 매독균뿐만 아니라 환자까지 죽일 수 있는 위험한 치료법으로, 수은 중독으로 사망한 사람도 많았습니다. 모차르트Wolfgang Amadeus Mozart, 1756~1791도 매독을 치료하던 중 수은 중독으로 사망했습니다.

606번째 실험 끝에 매독 치료제를 개발한 파울 에를리히와 그의 조수 하타 사하치로.

육체적 고통으로 점철된 로트레크의 삶, 어머니 품에서 소멸하다!

푸른색의 단아한 상의를 입은 여인이 입술을 다문 채 책을 읽고 있습니다. 여인 주변의 커튼과 가구들을 보면 장식이 화려하다는 것을 알 수 있습니다. 인상주의 기법으로 그려서인지 빛의 움직임도 느껴집니다. 하지만 전체적으로 어두운 톤이 지배하는 무거운 느낌이 드는 그림입니다.
로트레크의 아버지 알퐁스는 건장한 체격에 미남으로 매 사냥과 스포츠를 즐겼습니다. 반면 어머니 아델은 내성적이고 조용한 사람이었다고 합니다.

툴루즈 로트레크,
〈말로메 살롱에 있는 아델 드 툴루즈 로트레크 백작부인〉,
1881~1883년, 캔버스에 유채, 59×45cm,
알비 툴루즈로트레크미술관

알퐁스는 아들이 매 사냥을 함께할 수 없다는 사실이 명백해지자, 아들을 유산 상속 명단에서 제외했습니다.

현재에도 장애아가 있는 가정은 아이 때문에 이혼하거나, 친척들과 연락을 끊고 고립돼 사는 경우가 많습니다. 로트레크의 부모도 결혼한 지 얼마 되지 않아 별거 생활을 했습니다. 몸이 불편한 아들의 양육은 아델 부인이 책임졌습니다.

파리에서 아들과 함께 생활하던 아델 부인은 보르도에 있는 말로메로 내려왔습니다. 말로메는 아델 부인이 구입한 성으로, 로트레크는 여름마다 이곳을 찾아와 파리 생활로 지친 몸을 쉬게 했습니다. 이 작품 또한 로트레크가 말로메에서 휴가를 즐기던 중 그린 어머니의 초상화 같습니다. 아델 부인은 아들을 위해 몇 번이고 캔버스 앞에 섰습니다. 어머니를 모델로 그린 로트레크의 그림들은 하나같이 '슬픔'이라는 정서가 묻어 있습니다.

장애를 가진 자식을 바라보는 부모의 심정을 어떻게 이해할 수 있을까요. 아델 부인은 장애를 안고 살아가야 할 아들, 아들을 철저하게 외면하는 남편, 그리고 태어난 지 얼마 지나지 않아 잃은 둘째 아들 때문에 많이 슬프고 아팠을 것입니다. 그럼에도 그녀는 아들을 헌신적으로 돌봤습니다. 아델 부인은 로트레크가 미술에 재능이 있음을 알고, 열 살 때부터 미술을 배우게 했습니다. 성장이 멈춘 아들에 대한 집안의 따가운 시선을 피해 몽마르트에 집을 얻어 아들과 함께 지내기도 했습니다.

1901년 로트레크는 파리를 떠나 보르도로 갔습니다. 어머니가 아들의 음주를 단속하려고 고용한 사람과 함께 말이지요. 1901년 8월 보르도 작은 해변 마을에 묵고 있던 로트레크에게 뇌졸중이 찾아옵니다. 그는 어머니가 있는 말로메로 옮겨졌고, 9월 9일 평생 자신을 헌신적으로 돌본 어머니의 품에 안겨 사망했습니다.

젊은 나이에 죽어가는 아들을 보는 어머니의 마음이 얼마나 아팠을까요. 부모의 근친혼으로 불구가 된 아들을 보며 아델 부인은 끝없이 자책하지 않았을까 생각해봅니다. 아델 부인은 아들이 죽은 뒤에 아들을 위한 미술관을 건립하기 위해 동분서주했습니다. 1922년 알비에 개관한 로트레크미술관은 현재 알비를 대표하는 관광 명소입니다.

프랑스의 저명한 희극작가인 트리스탕 베르나르Tristan Bernard, 1866~1947는 로트레크의 짧은 생을 다음과 같이 기렸습니다.

"그는 공원에서 뛰어노는 아이처럼 자유로운 삶을 살다 갔다. 그는 죽은 것이 아니라 초자연적인 세계로 다시 돌아갔을 뿐이다. 이 볼품없이 작은 사나이는 운명의 주인이었으며 그 신념에 따라 산 사람이었다."

"내가 그림을 그리게 된 것은 우연에 지나지 않아. 내 다리가 조금만 길었더라면 난 결코 그림을 그리지 않았을 거야." 로트레크가 한 말입니다. 유전병이라는 숙명과 같은 불운에도 로트레크는 운명에 당당히 맞섰습니다. 장애인을 전염병 환자처럼 여기는 사람들이 여전히 존재하는 세상에서, 로트레크의 삶은 우리를 숙연하게 합니다.

Chapter 03

캔버스에서
찾은
처방전

목에 사는 나비,
갑상샘

갑상샘암은 어떻게
발병률 1위 암이 되었는가?

2014년 의료계는 갑상샘암을 둘러싼 과잉진단 논란으로 뜨거웠습니다. 과잉진단이라고 주장하는 쪽 생각은 이렇습니다. 갑상샘암은 생명에 영향을 미칠 만큼 치명적이지 않으며, 암세포가 아주 천천히 자라기 때문에 바로 수술하기보다는 어느 정도 여유를 가지고 지켜봐도 된다는 것입니다. 오히려 수술을 받은 후 수술합병증에 시달리거나 평생 호르몬 약에 의존해야 하는 등, 환자가 수술로 얻는 득보다는 실이 크다고 이야기합니다. 반대쪽에서는 작은 암이라도 조기에 진단해서 빨리 치료하는 것이 중요하다고 주장합니다.

갑상샘암은 국내에서 발병률 1위 암입니다. 한 해에만 3만 명 넘는 사람들

장 오귀스트 도미니크 앵그르, <안젤리카를 구하는 로제>, 1819~1839년, 캔버스에 유채, 47.6×39.4cm, 런던 내셔널갤러리

이 갑상샘암 진단을 받고 있으며, 특히 여성 환자의 비율이 높습니다(여성 암 1위, 남성 암 6위). 지난 30년 동안 갑상샘암 발생이 미국은 세 배 증가한 데 반해, 우리나라는 무려 서른 배나 증가했습니다. 바이러스가 전파하는 질병도 아닌데, 어째서 짧은 시간 동안 갑상샘암에 걸린 사람이 폭발적으로 증가한 걸까요?

이런 비정상적인 현상은 건강검진 보급과 관련이 있습니다. 우선 미국은 건강검진 자체가 워낙 비싸고, 의사를 만나기도 힘듭니다. 개인 병원이 고가의 초음파 검사 장비를 갖춰 놓고 있는 경우도 드뭅니다. 하지만 우리나라는 의료 서비스 접근성이 뛰어나 건강검진을 받는 사람들이 많고, 초음파 검사 비용이 저렴한 편입니다.

갑상샘암은 '착한 암'으로 불릴 만큼 예후가 좋습니다. 즉, 조기에 쉽게 발견할 수 있으며, 다른 암에 비해 진행 속도가 현저히 느리고, 전이도 적은 편이라 조기에 수술하면 쉽게 완치됩니다. 갑상샘암은 완치율(수술 후 5년 생존율)이 99퍼센트에 이릅니다.

황제를 매혹한 관능적인 그림

나체의 여인이 파도에 휩싸인 바위에 두 팔을 결박당한 채 위태롭게 서 있습니다. 그녀는 고개를 뒤로 젖힌 채 남자를 애원하듯이 바라보고 있습니다. 황금 갑옷을 입고 기다란 창을 든 남자는 날카로운 이빨을 드러내며 여인을 위협하는 용처럼 생긴 괴물과 맞서 싸우는 중입니다. 남자는 머리와 날개는 독수리요, 몸통은 사자인 전설 속 동물의 등에 올라타 있습니다.

얼핏 봐서는 그리스로마신화에 나오는 안드로메다 공주를 구하는 페르세우스 이야기 같습니다. 하지만 그림 속 이야기는 '오를란도'라는 인물의 무용담을 르네상스 시대에 이탈리아 시인 아리오스토Ludovico Ariosto, 1474~1533가 서사시로 완성한 〈광란의 오를란도〉 에피소드 중 하나입니다.

〈광란의 오를란도〉는 기독교와 이슬람교 사이의 전쟁을 배경으로 펼쳐지는 모험과 사랑 이야기입니다.

바위에 묶인 여자는 캐타이(Cathai : 중세 유럽인들은 중국을 '캐타이'라 불렀다)의 공주 안젤리카입니다. 안젤리카 공주는 모든 기사가 흠모할 만큼 미모가 빼어났습니다. 하루는 안젤리카 공주의 어머니가 자신이 바다 요정보다 더 아름답다고 거드름을 피우다가, 신의 노여움을 삽니다. 안젤리카 공주는 어머니를 대신해 바다 괴물 '오크(Orc)'의 제물이 되기로 하고, 해적들은 파도치는 바닷가 바위에 공주를 묶어 놓습니다. 마침 상상의 동물 히포그리프(Hippogriph)를 타고 날아가던 용맹한 기사 로제가 공주를 발견하고, 바다 괴물 오크를 무찌르고 공주를 구해냅니다.

앵그르Jean Auguste Dominique Ingres, 1780~1867의 대표작으로 알려진 〈안젤리카를 구하는 로제〉는 그가 서른아홉 살에 살롱전에 출품한 작품입니다. 당시는 프랑스 대혁명 이후로 나폴레옹이 몰락하고 왕정복고가 이루어진 시기였습니다.

황제였던 루이 18세Louis XVIII, 1755~1824는 역동적이고 환상적인 이 작품을 넋을 잃고 바라보다가 당시 최고가인 2000프랑을 주고 사들였습니다. 앵그르는 이미 스물한 살에 살롱전 최고 영예인 '로마상'을 수상한 유명한 화가였습니다. 하지만 생존한 작가의 작품을 프랑스 왕실이 사들이는 것은 매우 이례적인 파격이었다고 합니다.(앵그르는 동일한 내용으로 총 세 점의 그림을 그렸습니다. 세 점은 파리 루브르박물관, 런던 내셔널갤러리, 상파울루미술관에 전시돼 있습니다.)

성인 4~7퍼센트에서 나타나는 갑상샘결절

그림을 자세히 살펴볼까요. 여인의 희고 빛나는 피부와 부드러운 몸의 곡선은 매우 관능적입니다. 뒤로 젖힌 머리와 눈은 공포에 질려있다기보다는 에로틱하게 보입니다. 그런데 여인은 목이 심하게 부어 있고 턱 바로 아래는 돌출되어 있습니다. 정상이 아닙니다. 갑상샘결절이 의심됩니다.

우리 몸에는 신진대사 및 장기 기능을 조절하는 데 필요한 호르몬을 분비하는 기관이 있습니다. 이를 '내분비 기관'이라고 합니다. 갑상샘은 내분비 기관의 하나로, 갑상샘 호르몬을 생산하고 저장했다가 필요할 때마다 혈액으로 보내는 역할을 합니다. 갑상샘 호르몬은 심장·위장 운동, 체온 유지 등 체내의 거의 모든 대사 과정을 조절합니다. 갑상샘의 무게는 대략 15~20그램 정도입니다. 목 한가운데 볼록하게 튀어나온 물렁뼈 즉, 갑상연골 아래에 마치 나비가 양쪽 날개를 편 것과 같은 모양으로 있습니다. 갑상샘은 목 안쪽에 있기 때문에 겉으로 보이거나 만져지지 않지만, 병에 걸리면 만져질 수 있습니다.

갑상샘결절은 갑상샘에 혹이 생기는 질환입니다. 대부분 별다른 증상이 없습니다. 갑상샘 초음파에서 갑상샘결절이 발견되면, 세포 조직 검사를 시행해 암 여부를 진단합니다. 검사 결과가 양성으로 나오면 '단순 일반 결절'로, 혹이 크게 커지지 않는다면 걱정하지 않아도 됩니다. 조직 검사 결과가 악성으로 나오면 갑상샘암으로 수술을 고려해야 합니다. 일반적으로 갑상샘 결절의 약 5퍼센트 정도가 악성입니다.

갑상샘암은 모양이나 암세포의 종류에 따라 여러 가지로 나뉩니다. 대다수는 암세포 모양이 젖꼭지와 비슷한 유두암으로 예후가 좋습니다. 현재 의료 지침에 따르면 갑상샘결절의 크기가 0.5센티미터 미만이고, 갑상샘 내부에 위치하고, 림프절 전이가 없고, 가족력 등의 위험인자가 없다면 갑상샘 초음파로 정기적인 관찰만 해도 됩니다.

미국의 아이콘 〈아메리칸 고딕〉

〈아메리칸 고딕〉이라는 작품을 볼까요. 남편과 아내일 수도 있고, 아버지와 딸일 수도 있는 남녀가 서 있습니다. 남자는 삼지창 모양의 쇠스랑을 단단히 쥐고 정면을 바라보고 있습니다. 안경 너머로 정면을 응시하는 눈과 꾹 다문 입술에서 고집스러움이 묻어 납니다. 무언가를 경계하는 것처럼 보이기도 합니다. 여인은 옷매무새가 단정합니다. 그런데 깔끔하게 빗어 올린 머리 사이로, 머리칼 일부가 삐쭉 튀어나와 있습니다. 여인은 정면이 아니라 측면을 바라보고 있고, 다소 걱정스러운 표정입니다. 남녀 뒤에는 뾰족한 지붕과 그 아래 창문이 있는 집이 보입니다.

화가는 어떤 상황을 그린 걸까요? 〈아메리칸 고딕〉을 그린 그랜트 우드Grant Wood, 1891~1942는 1930년대 미국에서 유행한 지역주의(regionalism) 운동의 선구자입니다. 지역주의는 팽창하는 도시와 급격하게 발전하는 기술의 진보를 멀리하고, 미국 중서부 지역의 풍광과 생활에 초점을 맞춘 미국의 미술 운

그랜트 우드, 〈아메리칸 고딕〉, 1930년, 비버보드에 유채, 74×62cm, 시카고미술관

동입니다. 지역주의는 당시 유럽에서 유행하던 다다이즘, 초현실주의 같은 화풍을 배척하고 시골생활을 사실적으로 묘사했습니다. 지역주의가 미국에서 성공할 수 있었던 가장 큰 요인은 대공황이 미국 전역으로 확대됐기 때문입니다. 불황에 찌든 미국 사회에는 청교도적인 신념, 농촌과 가정을 중시하는 미국의 전통적인 가치를 재발견하자는 움직임이 일고 있었습니다. 이러한 정신이 미술에도 반영되어, 지역주의 화가들은 사실적이고 현실적인 미국 시골 마을의 일상을 캔버스에 재현했습니다. 〈아메리칸 고딕〉은 대공황 등 온갖 시련에도 굴하지 않은 미국인의 강인한 개척 정신을 상징합니다.

우드는 강하게 부인했지만 〈아메리칸 고딕〉은 미국 중서부 지방과 그곳의 보수적 가치를 은밀하게 비판하는 작품으로 해석되기도 합니다. 미국 시골 농가에 등장한 유럽 중세풍의 고딕 창문 장식은 다양한 문화가 뒤죽박죽 섞인 미국식 혼성 문화를 떠올리게 합니다. 〈아메리칸 고딕〉은 여전히 의미가 모호하지만, '미국의 얼굴'이라는 찬사를 받으며 영화, 광고 등 대중문화에서 많이 패러디되는 작품입니다.

살이 빠지고 안구가 돌출되는 갑상샘기능항진증

〈아메리칸 고딕〉을 의사의 시각에서 보면, 한 가지 인상적인 점이 발견됩니다. 그림 속 여인의 긴 목과 튀어나온 눈은 전형적인 갑상샘기능항진증 증상입니다. 갑상샘 호르몬은 체내 대사활동을 조절합니다. 예를 들면 갑상샘 호르몬이 많이 분비되는 사람은 음식을 많이 먹어도 금방 배가 고프고, 살이 빠집니다. 음식을 빨리 에너지로 소비하기 때문에, 몸에서는 항상 열이나 더위에 매우 민감해집니다. 자율신경 중 교감신경이 활성화돼 심장이 빨리 뛰고, 신경이 예민해지고, 성격이 급해지고, 손발이 떨리고, 설사를 자주 합니다. 갑상샘이 커지기 때문에 목이 부은 것처럼 보이고 안구가 돌출되어 외관상 변화도 나타날 수 있습니다. 이렇게 갑상샘 호르몬이 과다하게 분비되는 병을 '갑상샘기능항진증'이라고 합니다. 갑상샘기능항진증은 약물로 치료하며, 심하면 수술을 고려해야 합니다.

살이 찌고 눈썹이 빠지는 갑상샘기능저하증

검은 상복을 입은 여인이 등장하는 작자 미상의 그림을 한 편 보실까요. 화려한 장식의 가발을 착용한 것으로 보아 지위가 높은 여성 같습니다. 양쪽 볼은 홍조를 띠고 있지만, 여인의 표정에서는 어떤 감정도 읽히지 않습니다. 목에 두른 검은 레이스가 흰 피부를 더욱 두드러지게 합니다. 옷에 가려져 몸매가 확연히 드러나지는 않지만 꽤 통통한 편입니다. 자세히 보면 여인의 눈썹 바깥쪽이 매우 희미합니다. 이것을 '앤 왕비 사인(Queen Anne's sign)'이라고 합니다. 눈썹의 바깥쪽 3분의 1이 사라지거나 희미해지는 앤 왕비 사인은 갑상샘기능저하증이 있는 환자에게 흔히 나타나는 증상입니다. 실제로 이 초상화의 주인공이 갑상샘기능저하증을 앓았는지는 밝혀지지 않았습니다.

작자 미상, 〈덴마크에서 온 앤 왕비의 초상화〉, 1628~1644년경, 캔버스에 유채, 57.2×43.8cm, 런던 국립초상화미술관

초상화의 주인공은 영국 국왕 제임스 1세James I, 1566~1625의 아내 앤 왕비Anne of Denmark, 1574~1619입니다. 그녀는 덴마크 프레데르크 2세Frederick II, 1534~1588의 둘째 딸로, 정략결혼으로 영국에 시집왔습니다. 슬하에 3남 4녀를 두었지만, 대부분 요절했고 1남 1녀만이 살아남았습니다. 그녀의 아들이 나중에 크롬웰Oliver Cromwell, 1599~1658에게 폐위되는 불운의 왕 찰스 1세Charles I, 1600~1649입니다. 〈덴마크에서 온 앤 왕비의 초상화〉는 죽은 아들을 애도하며 그린 작품입니다.

갑상샘 기능이 저하되면 피부가 건조하고 거칠고 두꺼워집니다. 특히 눈 주위 피부가 푸석푸석하고 잘 붓습니다. 종종 양쪽 볼 부위가 상기된다는 소견도 나타납니다. 혈액 안에 카로틴 색소가 증가해 피부색이 황색을 띠는 경우도 있습니다. 갑상샘 호르몬은 성장에도 관여하는 호르몬으로, 갑상샘 호르몬이 부족해지면 손톱이 잘 부러지고 머리털이 부서지듯 끊어지고 숱이 적어집니다. 특히 특징적으로 눈썹 바깥쪽 3분의 1 부위가 잘 소실됩니다. 갑상샘기능저하증 환자의 전형적인 외모가 〈덴마크에서 온 앤 왕비의 초상화〉에 나타납니다.

갑상샘 호르몬이 지나치게 적게 분비되면 음식이 에너지로 잘 전환되지 않기 때문에 조금만 먹어도 살이 찌고, 변비가 생기고, 몸에 열이 없어 추위를 많이 느끼게 됩니다. 쉽게 피로해지고, 기억력이 감퇴하고, 집중이 잘 안 되며, 말과 행동이 느려지고, 손과 얼굴이 붓고 팔다리가 자주 저리고 쥐가 잘 납니다. 피부가 거칠어져 화장도 잘 안 받습니다.

갑상샘기능저하증의 치료는 매우 간단합니다. 호르몬이 부족한 만큼 꾸준히 갑상샘 호르몬을 보충해 주면 됩니다. 갑상샘 호르몬제는 부작용이 거의 없어 안전하게 복용할 수 있으며 약값도 저렴합니다. 하지만 고혈압, 당뇨병처럼 지속해서 약물을 복용해야 합니다.

병원에서 진단받는 병명 중 공포감이 가장 큰 것이 '암'입니다. 의사의 입에서 '암'이라는 단어가 나오는 순간 환자는 반쯤 얼이 빠진 표정이거나 눈물을 펑펑 쏟습니다. 암이 곧 죽음을 뜻한다고 여기기 때문입니다. 환자들의 암에 대한 공포는 의사들의 과잉진단과 함께 높은 갑상샘암 수술률로 이어집니다. 암을 치료하지 않으면 치명적이라고 알고 있는 사람들은 갑상샘암을 지켜보자는 의사의 소견을 불신합니다.

라틴어로 '나는 기쁠 것이다'라는 뜻의 '플라시보(placebo) 효과'는 긍정적인 기대와 믿음이 가짜 약에 약효를 불어넣는 것을 말합니다. 라틴어로 '나는 해를 입을 것이다'라는 뜻의 '노시보(nocebo) 효과'는 약의 부작용에 대해 지나치게 걱정하면 아무 문제가 없는 약을 줘도 실제로 부작용을 경험하는 것을 말합니다. 때로는 사람의 마음이 병을 키우거나 낫게도 합니다.

와인의 두 얼굴

간염에 걸린 바쿠스?

미술과 와인은 공통점이 참 많습니다. 알고 즐길 때와 모르고 즐길 때, 그 간극이 매우 크다는 점이지요. 작가와 작품, 작품이 탄생한 시대에 대한 지식이 있으면 그림이 품고 있는 의미를 더욱 명쾌하고 다양하게 해석할 수 있듯이 와인 역시 지역, 품종, 숙성 정도 등을 알고 마시면 더 맛있습니다. 그래서 미술과 와인을 제대로 즐기려면 공부가 필요합니다.

필자는 '와인'하면 떠오르는 명화가 몇 가지 있습니다. 〈병든 바쿠스〉는 바로크 시대를 대표하는 화가 카라바조Michelangelo da Caravaggio, 1573~1610의 작품입니다. 카라바조는 빛과 어둠이 극단적으로 대비되는 그림을 그렸습니다. 이러한 카라바조의 화풍은 렘브란트Rembrandt van Rijn, 1606~1669, 벨라스케스Diego Velazquez, 1599~1660 같은 많은 후대 화가들에게 영향을 미쳤습니다. 그는 종교와 신화

| 카라바조, 〈병든 바쿠스〉, 1593년경, 캔버스에 유채, 67cm×53cm, 로마 보르게세미술관

등을 이상화하지 않고 사실대로 그려 당시 교회로부터 많은 비난을 받기도 했습니다.

'바쿠스'(그리스신화에서는 '디오니소스')는 로마신화에서 '술의 신', 즉 '포도주의 신'입니다. 카라바조는 바쿠스라는 신을 병에 걸린 인간적인 모습으로 묘사했습니다. 그림 속 바쿠스는 창백한 얼굴에 입술은 허옇게 떠 있습니다. 초라하게도 탁자에는 과일 몇 개만 놓여있습니다. 내과의사인 제 눈에 특별히 포착된 증상이 있습니다. 노란빛을 띠는 바쿠스의 흰자위입니다. 간염에 걸린 환자에게 볼 수 있는 황달 증상입니다.

황달은 체내에 빌리루빈이 너무 많을 때 생깁니다. 빌리루빈은 죽은 적혈구를 간에서 분해할 때 생성되는 노란색 색소입니다. 보통 건강할 때는 간이 빌리루빈과 죽은 적혈구를 함께 제거합니다. 하지만 간염과 같이 간에 병이 있을 때는 빌리루빈이 제거되지 않아 황달이 발생합니다.

그림 속 병든 바쿠스의 얼굴은 카라바조 자신의 얼굴입니다. 〈병든 바쿠스〉는 카라바조가 돈도, 든든한 후원자도 없던 시절에 그린 작품입니다. 그는 싸구려 그림을 그리는 화가 밑에서 제단화나 정물화를 그려주고 끼니를 해결했습니다. 이때 카라바조는 음식을 제대로 먹지도 못하고 술로 끼니를 이어가다가 한참 동안 병을 앓았다고 합니다. 아마도 급성 알코올 중독으로 인한 간염이었을 것입니다.

바쿠스의 눈은 황달기가 있지만, 눈빛만은 초롱초롱합니다. 바쿠스의 눈빛에서 '비록 지금은 힘들고 어렵지만 나는 곧 대가가 될 수 있다'는 화가의 자신감이 읽힙니다. 술의 신이자 '풍요'를 상징하는 바쿠스의 얼굴에 자신의 얼굴을 그렸다는 점에서 앞으로 찾아올 풍요로움에 대한 카라바조의 기대감을 엿볼 수 있기도 합니다.

와인의 부작용 '레드와인 두통'

카라바조는 이후에도 바쿠스를 그립니다. 그가 1595년경 그린 바쿠스는 건강한 모습입니다. 머리에는 포도 넝쿨을 두르고 있고, 빰은 술에 취해 붉게 상기돼 있고, 눈빛은 초점이 없습니다. 불그스름한 입술은 관능적이며, 드러낸 한쪽 어깨는 근육질입니다.

커다란 잔에 담긴 와인이 동심원을 그리며 퍼져 나가는 모습에서, 술잔을 든 손의 미세한 떨림이 전해집니다. 술잔을 든 왼손을 자세히 보면 손톱이 때가 낀 것처럼 검습니다. 범접할 수 없는 신이라기보다는 술에 취한 건강한 젊은 남성의 모습으로 세속적이고 그만큼 인간적으로 바쿠스를 표현했습니다.

그림 속 탁자에는 사과, 포도, 석류 등이 담긴 과일 바구니가 놓여 있습니다. 그런데 과일이 검게 썩어 있습니다. 썩은 과일 그림은 당시로써는 획기적인 표현이었습니다. 서양 미술에서 사과는 선악과를 상징합니다. 카라바조는 사과를 썩은 과일로 묘사하면서 사과의 종교적 의미를 무시하고 있습니다. 로마 가톨릭의 지배를 받던 당시 사회에서 이 작품은 큰 비난을 받았습니다. 대담하고 타협을 모르는 카라바조의 성품이 잘 드러난 작품입니다.

와인에 취하면 얼굴에 홍조가 생기고 눈빛이 흐려지는 게 다가 아닙니다. 심장병, 고혈압, 치매를 예방하고 항암 효과까지 있다고 알려진 와인을 잘못 섭취하면 오히려 건강이 나빠질 수 있습니다. 와인의 긍정적인 효과들은 몸이 건강하다는 전제하에 적용됩니다. 그리고 와인은 다른 술보다 숙취가 많은 편입니다. '레드와인 두통'은 와인의 대표적인 부작용입니다. 아주 소량이라도 레드와인만 마시면 15분 이내에 머리가 깨질 듯한 두통이 나타

카라바조, <바쿠스>, 1595년경, 캔버스에 유채, 95cm×85cm, 피렌체 우피치미술관

나는 증상을 레드와인 두통이라고 합니다. 아마도 와인에 포함된 아황산염이나 타닌에 의한 증상으로 생각됩니다. 타닌은 포도 껍질, 씨, 줄기에서 자연적으로 생겨나는 화합물로, 와인에서 천연 방부제 역할을 합니다. 그런데 타닌은 신경전달 물질인 세로토닌을 과다 분비하게 해 편두통을 일으키기도 합니다.

왜 술을 마시면 화장실에 자주 갈까?

이번에는 분위기가 전혀 다른 바쿠스 그림 한 편을 소개합니다. 이탈리아 화가 귀도 레니Guido Reni, 1575~1642가 그린 〈술 마시는 바쿠스〉입니다. 필자는 이 그림을 처음 보았을 때 한참을 유쾌하게 웃었습니다. 통통하고 배 나온 어린아이 모습의 바쿠스가 와인통 옆에 당당하게 기대어 앉아 와인을 벌컥벌컥 마시며, 다른 한 편으로는 오줌을 싸고 있습니다. 어렸을 때 아버지 몰래 집에 있는 술을 한 모금 마시고 취해 고생했던 일을 떠올리게 하는 그림입니다.

귀도 레니, 〈술 마시는 바쿠스〉 1623년경, 캔버스에 유채, 72×56cm, 드렌스덴 고전거장미술관

그런데 왜 술을 마시면 화장실

출입이 잦아질까요? 이유는 뇌 한가운데 있는 시상하부에서 분비되는 항이뇨 호르몬의 작용 때문입니다. 항이뇨 호르몬은 콩팥에서 소변으로 배설되는 물을 체내로 다시 흡수해 소변량을 줄여 우리 몸의 수분이 부족하지 않게 조절합니다. 그런데 알코올이나 카페인은 항이뇨 호르몬의 분비를 억제합니다. 그래서 알코올 도수가 높은 술이라면 많이 마시지 않아도 소변이 많이 나오게 되는 겁니다. 커피도 마찬가지입니다. 반대로 니코틴은 항이뇨 호르몬의 분비를 증가시킵니다. 술과 커피를 마실 때 유독 담배 생각이 간절해지는 것도 항이뇨 호르몬의 작용으로 설명할 수 있습니다.

한 가지 더 기억해야 할 점은 항이뇨 호르몬이 우리의 기억에도 관여하는 호르몬이라는 점입니다. 술을 많이 마시면 소위 필름이 끊기는 '블랙아웃' 현상을 경험하는 사람들이 있는데, 블랙아웃 현상도 항이뇨 호르몬과 상당 부분 관계가 있습니다.

몸에 좋다는 와인, 얼마나 마셔야 할까요?

진료실을 찾는 환자들 가운데 와인을 매일 마셔야 하는지, 마신다면 하루에 얼마나 마셔야 하는지 묻는 분들이 있습니다. 알코올성 간 질환으로 간염이나 간경변증을 앓고 있는 환자들이 이렇게 물어올 땐 참 난감합니다.

하루에 마시는 와인의 적정량은 유전적 요인이나 성별, 나이, 질병 유무 등에 따라 달라집니다. 일반적으로 건강한 성인 남성의 경우 하루 두 잔 정도인 300밀리리터가 적당합니다. 여성은 보통 성인 남성의 절반 정도인 100~150밀리리터 정도, 노인은 젊은 사람의 절반 정도로 마시는 것이 좋습니다.

시가와 와인을 즐긴 윈스턴 처칠.

와인 속 건강에 이로운 성분은 건강기능식품 등 여러 가지 식품을 통해 섭취할 수 있습니다. 간 기능이 떨어져 있거나 술을 못 마시는 사람이 억지로 와인을 마시면, 오히려 간을 비롯한 장기에 부담을 줄 수 있습니다.

제2차 세계대전을 승리로 이끈 영국의 지도자 윈스턴 처칠Winston Churchill, 1874~1965을 상징하는 물건이 두 가지 있습니다. 하나가 불도그 같은 표정으로 입에 물고 있던 시가와 하루도 빠지지 않고 그의 곁을 지킨 폴 로저 와인입니다. 처칠은 전쟁터에도 폴 로저 와인을 가지고 다녔으며, 아끼는 경주마 이름도 '폴 로저'라고 지을 정도로 애주가였습니다.

말년에 건강이 안 좋아진 처칠에게 사람들이 와인을 그만 마시라고 하자 그는 이렇게 말했다고 합니다. "알코올이 나에게서 가져간 것보다 더 많은 것을 알코올로부터 얻었다."

시가 같은 독한 담배와 와인을 매일 즐겼던 처칠이 아흔한 살까지 살았다는 사실은 내과의사로서 적잖이 충격적입니다. 그의 삶이 특별했듯이, 그의 건강도 특별 케이스로 봐야겠지요. 분명한 사실은 평범한 사람들은 과음으로는 얻는 것보다 잃는 것이 더 많습니다.

오리엔탈리즘, 그리고 관능적이고 신비롭게 포장된 자살

클레오파트라는 정말 미인이었을까?

"클레오파트라의 코가 조금만 낮았더라면 세계의 역사는 변했을 것이다." 프랑스의 수학자이자 철학자 블레즈 파스칼Blaise Pascal, 1623~1662의 저서 『팡세』에 나오는 유명한 구절입니다. 하지만 원문을 충실히 번역하면 "클레오파트라의 코가 조금만 더 짧았더라면 세계의 얼굴이 변했을 것이다"라고 합니다.

어찌 되었든 파스칼의 말에는 두 가지 의미가 담겨 있습니다. 이집트의 여왕 클레오파트라Cleopatra VII, B.C. 69~30는 고대 로마의 두 영웅 카이사르Gaius Julius Caesar, B.C. 100~44와 안토니우스Marcus Antonius, B.C. 83.~30를 유혹한 세기의 팜므파탈입니다. 만일 두 영웅이 클레오파트라에게 빠지지 않았다면, 안토니우스와 옥타비아누스Octavianus Gaius Julius caesar, B.C. 63~14가 악티움에서 해전을 벌이지 않았을

귀도 레니, 〈클레오파트라의 죽음〉, 1621~1626년, 캔버스에 유채, 110×94cm, 마드리드 프라도미술관

클레오파트라의 외모를 추정해볼 수 있는 동전 (대영박물관 소장).

것입니다. 그랬다면 옥타비아누스가 안토니우스를 쓰러트리고 로마의 대권을 장악할 수 없었을 테니, 로마가 공화국 체제를 좀 더 오래 유지했을지 모릅니다. 파스칼의 말에 담긴 첫 번째 의미는 클레오파트라는 인물이 없었다면 세계의 역사는 지금과 다른 모습이지 않았을까 하는 가정입니다. 그리고 다른 하나는 역사를 움직일 만큼 치명적이었던 클레오파트라의 미모에 대한 찬사로 볼 수 있습니다.

클레오파트라는 동양의 양귀비와 쌍벽을 이루는 서양의 대표적 미인으로 알려져 있습니다. 그녀는 로마의 카이사르와 안토니우스의 사랑을 한몸에 받았으며, 두 영웅을 뒤에서 조종하며 격동기 이집트 왕국을 능수능란하게 이끌어간 여왕입니다. 하지만 실제 그녀의 얼굴이 정확히 어떻게 생겼는지 확인할 방법은 거의 없습니다. 클레오파트라는 기원전 인물로 그녀의 얼굴이 정확하게 묘사된 초상화나 조각이 없기 때문입니다. 그녀의 외모를 짐작할 수 있는 유물이라곤 그녀의 옆얼굴이 새겨진 찌그러진 동전이 전부입니다. 이 동전을 바탕으로 추정해본 클레오파트라의 얼굴은 매부리코에 목이 굵은 다소 남성적인 인상입니다.

클레오파트라가 절세미인이라는 찬사에 고개를 갸웃하게 하는 또 한가지 근거는, 프톨레마이오스 왕조의 근친혼 관습입니다. 프톨레마이오스 왕조는 후대의 중세 유럽왕조가 그랬던 것처럼 혈통의 순수성을 유지하기 위해 매우 극단적인 방법으로 근친혼을 했습니다. 실제로 클레오파트라 아버지 프톨레마이오스 12세는 여동생과 결혼해서 클레오파트라를 낳았습니다. 아버지가 죽은 뒤 클레오파트라도 프톨레마이오스 왕조의 관습대로 남동생 프톨레마이오스 13세와 결혼해서 공동 왕에 오릅니다. 근친혼을 통해 낳은 자손들은 균형적인 아름다움보다는 예를 들면 매부리코나 사각턱 등 특정한 특징이 누적돼 후대로 갈수록 이러한 특징이 극대화되어 나타납니다(203쪽 근교약세 참조).

로마의 두 영웅을 유혹한 '나일의 마녀'

역사는 늘 그러하듯이 철저히 승자의 기록입니다. 사실 클레오파트라가 절세미인이었다는 이야기는 옥타비아누스와의 대결에서 패한 안토니우스와 클레오파트라에 대한 모략에 가까운 평가를 뒷받침하기 위한 역사적 허구일 가능성이 매우 높습니다. 옥타비아누스는 로마제국의 통치권을 장악하고 드디어 로마공화국의 초대 황제 아우구스투스가 됩니다. 왕위에 오른 그는 자신의 정통성을 확보하기 위해서 클레오파트라를 로마 통치자를 홀린 '악녀'로 만들 수밖에 없었습니다. 그 과정에서 그녀의 뛰어난 지도력과 정치력을 감추기 위해서 미모가 두드러지고 과장되었습니다.

클레오파트라는 당시 세계 최대 규모의 도서관인 알렉산드리아 왕실도서관의 모든 책을 읽었을 만큼 누구도 따라올 수 없는 지식과 천부적인 언어구사력이 있었다고 합니다. 그럼에도 클레오파트라를 팜므파탈로 강조해 묘사한 이면에는 이집트라는 동방에 대한 서구세력의 우월감 즉, 서구의 오리엔탈리즘(orientalism)적인 세계관이 자리합니다.

옥타비아누스는 안토니우스가 알렉산드리아에서 매일 클레오파트라와 축제를 열며 방탕한 생활을 한다고 원로원을 설득해 결국 이집트 정벌에 나서게 됩니다. 이 전쟁이 바로 악티움 해전이지요. 클레오파트라와 안토니우스 연합군은 옥타비아누스와의 피비린내 나는 전쟁에서 악티움 해를 붉게 물들일 정도로 치열하게 싸웠지만, 결국에는 패배합니다. 안토니우스는 자살로 생을 마감했습니다. 클레오파트라 역시 포로 신분으로 로마에 끌려갈 운명에 처하자 독사에 물려 자살했다는 것이 일반적으로 알려진 두 사람의 마지막 모습입니다. 하지만 클레오파트라의 죽음에 관한 상반된 이야기가 몇 가지 있습니다. 명화를 통해 그녀의 죽음을 파헤쳐보겠습니다.

독사에게 가슴을 내맡긴 클레오파트라

귀도 레니Guido Reni, 1575~1642가 그린 〈클레오파트라의 죽음〉(233쪽)을 보실까요. 아름다운 여인이 상체를 반쯤 드러내고 허공을 무심히 바라보고 있습니다. 그녀의 큰 눈망울에는 삶의 허무함이 보이고, 반쯤 다문 입술에서는 비장함마저 느껴집니다. 반쯤 열린 가슴 위로 섬뜩하게 독사 한 마리가 똬리를 틀고 있습니다. 의도한 상황인지 그녀는 한 손으로 살포시 독사를 잡고 있습니다. 이 그림을 그린 귀도 레니는 바로크 시대를 대표하는 화가로 종교화를 주로 그렸습니다. 특히 종교적 주제 중에서도 순교의 순간 즉, 죽음의 순간을 창백한 우아함으로 그려냈습니다. 조용하고 진지한 분위기 속에서, 주인공의 시선을 캔버스 바깥 어딘가를 향하게 해 보는 이들의 마음을 울리는 구도를 즐겨 사용했습니다. 귀도 레니 작품 속 클레오파트라는 파란만장한 일생을 조용히 마감하는 중입니다.

클레오파트라는 남편인 안토니우스와 아들 카사리온(카이사르와 사이에 낳은 아들)이 옥타비아누스에게 잡혀 죽은 후 실의에 빠졌습니다. 그리고 먹을 것을 거부했습니다. 옥타비아누스는 클레오파트라가 자살할까 봐 노심초사했을 것입니다. 그녀는 가장 값진 전리품이었으니까요. 클레오파트라는 궁전에 연금되어 있었지만, 아직은 시중을 받을 수 있는 상황이었습니다. 그녀의 시녀들은 외부와 자유로이 왕래할 수 있었습니다. 아마도 자살을 결심한 여왕은 계획적으로 시녀를 통해 과일 바구니에 독사를 넣어 궁전에 반입했을 것입니다. 그녀는 독사의 독이 빠르고 고통 없이 죽게 할 수 있다는 것을 알았을 것입니다. 클레오파트라가 독사에 가슴을 물려 죽었다는 설과 함께 독사의 독을 넣은 머리핀을 몰래 들여와 머리핀으로 몸을 찌르고 죽었다는 설도 있습니다.

신경과 조직을 파괴하는 치명적인 뱀독

독사의 독은 무척 강합니다. 일반적으로 뱀독은 효소 작용을 하는 일종의 단백질로 구성되어 있습니다. 신경 조직을 파괴하거나 혈액 응고를 막아 결국에는 사망에 이르게 할 정도로 치명적입니다. 뱀독 중에 가장 맹독하다고 알려진 코브라 독은 신경 말단에서 아세틸콜린 작용을 차단해 신경 마비, 근육 마비에 이어 바로 호흡 마비를 일으켜 사망에 이르게 합니다. 살모사 독도 독성이 매우 강합니다. 살모사에 물리면 포스포라이파제 A2가 혈류를 타고 돌면서 적혈구막을 파괴해 용혈작용(적혈구에서 헤모글로빈이 외부로 유출)이 일어납니다. 이렇게 되면 결국 조직과 장기에 산소 공급이 원활히 이루어지지 않아 사망에 이르게 됩니다.
일단 뱀에 물리면 먼저 119에 신고하고, 물이 있다면 상처 부위를 헹구는 것이 중요합니다. 물린 곳에서 5~10센티미터정도 심장에서 가까운 쪽을 새끼손가락 한 개가 들어갈 정도로 묶어, 독이 더 퍼지지 않게 조치하는 것도 도움이 됩니다. 그리고 뱀의 생김새를 기억하는 것도 중요합니다. 해당 종류의 뱀을 빨리 파악하면 이에 맞는 치료혈청을 선정하는 데 도움이 되기 때문입니다.
뱀에 물린 곳에 된장을 바르거나 소주로 소독하는 것은 도움이 되지 않습니다. 영화나 드라마에 나온 것처럼 뱀독을 입으로 빨아서 내뱉는 것은 매우 위험한 조치입니다. 대부분 사람은 입안에 충치가 있거나 상처가 있기 때문입니다. 그리고 뱀독을 입으로 빨다가 독을 삼키면 바로 사망합니다.

대중의 기대에 따라 독사에 물린 부위와 사인도 바뀌었다!

옥타비아누스는 안토니우스에 이어 클레오파트라마저 자살한 것을 알고 매우 격분했다고 합니다. 당시 로마사람들은 클레오파트라의 사인을 독사에 의한 자살로 잠정 짓고, 그녀를 전리품으로 끌고 가는 대신에 그녀의 초상화를 그려서 로마로 가져갔다고 합니다.
그녀가 독사에 가슴을 물려 죽었다는 것은 전해지는 이야기일 뿐, 어느 부위를 어떻게 물려 죽었는지 정확하지 않습니다. 가슴에는 뱀 이빨 자국 같은 것은 없었으며, 팔에 의심되는 부위가 있었다는 전혀 다른 시각의 기록

레지날드 아서, 〈클레오파트라의 죽음〉, 1892년, 캔버스에 유채, 121.3×103.2cm, 런던 로이마일스미술관

도 있습니다. 아마도 클레오파트라에 대해 로마 시민들이 품고 있던 에로틱하고 관능적인 매력을 극대화하기 위해 독사에 물린 부위가 팔에서 가슴으로 바뀐 것이 아닐까 추측해 볼 뿐입니다.

레지날드 아서Reginald Arthur, 1871~1934가 그린 〈클레오파트라의 죽음〉 속 클레오파트라는 뱀에 손과 가슴을 물렸고, 또 다른 여인이 괴로워하며 그녀의 발밑에 쓰러져 있습니다. 그런데 허공에는 연기가 자욱합니다. 아마도 가스가 유출되고 있는 것으로 보입니다. 지금까지 클레오파트라는 독사에 물려 스스로 목숨을 끊었다고 알려졌습니다. 이는 클레오파트라의 파란만장한 삶 속에서 가장 신비롭게 여겨지는 순간입니다.

독사에 의한 자살설은 고대 로마 역사가인 플루타르코스Plutarchos, 46~120가 『플루타르코스 영웅전』에 묘사한 "무화과 바구니를 든 농부가 클레오파트라 여왕을 방문한 직후 갑작스럽게 죽었다"라는 기록에서부터 시작됩니다. 윌리엄 셰익스피어William Shakespeare, 1564~1616의 희곡 「안토니오와 클레오파트라」 마지막에도 클레오파트라가 독사 두 마리에 물려 죽는 장면이 나옵니다. 이때 한 마리는 가슴을, 또 다른 한 마리는 팔을 물었습니다. 「안토니오와 클레오파트라」는 독사에 물려 자살했다는 설이 기정사실이 되는 데 큰 역할을 합니다. 하지만 클레오파트라가 죽은 현장에 시녀 두 명도 함께 죽어 있었다고 기록되어 있습니다. 그렇다면 시녀들 또한 독사에 물려 죽었다는 말인데, 이는 있을 수 없는 일입니다. 독사의 독은 보통 처음 물었을 때 물린 대상을 죽일 만큼 독성이 강하지만, 두 번째 이후로는 독성이 거의 없어진다고 알려져 있습니다. 따라서 같은 장소에서 뱀에 의한 추가적인 죽음은 불가능하다고 추론할 수 있습니다.

그럼 여기에서 새로운 가설이 나옵니다. 바로 연기에 의한 질식사입니다. 흔히 말하는 연탄가스에 의한 중독 즉, 일산화탄소 중독으로 인한 사망입니다. 클레오파트라의 죽음을 묘사한 글에서 여왕은 침대 위에, 한 시녀는 그 발밑에 또 한 시녀는 방문을 향해 쓰러져 죽어 있었다고 기록되어 있습니다. 이는 정확히 일산화탄소에 중독됐을 때 흔히 발견되는 모습입니다. 방 안에서 여러 명이 연탄가스 중독으로 사망하는 경우를 보면, 얌전히 누워 생을 마감하는 경우도 있고 무의식중에 살려고 문을 향해 움직이다가 죽은 사람도 있어 망자의 자세는 제각각입니다. 클레오파트라를 포함해 동시에 세 명이 죽었다는 정황으로 미루어 볼 때, 독사에 의한 죽음보다는 일산화탄소를 이용한 자살 가능성에 무게를 둘 수 있습니다.

고통 없이 편안한 죽음을 위한 잔혹한 생체실험

최근 역사학자들은 클레오파트라의 매력은 아름다운 미모뿐만이 아니었다고 봅니다. 그녀는 그리스식 교육을 받아 문학을 비롯해 역사, 수사학, 천문학, 의학 등 방대한 분야의 지식을 습득한 당대 최고의 엘리트였습니다.

당시 이집트는 최고 강국인 로마와의 충돌을 피하면서 우호적 관계를 유지하기 위해서 탁월한 외교력이 절실했을 것입니다. 여기에 딱 맞는 적임자가 바로 클레오파트라였습니다. 클레오파트라가 카이사르와 안토니우스에게 차례로 접근해 그들에게 신뢰와 사랑을 받게 된 것도 '여성'이라는 점을 무기로 활용한 정치술의 결과라고 보는 것이 최근 역사학자들의 관점입니다.

알렉상드르 카바넬Alexandre Cabanel, 1823~1889이 그린 〈사형수들에게 독약을 시험하는 클레오파트라〉를 볼까요. 그림 왼쪽을 보면 간수 두 명이 죽어서 사지가 축 늘어진 남성을 옮기고 있습니다. 그리고 또 다른 남성은 고통으로 아래 아랫배를 움켜쥐고 신음합니다. 몸이 서서히 잿빛으로 변해가는 것으로

알렉상드르 카바넬, 〈사형수들에게 독약을 시험하는 클레오파트라〉, 1887년, 캔버스에 유채, 87.6×148cm, 앤트워프왕립미술관

보아 독약에 의해 죽어가고 있는 듯 보입니다. 동양풍의 옷을 입고 이를 무심한 눈길로 바라보는 여인이 바로 클레오파트라입니다.
그림의 제목 그대로 클레오파트라는 사형수들을 통해서 고통 없이 죽는 방법을 시험하고 있습니다. 고대 파피루스에 쓰인 문헌에 따르면 클레오파트라는 독약에 대해 잘 알고 있었다고 합니다. 클레오파트라는 사형수를 죽일 때 교수형이나 참수형으로 죽이지 않고 동식물의 독약을 투여해 어떤 독약이 고통 없이 죽는지를 관찰해 기록했습니다. 이 자료는 결국 그녀 스스로 목숨을 끊는 데도 활용되었겠지요.

클레오파트라의 이미지는 오리엔탈리즘의 허상

몇 년 전에 독일 트리어대학의 고대사학자 크리스토프 섀퍼 교수는 클레오파트라가 독사에 물리는 방법으로 자살했다는 일반적인 이야기에 논리적인 분석으로 반론을 제기했습니다. 그는 뱀독이 치명적이기는 하지만 그리 빨리 죽음에 이르게 하지 않는다고 지적했습니다. 그리고 독사에 물릴 경우 신경독성 때문에 눈을 포함해 여러 부분이 마비되는 증상이 있어야 하는데, 클레오파트라가 특별한 고통이나 상처 없이 평소 모습 그대로 죽었다는 기록과도 부합하지 않다는 것이 섀퍼 교수의 주장이었습니다.
섀퍼 교수는 클레오파트라가 독당근으로 알려진 헴록(hemlock)에 아편을 섞어 사용했을 것으로 추정합니다. 헴록은 독성이 매우 강한 맹독성 식물로 중추신경과 운동신경을 마비시키고 호흡을 멈추게 해 비교적 빠르게 사람이나 동물을 죽게 합니다. 그리스 철학자 소크라테스Socrates, B.C. 407~309도 이 식물의 즙을 마시고 죽었다고 전해집니다. 클레오파트라가 헴록에 강력한 진통작용이 있는 모르핀(morphine)을 함께 사용해, 강한 진정 및 진통 작용으로 조용히 숨을 거둘 수 있었다는 것이 섀퍼 교수가 주장하는 가설입니다. 지금 식으로 말하면 '독약 칵테일'을 만들어 자살에 이용한 것이지요.

에드워드 사이드

'오리엔탈리즘'이란 본래 유럽의 문화와 예술에서 드러나는 동양적인 취미 등을 이르는 말이었습니다. 주로 귀족이나 부르주아 계층에서 크게 유행했습니다. 이슬람 문화권에서 전파된 아라베스크 문양 등을 오리엔탈리즘의 대표적인 예로 들 수 있습니다. 하지만 1978년 팔레스타인 출신 문학이론가 에드워드 사이드Edward W. Said, 1935~2003가 집필한 저서 『오리엔탈리즘』이 발간되면서부터 오리엔탈리즘이라는 단어는 제국주의적 지배와 침략을 정당화하는 과정에서 서구 사회가 동양에 대해 갖게 된 왜곡된 인식과 태도 등을 가리키는 말로 변화합니다. 오리엔탈리즘 안에서 '서양=우월하고 좋은 것' '동양=열등하고 부족한 것'이라는 비약이 성립합니다. 서구 문화가 합리적인 것을 대변한다면, 동양 문화는 늘 신비와 환상, 무지로부터 비롯된 비과학적 신앙 등을 상징했습니다.

우리가 가지고 있는 클레오파트라에 대한 이미지는 역사의 패자, 여성, 동양이라는 약자의 프레임 안에서 해석된 결과일지 모릅니다. 독사에 의한 자살설, 일산화탄소 중독설, 독약 칵테일설까지 모두 가설일 뿐입니다. 클레오파트라에 대한 역사적 평가가 다시 이루어지고 있으니, 정확한 사인도 언젠가는 밝혀질 날이 오겠지요.

신체적 조건으로 우월함을 따지는 세상이 만든 장애, 왜소증

손발이 굽는 선천적 장애, 내반족

한 소년이 남루한 옷을 입고 관람자를 바라보며 이를 드러낸 채 환하게 웃고 있습니다. 치아 사이가 벌어져 있고 양쪽 눈썹이 거의 붙어있습니다. 그러나 무엇에도 구애받지 않고 당당하게 웃는 소년의 표정은 보는 이를 유쾌하게 만드는 묘한 매력이 있습니다. 그런데 소년은 키가 매우 작고, 머리 크기에 비해 팔다리가 짧은 등 신체 비율도 일반적이지 않습니다. 소년은 왼손에 무언가 적혀져 있는 종이를 쥐고 있고, 어깨에 기다란 목발을 둘러매고 있습니다. 여기저기 헤진 낡은 옷은 소년의 몸집보다 훨씬 큽니다. 게다가 소년의 발은 맨발입니다. 소년을 좀 더 자세히 살펴보니 오른손은 굽어 있고, 왼발은 상당히 부어 있습니다.

초라한 행색의 소년은 아마도 떠돌아다니며 구걸해서 겨우겨우 살아가는

주세페 데 리베라, 〈안짱다리 소년〉, 1642년, 캔버스에 유채, 164×94cm, 파리 루브르박물관

것 같습니다. 소년이 가지고 있는 종이에는 라틴어로 "하나님의 사랑으로 저에게 자선을 베풀어 주세요"라고 쓰여 있습니다. 이 쪽지는 구걸 허가서입니다. 당시 나폴리에서는 구걸 허가서가 있어야만 남에게 돈이나 곡식을 구걸할 수 있었습니다.

이 작품의 제목은 〈안짱다리 소년〉입니다. 하지만 의사의 눈으로 봤을 때 의학적으로 틀린 제목입니다. 소년은 안짱다리가 아닌 선천적인 기형으로 발이 굽는 내반족(또는 만곡족) 환자입니다. 흔히 안짱다리라고 하는 O자 다리는 대부분 성장하면서 다리 모양이 저절로 교정됩니다. 안짱다리는 치료가 필요 없으며, 질병이 아닙니다. 하지만 내반족은 확실한 질병입니다.

'곤봉발'이라고도 불리는 내반족은 다른 선천성 질환보다는 비교적 흔하게 나타나는 질환입니다. 대략 신생아 1000명중에 1~2명꼴로 발생합니다. 내반족 발생아동 중에 대략 절반은 두 발에 모두 장애가 나타납니다. 이런 경우는 대칭적인 내반족이라고 합니다. 다행히 그림 속 소년은 내반족이 비대칭인 경우로, 왼발에만 내반족이 있습니다. 내반족 기형이 있는 경우에는 그림처럼 팔에도 기형이 흔하게 발생하며, 보통 남자가 여자보다 두 배 정도 많이 발생합니다.

보통 신생아들은 통상적으로 생후 5개월에는 뒤집거나 기어 다니고, 7~8개월이면 설 수 있고, 9~10개월이면 걸을 수 있습니다. 이러한 신체 발달 과정에 적응할 수 있도록 발에 기형이 있다면 교정을 서둘러야 합니다. 선천성 내반족은 출생 당일부터 정확한 교정 치료를 해야 합니다. 잘 치료를 해도 성장 후에 다리가 변형되어 2차 수술이 필요할 정도로 심각한 질환이기 때문입니다.

스페인에서 태어난 주세페 데 리베라 Jusepe de Ribera, 1591~1652는 당시 스페인의 통치를 받고 있던 지금의 이탈리아 나폴리에서 많은 그림을 그렸고, 나폴리 지역에서 유명한 화가였습니다. 귀족들의 초상화나 장식적인 그림을 주로 그리던 시대에, 리베라는 이렇게 나폴리의 가난하고 소외받는 사람들을 사실적으로 그려냈습니다. 작품에 담긴 그의 인간애는 스페인 바로크 시대에 새로운 방향을 제시했습니다.

이 작품은 리베라가 전성기에 그린 것입니다. 왜소증과 손발에 선천적인 장애를 가지고도 스스로 생계를 꾸려 나가는 소년을 밝고 당당하게 표현하고 있습니다. 소년의 밝은 미소는 그의 처지를 걱정하는 관객에게 "그런 눈빛으로 볼 필요 없어요. 난 괜찮은 걸요"라고 이야기하는 것 같습니다.

『걸리버 여행기』 속 소인국 이름에서 유래한 왜소증

〈개와 함께 있는 그랑벨 주교의 난쟁이〉에는 〈안짱다리 소년〉 그림 속 소년과 같은 왜소증 장애인이 등장합니다. 소년 혹은 사내는 몸에 맞지 않고 어딘가 어울리지 않는 장식적인 옷을 입고 있습니다. 그는 화려한 의상과는 대조적이게 웃음기 하나 없는 차가운 인상으로 냉정하게 앞을 주시하고 있습니다. 바로 옆에는 몸집이 매우 크고 우람한 개가 다른 곳을 응시하고 있습니다. 이 개는 마스티프 종입니다. 마스티프 종은 2000년 전부터 영국에서 전투와 사냥용으로 사육될 정도로 전통이 오래된 견종입니다. 보통 이런 투견은 다른 개나 다른 사람과는 쉽게 친해지기 어려우나, 주인에게는 매우 온순하고 헌신적이라고 합니다. 하지만 그림 속 남자가 개의 주인은 아닌 것 같습니다.

안토니스 모르, 〈개와 함께 있는 그랑벨 주교의 난쟁이〉, 16세기, 캔버스에 유채, 126×92cm, 파리 루브르박물관

〈개와 함께 있는 그랑벨 주교의 난쟁이〉라는 제목에는 난쟁이가 주교의 개인 소유 물건처럼 언급됩니다. 16세기만 하더라도 난쟁이들은 '살아있는 장난감'으로서 왕실이나 귀족, 성직자들에게 소유물 정도로 취급 받았습니다. 이런 왜소증 장애인들은 궁정의 광대로 들어가 동물원 구경거리처럼 취급받기도 하고, 그림처럼 애완동물을 사육하는 일을 맡기도 했습니다. 자세히 보면 그림 속 남자의 얼굴은 그다지 젊어 보이지 않습니다. 세상 풍파에 찌들어 있는 것 같기도 하고, 개와 함께 소유물 취급을 당하는 처지에 화가 나 있는 것처럼 보이기도 합니다.

이 그림을 그린 안토니스 모르Anthonis Mor, 1517~1576는 네덜란드 출신 화가로, 1550년 전후에 스페인 황제 카를 5세Karl V, 1500~1558에게 소개되어 당대 왕실 및 귀족들의 초상화를 주로 그렸습니다. 그는 강력한 왕권을 자랑하던 영국의 메리 튜더Mary Tudor, 1542~1587 여왕의 초상을 비롯해 다수의 왕실 초상화를 그렸습니다. 모르는 초상화 속 인물들을 미화하지 않고 완벽하고 차갑고 경직된 모습으로 표현했습니다.

'난쟁이'라는 말은 키가 유난히 작은 사람을 일컫는 말입니다. 사전에는 '기형적으로 키가 작은 사람을 낮잡아 이르는 말'이라고 되어 있습니다. 일상에서 흔히 사용하는 말이지만, 엄밀히 말하면 사람의 외모를 비하하는 표현으로 '왜소증'이라고 표현하는 것이 바람직합니다. 왜소증은 말 그대로 체격이 왜소한 질병입니다. 일반적으로 신장이 표준 분포에서 하위 3퍼센트에 속할 때 왜소증이라고 진단할 수 있습니다. 성인 기준으로 남자는 보통 145센티미터, 여자는 140센티미터 이하일 때 왜소증을 의심할 수 있습니다. 현재 우리나라는 대략 2만 명이 왜소증을 앓고 있는 것으로 추산하고 있습니다. 영어에서는 왜소증을 'lilliputian'이라고 합니다. 이 명칭은 조나단 스위프트Jonathan Swift, 1667~1745의 소설 『걸리버 여행기』에 나오는 소인국 이름에서 유래했습니다.

왜소증은 왜 생기는 걸까요? 왜소증의 원인은 200가지가 넘는 것으로 알려져 있습니다. 크게 선천적으로 다운증후군, 터너증후군, 프레더-윌리 증후군 등과 같은 염색체 이상 질환에서 원인을 찾을 수 있습니다. 또한 양쪽 부모가 키가 작아서 가족성으로 키가 작은 경우가 있으며, 뼈가 잘 부러져 잘 크지 않는 골형성부전증, 성장판이 성장호르몬에 반응하지 않는 연골무형성증 등이 원인입니다. 후천적으로는 영양 장애, 성장호르몬 분비 이상, 외상으로 인해 성장판이 손상된 경우에도 왜소증을 유발할 수 있습니다.

영어에서 왜소증을 뜻하는 'lilliputian'은 『걸리버 여행기』에 나오는 소인국 이름에서 유래했다.

평범한 한 명의 조직 구성원으로 왜소증 장애인을 묘사한 벨라스케스

디에고 벨라스케스Diego Velazquez, 1599~1660의 〈궁정 난쟁이 세바스찬 데 모라의 초상〉은 팔다리가 짧고, 키는 작고, 머리는 크고, 이마가 튀어나와 있고, 광대뼈는 평평하고, 코뼈는 낮은 왜소증 장애인을 묘사하고 있습니다. 자세히 보면 배가 불룩 나와 있습니다. 손가락 역시 매우 짧을 것 같은데, 두 손 모두 주먹을 쥐고 있어 정확하게 관찰할 수 없습니다. 모델이 입고 있는 장식적이고 붉은 계통의 화려한 옷차림으로 미루어 그가 궁정광대라는 것을 알 수 있습니다. 그런데 정면을 똑바로 응시하는 궁정광대의 표정은 관객들에게 어떠한 동정도 원하지 않는 것 같습니다.

디에고 벨라스케스, 〈궁정 난쟁이 세바스찬 데 모라의 초상〉, 1645년경, 캔버스에 유채, 106.5×81.5cm, 마드리드 프라도미술관

흔히 알려져 있는 전형적인 왜소증이 바로 연골무형성증입니다. 이 그림 속 모델도 바로 연골무형성증 환자입니다. 화가는 그의 짧은 다리를 부각시키지 않기 위해 바닥에 앉히고, 짧은 손가락을 가려주고자 주먹을 쥐게 하고 손등이 보이게 그렸습니

다. 화가는 난쟁이라고 무시하고 조롱하던 이들을 희화하지 않았으며, 그렇다고 연민의 대상으로 그리지도 않았습니다. 왜소증 장애인을 진지하게 그리고, 그의 깊은 정신세계를 표현하기 위해 날카로운 눈빛까지 놓치지 않고 화폭에 담았습니다. 왜소증 장애인을 신기한 볼거리나 장난감이 아니라, 하나의 인격체로 묘사하고 있습니다.

벨라스케스는 펠리페 4세Philip IV, 1605~1665가 스페인을 지배할 때 궁정화가를 지낸, 스페인 바로크 시대의 대표적인 화가입니다. 그는 대상을 미화하지 않고 사실적인 묘사와 섬세한 색채를 바탕으로 빛의 효과에 주목하여 훗날 인상주의는 물론 사실주의 회화에 큰 영향을 끼쳤습니다.

벨라스케스는 젊은 시절부터 화가라는 자신의 정체성에 대해 끊임없이 고민했습니다. 그리고 평생 귀족이 되고 싶은 열망에 사로잡혀 살았습니다. 그는 순수 혈통을 지닌 귀족들에게만 자격이 주어지는 산티아고 기사단이 되기 위해 평생을 걸쳐 노력했고, 수많은 우여곡절 끝에 결국에는 기사단에 입성했습니다. 그렇지만 그는 자신의 출신 계급과 소외받는 주변인에 대한 존중심을 잊지 않았습니다. 왕, 공주, 시녀들과 마찬가지로 그가 그린 왜소증을 앓는 광대들의 엄중한 표정과 눈빛은 이 위대한 화가가 가슴에 품은 양심의 얼굴입니다.

의학으로 작은 키를 얼마나 키울 수 있는가?

만일 성장호르몬이 부족해 왜소증이 발병했다면 호르몬 치료를 받아야 합니다. 호르몬 치료가 필요한 경우에도, 사춘기 이전에 치료를 받아야 효과를 볼 수 있습니다. 특히 여자 아이는 초경이 시작되기 전인 만 11~12세, 남자 아이는 만 12~13세 전에 호르몬 치료를 받아야 합니다. 사춘기 이전에 최종 키의 대략 80퍼센트 이상이 성장하기 때문입니다. 그 만큼 성장호르몬 치료에는 적절한 시기가 중요합니다. 치료 시기가 늦어져 성장판이 닫힌 후에 호르몬 주사를 놓으면 오히려 몸의 말단 부위가 비정상적으로 커지는 말단비대증 같은 부작용이 나타날 수 있습니다.

연골무형성증이나 골형성부전증 등 선천적 기형을 지닌 왜소증 환자와 뼈 기형이 원인이 되어 키가 작은 경우에는 고정 장치를 사용해서 뼈를 서서히 연장시키는 사지연장술 즉 '일리자로프 수술'을 시행하기도 합니다. 1954년 러시아의 외과의사 가브릴 일리자로프Gavriil Ilizarov, 1921~1992가 자신이 개발한 원형의 외고정기를 이용해 골연장술을 시행하였는데, 이것이 사지연장술의 시작입니다.

키가 매우 작거나, 한쪽 팔다리가 짧은 경우, 외상이나 종양 등으로 인해 뼈 또는 연부조직의 결손이 있을 경우에 일리자로프 수술을 할 수 있습니다. 일리자로프 수술법은 뼈를 자르고 하루 0.5~1.5밀리미터씩 틈새를 벌려 뼈를 길게 자라게 하는 수술입니다. 뼈가 벌어진 틈 사이로 새로운 뼈가 저절로 생겨나는 원리를 이용한 방법입니다.

물론 일리자로프 수술법도 원하는 만큼 키를 크게 할 수는 없습니다. 아직까지는 원래 키 대비 15퍼센트 이상 키를 늘리는 것은 위험합니다. 즉 연장하는 키는 5~6센티미터가 적당합니다. 문제는 이 수술이 '키 크는 수술'로만 잘못 알려져 있다는 것입니다. 우리 사회에 키 큰 사람을 선호하는 문화가 자리 잡으면서, 사실 그다지 작지 않은 키인데도 불구하고 자칫 심각한 부작용을 초래할 수 있는 수술을 수술의 적응증 및 부작용 발생 가능성에 대해 충분히 인지하지 못한 채 선택하고 있습니다. 일리자로프 수술은 흉터뿐 아니라 뼈와 피부의 염증, 근육이 뼈의 성장을 따라가지 못해 까치발 변형이 생기거나 다리가 휘는 부작용이 있을 수 있습니다.

2014년 한국을 방문한 세계에서 몇 안 되는 '왜소증 전문의사'인 미국 존스홉킨스 의과대학 소아정형외과 마이클 에인Michael Ain 교수는 키가 131센티미터에 불과한 왜소증 장애인입니다. 에인 교수는 왜소증 장애인들을 만나 희망을 주고 무료 진료를 위해 우리나라를 방문했습니다. 그에게 한국 사람들에게 전해주고 싶은 메시지를 부탁하자, 이런 말을 남겼습니다. "사람의 체격이나 외모보다는 그 사람의 내면에 어떤 생각을 품고 있는가가 진실로 중요한 것입니다."

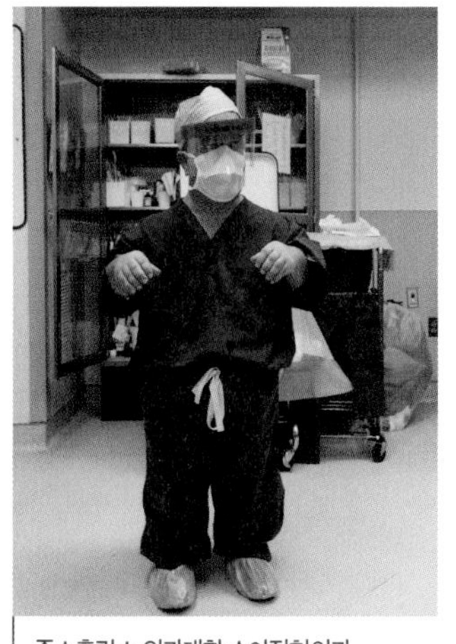

존스홉킨스 의과대학 소아정형외과 마이클 에인 교수.

연골이 형성되지 않는 왜소증 환자는 의사와 환자가 몸을 주의 깊게 살피기만 한다면, 사실 작은 키로 인해 발생할 수 있는 정신적 문제 말고는 일반적인 삶을 영위하는 데 큰 문제가 없습니다. 키는 인간 신체의 한 요소일 뿐입니다. 평균보다 큰 사람이 있는가 하면 작은 사람도 있는 것이지요. 왜소증은 신체적 조건으로 우월함을 따지는 풍토가 낳은 장애입니다.

스스로를 정상인이라고 말하는 우리가 가져야 할 자세는 사실 별거 없습니다. 장애인들을 동정하지도 무시하지도 않는 것입니다. 그리고 그들에게 우리와 똑같은 기회가 주어지는지 관심을 기울이는 것입니다.

응답 없는 사랑에서 비롯된 몸과 마음의 병

부르다 내가 죽을 이름이여!

얼마 전 딸아이가 이렇게 물어왔습니다. "아빠, 상사병이 실제로 존재하는 병이에요?" 상사병은 '병'이라는 단어가 붙어 있긴 하지만, 의학 용어는 아닙니다. '상사병(相思病)'의 한자를 풀이해보면 서로를 생각해서 나는 병입니다. 하지만 문자 그대로의 의미와는 달리 상사병은 대부분 이루어지기 힘든 짝사랑에서 비롯되며, '이성을 마음에 두고 몹시 그리워하는 데서 생기는 마음의 병'이라고 정의할 수 있습니다. 한 사람의 일거수일투족을 감시하는 스토킹도 빗나간 애정 표현 방식 중 하나라는 측면에서 상사병의 어두운 단면으로 볼 수 있습니다.

상사병은 사랑에 빠진 사람들에게 생기는 정신과 신체에 나타나는 증상을 일컫는 말로 보는 것이 적당해 보입니다. 사랑을 이루지 못하는 상황에서 극

프란스 반 미에리스, 〈의사의 방문〉, 1667년, 패널에 유채, 44.5×31.1cm, 로스앤젤레스 J. 폴 게티 미술관

단적인 경우에는 우울증이나 조울증 같은 마음의 병이 생길 수도 있습니다. 그리고 호흡 곤란이나 심계항진(심장이 빨리 뛰는 증상) 등 공황장애 증상이나 수시로 상대방의 사랑을 확인하고 싶어 하는 강박증이 나타날 수도 있습니다.

저는 상사병을 떠올리면 김소월1902~1934의 시 〈초혼〉이 오버랩됩니다. '초혼(招魂)'은 임종 직후 북쪽을 향해 죽은 사람의 이름을 세 번 부르는 행위로, 죽은 사람의 혼을 다시 불러들여 죽은 사람을 살려내려는 간절한 소망을 담은 장례 의식입니다. 사별한 임에 대한 그리움을 격정적인 어조로 표현하고 있는 이 시는 이루어질 수 없는 또는 응답 없는 사랑에 괴로워하는 사람의 심리로도 해석할 수 있습니다.

산산이 부서진 이름이여!
허공 중(虛空中)에 헤어진 이름이여!
불러도 주인(主人) 없는 이름이여!
부르다가 내가 죽을 이름이여!

심중(心中)에 남아 있는 말 한마디는
끝끝내 마저 하지 못하였구나.
사랑하던 그 사람이여!
사랑하던 그 사람이여!

붉은 해는 서산(西山)마루에 걸리었다.
사슴의 무리도 슬피 운다.
떨어져 나가 앉은 산(山) 위에서

나는 그대의 이름을 부르노라.

설움에 겹도록 부르노라.
설움에 겹도록 부르노라.
부르는 소리는 비껴가지만
하늘과 땅 사이가 너무 넓구나.

선 채로 이 자리에 돌이 되어도
부르다가 내가 죽을 이름이여!
사랑하던 그 사람이여!
사랑하던 그 사람이여!

- 김소월, 〈초혼(招魂)〉

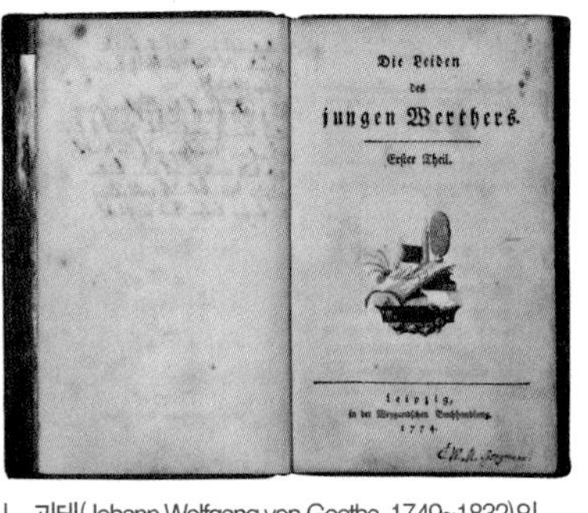

괴테(Johann Wolfgang von Goethe, 1749~1832)의 『젊은 베르테르의 슬픔』 속 주인공은 이루어질 수 없는 사랑에 괴로워하다 권총으로 스스로 삶을 마감하는 극단적인 선택을 한다. 사진은 1744년에 출간된 『젊은 베르테르의 슬픔』 초판본 표지면.

다른 문학작품에서도 사랑은 늘 열정적으로 표현됩니다. 모든 것을 내 걸고 상대를 미친 듯이 사랑하거나 식음을 전폐하고 죽기 살기로 사랑하는 모습은 순수함의 징표로 인식됩니다. 그런 사랑의 열병을 앓는 모습은 독자에게 부러움의 대상이 되기도 하지요. 많은 사람이 죽음과도 맞바꿀 수 있는 강렬한 사랑을 열망합니다. 그래서일까요. 상사병에 대한 사람들의 인식은 환상적이고 비과학적입니다.

상사병은 지난 수 천 년 동안 극단적인 사랑을 하는 사람이라면 가질 수 있는 심리 상태로 생각됐습니다. 하지만 현대의 의사들이 보는 상사병은 그리

낭만적이지 않습니다. 상사병에 걸린 환자들은 엄청난 고통을 받고 있고, 이 때문에 일상생활을 할 수 없는 경우도 많습니다.

상사병에 걸린 여인과 돌팔이 의사

캔버스로 옮겨진 상사병을 살펴볼까요. 255쪽 그림은 프란스 반 미에리스 Frans van Mieris the Elder. 1635~1681가 그린 〈의사의 방문〉입니다. 우아하게 잘 차려입은 여인이 기절한 듯 쓰러져서 하인처럼 보이는 노파에게 몸을 기대고 있습니다. 그런데 자세히 보면 완전히 의식을 잃은 것 같지는 않습니다. 절망감에 사로잡혀 눈을 지그시 감고 고개를 떨구고 있는 듯 보입니다. 피부는 창백하리만치 하얗고 여인의 가슴팍은 옷이 반쯤 풀어 헤쳐져 있습니다.
여인 뒤로 콧수염이 있고 장식적이고 화려한 옷을 입은 남자가 유리병을 유심히 관찰하고 있습니다. 남자는 쓰러진 여인을 왕진하러 온 의사입니다. 그런데 어쩐 일인지 심각해야 할 남자의 표정이 익살스럽습니다. 아마도 남자는 돌팔이 의사일 것입니다. 그림 오른쪽에 울고 있는 중년 여성은 환자의 어머니입니다. 얼굴에 큰 점이 있는 여성은 의사의 행동을 유심히 바라보고 있습니다. 화면이 어두워 잘 보이지는 않지만, 벽난로 위에는 에로틱한 내용의 그림 한 점이 걸려 있습니다.
이 그림을 그린 프란스 반 미에리스는 네덜란드 중서부 레이던(Leiden)의 화가 집안에서 태어났습니다. 그는 레이던을 줄곧 떠나지 않고 작품 활동을 했습니다. 미에리스는 작은 그림을 즐겨 그렸지만, 그림 속 등장인물은 선명하게 빛나고 금속처럼 윤기가 흐르는 매우 사실적인 모습입니다. 그는 주

얀 스텐, 〈의사의 방문〉, 1658~1662년, 패널에 유채, 49×42cm, 런던 빅토리아앤앨버트박물관

로 부유한 사람들의 습관과 행동을 작품의 소재로 삼았습니다. 일부 작품은 당시 사회상을 반영해 매우 통속적입니다.

그림 속에서 의사가 들여다보고 있는 유리병에는 환자, 즉 쓰러진 여인의 소변이 들어 있습니다. 여인이 어떤 병을 앓고 있는지 몰라도 소변 색깔로는 환자의 병명을 진단할 수 없습니다. 여인은 몸이 아픈 것이 아니라 마음의 병, 즉 상사병에 걸렸기 때문입니다.

17세기 네덜란드에서는 상사병을 표현하는 풍속화가 종종 그려졌습니다. 그림에는 아파 보이지 않는 아름다운 젊은 여인과 소변이 담긴 병을 들고 있거나, 환자의 맥박을 재고 있는 돌팔이 의사가 단골로 등장합니다.

에로스의 화살을 홀로 맞은 후 아픈 사랑이 시작되다

얀 스텐Jan Steen, 1626~1679이 그린 〈상사병〉이라는 제목의 새로운 그림입니다.

얀 스텐, 〈상사병〉, 1660년경, 캔버스에 유채, 62×52.3cm, 뮌헨 알테피나코테크

이번에도 붉은빛의 화려한 상의를 입은 여인이 의자에 앉아 있습니다. 여인은 다리를 벌리고 의자 등받이에 기대어 몸을 지탱하고 있습니다. 다소 창백해 보이지만 병색은 없는 것 같습니다. 그 옆으로 다소 고풍스럽고 장식적인 옷을 입은 남자가 여인의 손목을 잡고 맥박을 재고 있습니다. 아마도 여인은 남자에게 가슴이 벌렁거려 숨쉬기 곤란하다고 호소했겠지요. 난감해하는 남자의 표정을 보니 그가 병의 원인을 알아채지 못한 것 같습니다.

그런데 그림을 자세히 보면 여인의 왼손에 편지가 들려 있습니다. 현관 위에는 희미하지만, 화살을 들고 있는 아이 조각상이 있습니다. 로마신화에서는 큐피드라고 부르기도 하는 '사랑의 신' 에로스입니다. 에로스는 보통 활과 화살을 든 귀여운 어린아이의 모습으로 그려집니다. 에로스의 화살통에는 황금 화살과 납 화살이 들어 있습니다. 황금 화살에 맞으면 사랑에 빠지지만, 납 화살에 맞으면 사랑을 거부하게 됩니다. 아마도 에로스는 그림 속 여인의 가슴에 황금 화살을 쏘았던 것 같습니다. 그래서 애절한 연애편지를 썼을 테지요. 사랑의 고통에 의사를 찾은 걸 보면, 여인만 황금 화살에 맞고

상대는 화살을 피했나 봅니다.
얀 스텐은 17세기를 대표하는 네덜란드의 풍속 화가입니다. 그는 네덜란드 여러 도시에서 작품 활동을 하며 독자적인 양식을 구축한 개성 있는 화가였습니다. 농민이나 중산층 가정의 일상 풍경을 꾸밈없이 보여주는 그림을 그렸으며, 그림을 통해 현실을 유머러스하게 풍자했습니다.
상사병은 그 자체로 각종 질병을 유발할 수 있습니다. 특히 상사병이 있는 사람에게 우울증이 찾아오면, 자존감이 떨어지고 삶에 대한 의욕이 희박해져 자살 같은 극단적인 선택을 할 수도 있습니다. 음식을 거부하거나 폭식하는 등 섭식장애를 초래해 몸을 상하게 할 수도 있습니다. 보통 상사병은 못 이룬 사랑에 지속해서 집착해 강박장애로 발전할 수도 있습니다. 한편 고통스러웠던 이별의 순간을 떠올리며 불안해하고 두려워하는 외상후스트레스장애(190쪽 참조)가 올 수도 있습니다. 강박장애와 외상후스트레스장애가 함께 오는 경우가 더 많습니다.
그러나 사랑을 이루지 못했거나 실패한 사랑에 미련을 가진다고 해서 모두가 상사병에 걸리지는 않습니다. 대부분 괴로워하면서도 일상생활을 그럭저럭 해나갑니다. 그리고 시간이 지나면 자연스럽게 상처를 극복하게 됩니다.

사랑의 상처는
시간 속에 묻어야 치유된다

이번 그림에서는 의사가 아니라 신부님이 소녀의 맥박을 재고 있습니다. 하

비센테 팔마롤리, 〈상사병〉, 제작 연도 미상, 캔버스에 유채, 63.2×78.7cm, 개인 소장

늘색 숄을 두른 젊은 여인은 이 상황이 부끄러운지 고개를 반대편으로 돌리고 있습니다. 젊은 여인의 어머니로 추정되는 검은 옷을 입은 여인이 신부님의 귓가에 대고 딸의 증상에 대해서 설명하고 있습니다. 어머니의 살짝 들어 올린 발끝에서 다급하고 초조한 감정이 전해집니다. 지금 같으면 의료법 위반으로 신부님이 고소당할 수도 있습니다. 하지만 이 작품을 그린 팔마롤리Vincente Palmaroli, 1834~1896는 스페인 화가로, 스페인은 가톨릭의 권위가 대단히 높은 나라였습니다.

아픈 딸 때문에 다급한 어머니의 심정은 이해하지만, 어머니는 번지수를 잘못 찾은 듯합니다. 평생 하느님만을 섬겨온 신부님이 상사병에 대해 어떤 조언을 해주실 수 있을까요.

스페인 마드리드에서 태어난 팔마롤리는 아버지가 이탈리아 출신의 석판화가였습니다. 팔마롤리는 상류층의 초상화를 주로 그렸습니다. 한동안 로마와 파리에서 창작 활동을 하다가, 로마에 있는 스페인 아카데미 책임자로 활동하기도 했습니다. 그러다가 사망하기 3년 전부터는 마드리드에 있는 프라도미술관 관장을 맡아, 프라도미술관이 발전할 수 있는 토대를 마련했습니다.

상사병을 치료하는 가장 좋은 약은 '시간'입니다. 세월이 흐르면 사랑의 아픔도 잊힙니다. 제대로 된 약도 없다는 상사병을 치료하기 위해서는 모든 마음의 병이 그러하듯이 자신의 의지를 굳건히 하는 것이 중요합니다. 우선 일정한 시간에 일어나고 가급적 일정한 시간에 잠을 자려고 하는 등 규칙적인 생활이 필요합니다. 그리고 많이 먹지 않아도 좋으나 삼시세끼는 꼭 챙겨 먹고 가벼운 산책이나 운동을 규칙적으로 하는 것도 큰 도움이 됩니다.

상사병에 걸린 사람들은 이 병을 창피해하거나 여러 가지 이유로 자기 생각이나 감정을 표현하기 꺼리는 경우가 많습니다. 하지만 친한 친구나 지인에게 마음을 솔직히 털어놓는 것 자체가 매우 좋은 치료입니다.

분노, 불안, 공포로 기억된 옛 연인과의 기억을 감당할 수 있는 '그리움'이나 감성적인 '옛사랑'으로 바꾸는 것도 도움이 됩니다. 그리고 사랑했던 사람을 만나기 전 자신의 본 모습으로 돌아가서 자신감을 회복하는 것이 중요합니다. 내가 부족하거나 못나서 사랑에 실패한 것이 아니라, 서로 인연이 아니었을 뿐입니다. 우울증이 심해지거나 조울증 같은 심각한 증상이 나타날 경우에는 약물 치료를 시행하면서 경과를 예의 주시해야 합니다. 지나간 사랑의 상처는 잘 치유하면 다시 사랑이 찾아왔을 때 훌륭한 거름 역할을 합니다.

숨을 멎게 하는 매혹, 스탕달 신드롬

‘스탕달 신드롬’의 화신, 마크 로스코

하얀 방에 가로 2미터, 세로 3미터의 대형 캔버스가 걸려 있습니다. 캔버스 안에는 아무런 형상도 없이 두 가지 혹은 세 가지 색만 사각으로 대비되어 칠해져 있습니다. 이 단순하기 이를 데 없는 그림 앞에 선 사람 중 많은 이들이 갑자기 흐느껴 울거나 졸도하는 등 심한 감정의 동요를 겪는다고 합니다. ‘추상 표현의 대가’, ‘평면 회화의 혁명가’로 불리는 러시아 출신의 미국 화가 마크 로스코Mark Rothko, 1903~1970의 작품을 본 관람객들의 반응입니다.

화집이나 웹에서 로스코의 작품을 접한 사람들은 대개 “이 정도 그림은 나도 그리겠다”, “이 작품의 어디가 훌륭한 건지 도무지 모르겠다”와 같은 혹평을 늘어놓습니다. 그러나 로스코의 작품을 실제로 보면 생각이 바뀐다고 합니다. 한 가지 색처럼 보이던 사각형이 저마다 다른 색으로 꿈틀꿈틀 움

엘리자베타 시라니, 〈베아트리체 첸치의 초상〉, 1650년경, 캔버스에 유채, 64.5×49cm, 로마 바르베리니궁전 국립고대미술관

마크 로스코 작품을 보는 관람자.

직이는 것처럼 보이고, 일순간 주변의 사물이 모두 사라지고 마치 색으로 뒤덮인 우주를 유영하는 듯한 환상을 경험하는 것이지요. 그의 작품이 전시된 미술관에서는 관람용 의자에 털썩 주저앉아 울음을 터트리거나 그림에 사로잡힌 듯 좀처럼 시선을 옮기지 못하는 사람들을 볼 수 있다고 합니다. 이처럼 작품과 교감한 관람객이 겪는 말로 표현하기 힘든 감정의 소용돌이를 '스탕달 신드롬(Stendhal syndrome)'이라고 합니다.

아버지를 죽인 '로마 최고 미인'의 마지막 모습

아직 소녀티를 벗지 못한 앳된 얼굴의 여인이 살짝 고개를 돌려 우리를 바라보고 있습니다. 커다란 헝겊을 터번처럼 둘둘 말아 머리칼을 대충 정리하고 자신의 몸보다 한참 큰 흰 드레스를 입고 있습니다. 수수한 차림새에도 그녀의 얼굴에서는 기품이 흘러넘칩니다. 하지만 슬픔으로 가득 찬 그녀의 눈빛은 모든 것을 체념한 듯 보입니다. 생기로 충만해야 할 젊고 아름다운 여인의 눈빛이 어째서 이렇게 슬픈 걸까요? 그녀는 곧 광장에 모인 많은 사람 앞에서 참수될 예정입니다.

여인의 이름은 베아트리체 첸치Beatrice Cenci, 1577~1599입니다. 그녀는 부유하고 영향력 있는 귀족의 딸로 태어났으나 일찍이 어머니를 여의고, 아버지와 계모, 친오빠와 의붓동생과 함께 거대한 성에서 살았습니다. 베아트리체는 '로마 최고의 미인'이라고 불릴 정도로 미모가 빼어났습니다. 하지만 아버지 프란체스코는 딸을 보호한다는 명분으로 시골의 조그마한 성에 베아트리체를 가두고 딸을 겁탈하는 패륜을 저질렀습니다.

베아트리체는 계모와 오빠의 도움을 받아 인면수심의 아버지를 가톨릭 교회에 고발했습니다. 하지만 교회는 막대한 부와 권력을 가진 프란체스코 편에 서서 침묵했습니다. 프란체스코의 패악을 견디지 못한 가족들은 힘을 합쳐 그를 살해하고, 사고로 위장하기 위해 성벽에서 시체를 떨어뜨렸습니다. 그러나 교회는 프란체스코의 사고사를 믿지 않았고, 가족 모두에게 사형 선고를 내렸습니다.

베아트리체의 딱한 사정을 알게 된 민중들이 사형 판결이 부당하다고 항의했지만, 판결을 바꿀 수는 없었습니다. 당시 교황 클레멘테 8세가 프란체스코의 재산에 눈독을 들여 관련자 모두를 사형시켰다는 이야기가 전해집니다.

베아트리체의 기구한 사연은 당시 초상화가로 유명한 귀도 레니Guido Reni, 1575~1642에게도 전해졌습니다. 귀도 레니는 형 집행을 목전에 둔 베아트리체를 찾아가 초상화를 그렸습니다. 이 작품이 〈베아트리체 첸치의 초상〉입니다.

스탕달이 맛본 천상의 희열

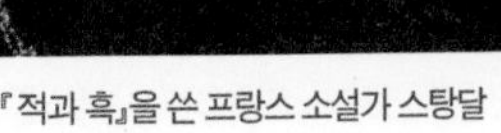

『적과 흑』을 쓴 프랑스 소설가 스탕달

세월이 한 참 흘러 〈베아트리체 첸치의 초상〉을 본 프랑스의 대문호 스탕달Stendhal, 1783~1842은 미술사에 길이 남을 인상적인 감상평을 남깁니다.

"산타 크로체 교회를 떠나는 순간 심장이 마구 뛰는 것을 느끼기 시작했다. 생명이 빠져나가는 것 같았고 걷는 동안 그대로 쓰러질 것 같았다. 아름다움의 절정에 빠져 있다가 천상의 희열을 맛보는 경지에 도달했다. 모든 것들이 살아 일어나듯이 내 영혼에 말을 건넸다."

스탕달이 기술한 증상은 한 달 넘게 사라지지 않았다고 합니다. 그는 자신이 겪은 이상 현상을 『나폴리와 피렌체 : 밀라노에서 레조까지의 여행』에 묘사했습니다.

스탕달이 겪은 것처럼 위대한 예술 작품 앞에서 느끼는 흥분과 자아 상실, 말로 표현할 수 없는 감정의 소용돌이를 '스탕달 신드롬'이라고 부릅니다. 1979년에 이탈리아의 정신과 의사 그라지엘라 마르게니Graziella Magherini, 1927~가 우피치미술관에서 미술작품을 감상하다가 어지러움을 느끼거나 호흡 곤란을 경험한 약 100여 건의 사례를 조사하면서, 이러한 현상에 스탕달의 이름을 붙였습니다.

어떤 사람은 훌륭한 조각상을 보고 모방충동을 일으켜 그 조각상과 같은 자세를 취하기도 하고, 어떤 사람은 그림 앞에서 불안과 평화를 동시에 느끼기도 하는 등 나타나는 증상도 다양합니다. 미술작품뿐 아니라 문학작품을 읽거나 음악공연을 관람하다가 스탕달 신드롬을 경험하는 사람들도 있습니다.
스탕달 신드롬은 주로 감수성이 예민한 사람들에게 나타납니다. 잠시 안정을 취하거나 물을 마시거나 심한 경우에는 신경안정제를 복용하면 증상이 곧 사라집니다.

진품보다 더 사랑받은 모작

베아트리체 첸치의 초상화와 관련된 이 드라마 같은 이야기는 상당 부분 사실이 아닙니다. 우선 처음에 보여드린 작품은 귀도 레니의 그림이 아닙니다. 귀도 레니의 그림을 그의 제자 엘리자베타 시라니Elisabetta Sirani, 1638~1665가 모사한 것입니다. 그런데 어찌 된 영문인지 스승의 작품보다 모사한 제자의 작품이 더욱 유명해졌습니다. 이뿐만이 아닙니다. 귀도 레니가 그린 베아트리체 첸치의 초상화는 현재 행방이 묘연한 상태입니다. 다만 이탈리아 화가 아칠레 레오나르디Achille Leonardi, 1800~1870가 그린 〈감옥에 갇힌 베아트리체 첸치의 초상화를 그리는 귀도 레니〉라는 작품을 통해, 귀도 레니가 참수가 집행되기 직전에 베아트리체를 찾아가 그녀의 마지막 모습을 캔버스에 담았다는 사실을 알 수 있습니다.
귀도 레니는 강력한 명암 대비가 주조인 카라바조의 화풍을 따르다가 후기로 갈수록 고전주의를 신봉했습니다. 드라마틱한 대각선 구도를 즐겨 사용

아칠레 레오나르디, <감옥에 갇힌 베아트리체 첸치의 초상화를 그리는 귀도 레니>, 1850년, 캔버스에 유채, 54×69cm, 개인 소장

했으며, 중요한 부분을 빛으로 드러내는 전통적인 명암대조법을 더 강화한 바로크 시대의 화가였습니다. 시라니의 작품은 1650년경 그려졌는데, 그때는 귀도 레니가 이미 세상을 떠난 후입니다.

시라니는 화가인 아버지 밑에서 엄격한 그림 수업을 받으며 열일곱 살에 이미 화가로 데뷔했습니다. 시라니는 술주정뱅이 아버지를 대신해 그림을 팔아 가족을 부양하며 힘겹게 살았습니다. 그녀는 스승의 영향을 받아 바로크 스타일에 정통했으나, 스승의 그림자에 가려 끝내 빛을 보지 못했습니다. 시라니는 스물일곱이라는 젊은 나이에 위암으로 사망했으며, 200여 점의 작품을 남겼습니다.

하지만 당시 의료기술이 위암을 정확히 진단할 수 있을 만큼 발달하지 않았던 것으로 미루어, 궤양 출혈을 위암으로 오인했을 가능성도 배제할 수 없습니다. 시라니의 아버지는 자신이 못다 이룬 꿈을 딸에게 투영하며, 시라니를 혹독하게 단련시켰을 것입니다. 부모의 지나친 욕심은 자녀를 아프게 합니다. 시라니는 스트레스로 위 점막이 패이거나 손상되는 위궤양을 앓았을 것입니다. 스트레스를 받으면 교감신경 활동이 증가합니다. 위에서 교감신경이 활성화하면 위산 분비가 촉진되는데, 위산이 과다해지면 궤양이 발생하기 좋은 환경이 형성됩니다. 반복된 스트레스로 위궤양이 출혈성 위궤양으로 발전됐고, 결국 시라니는 궤양에 천공이 생겨 사망한 것으로 추정됩니다.
사라니가 그린 베아트리체의 모습은 처연하고 애잔합니다. 그녀의 눈빛은 아버지를 향한 분노, 세상에 대한 미련 등 그녀를 붙잡고 있던 모든 끈을 놓아버린 듯 슬프면서도 고요합니다. 아버지의 억압 속에 살았던 시라니가 베아트리체에게 강한 동질감을 느꼈기 때문에 이처럼 처연한 분위기의 작품이 나올 수 있었을 것입니다.
웹에 올라와 있는 다수의 정보에는 베아트리체가 열네 살에 아버지에게 성폭행을 당하고 고작 열여섯에 단두대의 이슬로 사라진 미성년자로 기술하고 있습니다. 그러나 베아트리체가 사망할 당시 나이는 스물두 살이었습니다. 비극성을 좀 더 극대화하려고 일부러 그녀의 나이를 더 어리게 설정한 것으로 보입니다.

스탕달이 본 작품은 무엇인가?

스탕달이 숨이 멎을 만큼 압도당한 그림은 〈베아트리체 첸치의 초상〉이 맞을까요? 이 또한 사실이 아닐 가능성이 높습니다.
앞서 이야기한 것처럼 스탕달은 산타 크로체 교회에서 육체와 영혼을 전율케 하는 작품을 만났다고 했습니다. 그러나 〈베아트리체 첸치의 초상〉은 산타

지오토 디 본도네, 〈성 프란체스코의 죽음〉, 1325년, 프레스코, 450×280cm, 피렌체 산타 크로체 교회

크로체 교회가 아닌 로마 바르베리니궁전 국립고대미술관에 걸려 있습니다. 그는 대체 어떤 작품을 본 것일까요? 이탈리아 화가 일 볼테라노Il Volterrano, 1611~1690가 그린 〈시빌들(Sybils)〉이라는 설도 있고, 미켈란젤로Michelangelo Buonarroti, 1475~1564의 작품 가운데 하나라는 설도 있습니다. 최근 가장 유력한 지지를 받고 있는 작품은 이탈리아 피렌체파의 창시자 지오토Giotto di Bondone, 1267~1337의 프레스코화입니다.

하지만 스탕달이 산타 크로체 교회를 방문했던 1817년에 지오토의 벽화는 회칠로 덮여 있었다고 합니다. 스탕달이 어떤 작품을 보고 충격을 받았던 것인지는 여전히 미스터리로 남아 있습니다.

스탕달 신드롬과 대척점에 있는 다비드 증후군

아름다운 것은 선망과 시기라는 양가감정(兩價感情 : 상호 대립되거나 모순되는 두 가지 감정이 공존)을 불러일으키나 봅니다. 예술 작품을 보고 경험하는 감정의 소용돌이에 '스탕달 신드롬'이라는 이름을 붙인 그라지엘라 마르게니 박사는 '다비드 증후군'이라는 새로운 개념을 발표했습니다. 다비드 증후군은 스탕달 신드롬과 대척점에 있는 감정으로, 완벽한 창조물에 대한 파괴 충동입니다. 사람들이 예술 작품을 보고 감동하거나 황홀경에 빠지는 것으로 끝나는 것이 아니라, 위대한 예술 작품을 보면 참을 수 없는 파괴 욕구가 일어난다는 것입니다.

마르게니 박사 연구팀이 미켈란젤로의 조각상 〈다비드〉를 보러 온 관람객을 관찰한 결과, 열 명 중에 두 명은 억누를 수 없는 파괴 충동을 보였다고 합니다. "이 작품을 본 사람은 다른 조각을 볼 필요가 없다"는 한 미술사가의 표현대로 〈다비드〉는 남성의 아름다움을 가장 완벽하게 구현한 걸작입니다. 실제로 1991년 한 남자 관객이 자신의 감정을 통제하지 못하고 망치로 〈다비드〉 상의 발을 내려친 일이 있습니다.

스탕달 신드롬은 관객이 작품과 진정한 교감을 나누는 순간 일어나는 현상입니다. 붓질마다 스며있는 화가의 열정과 고뇌, 예술혼과 소통에 성공했을 때 경험할 수 있다는 측면에서 스탕달 신드롬은 감상자에게는 축복이 아닐 수 없습니다.

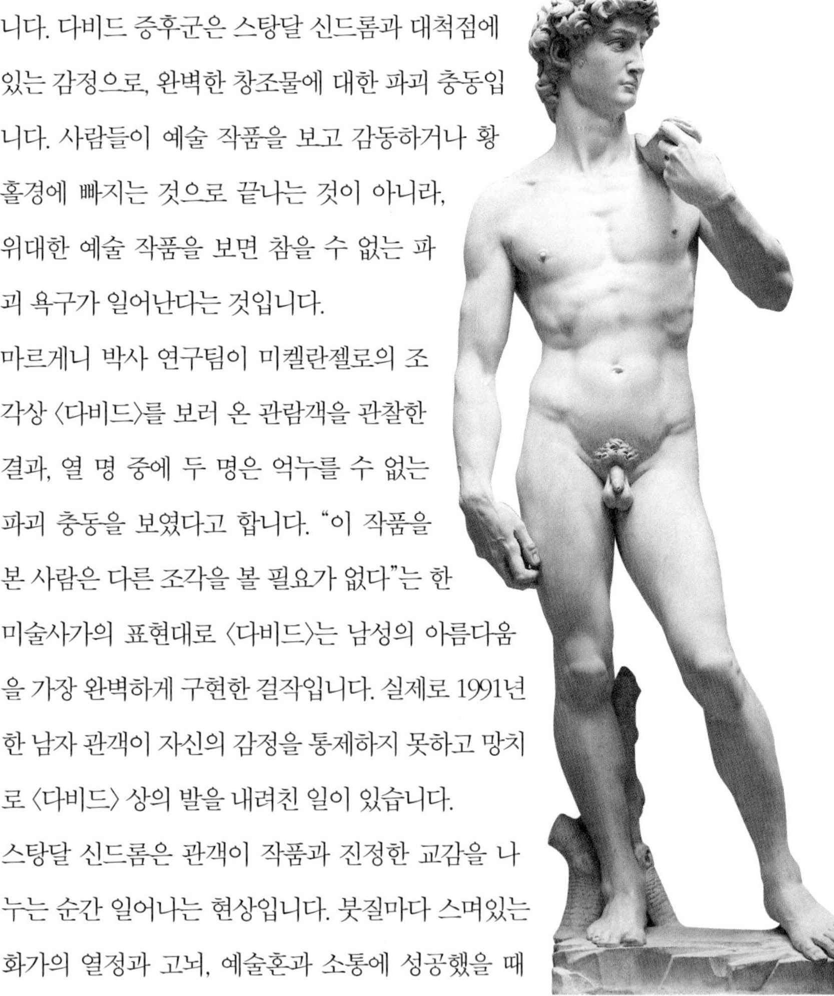

미켈란젤로 부오나로티, 〈다비드〉, 1501~1504년, 대리석, 높이 5.17m, 피렌체 아카데미아미술관

아기에게 선사하는 엄마의 첫 선물, 모유

모유 수유 중인데 약을 복용해도 되나요?

필자는 요즘 보기 드물게 자식을 다섯이나 두었습니다. 그것도 딸만 다섯, 딸 부잣집 아빠입니다. 아내도 사회생활을 하고 있기 때문에 아이들에게 모유 수유를 길게 할 수가 없었습니다. 가장 길게 했던 아이는 막내딸로, 3주 정도 수유했고 나머지 아이들은 2주 이상 모유를 먹이지 못했습니다. 아직도 아내는 아이들에게 끝까지 모유를 먹이지 못한 것을 못내 미안해합니다. 환자들 가운데 모유 수유를 꼭 해야 하는지 질문하는 경우가 가끔 있습니다. 그리고 젊은 여성 환자의 경우 감기나 기타 질병으로 약을 처방해주면, 현재 수유 중인데 약을 먹으면서 계속 수유해도 되는지 묻습니다. 그럴 때면 아픈 몸 상태로 자신보다는 아기를 먼저 생각하는 여성들이 안쓰럽게 느껴집니다.

레오나르도 다 빈치, <리타의 성모>, 1490년경, 캔버스에 템페라(패널로 옮겨짐), 42×33cm,
상트페테르부르크 에르미타주미술관

감기, 위장염, 방광염, 유선염 같은 급성질환에는 항생제, 소염진통제, 소화제, 제산제 등을 사용하게 됩니다. 모유를 통해 아기에게 실제로 가는 약의 용량은 엄마가 복용하는 용량의 1~2퍼센트 정도로 알려져 있습니다. 약을 복용하면서 모유 수유가 가능하다는 이야기지요. 피부 연고, 안약, 치질 연고 등도 마찬가지입니다. 이들 약물은 전신 흡수가 잘 안 되고 모유를 통해 아기에게 전달될 수 있는 용량도 거의 무시할만한 수준입니다. 갑상선질환, 고혈압, 당뇨병, 천식 같은 만성질환에 복용하는 약물도 모유를 통해 아기에게 전달되는 양은 극히 미미합니다. 모유 수유 중 금기되는 약물은 항암제와 방사성 동위원소 두 가지 정도입니다.

여성의 가슴을 성적 대상화하는 관람객을 향한 다 빈치의 경고

〈리타의 성모〉는 르네상스 전성기에 레오나르도 다 빈치Leonardo da Vinci, 1452~1519가 성모 마리아와 예수를 그린 그림입니다. 〈리타의 성모〉라는 작품명은 그림을 소장했던 밀라노의 귀족 리타 백작의 이름을 따서 붙여졌습니다. 성모의 모습이 우아하고 기품있으면서도 다소 차갑고 슬퍼 보입니다. 성모 마리아는 가슴을 풀어헤친 채 아기 예수에게 젖을 먹이고 있습니다. 아기 예수의 오른손은 엄마에게서 떨어지기 싫다는 듯이 성모 마리아의 가슴을 꼭 붙들고 있습니다.

전통적으로 신성을 상징하는 푸른색과 인성을 상징하는 붉은색의 조화 속에, 인간적인 모습의 복스러운 아기로 세상에 오신 예수를 묘사했습니다.

창밖의 평화로운 풍경을 배경으로 행복하고 인자한 표정으로 아기에게 젖을 먹이는 성모 마리아와 모유를 통해 어머니의 사랑을 만끽하고 있는 아기 예수 사이에 어두운 그림자가 하나 있습니다. 그림을 자세히 들여다보면 아기 예수의 왼손에 방울새가 쥐어져 있습니다. 방울새는 예수가 겪어야 할 장래의 수난을 나타냅니다.

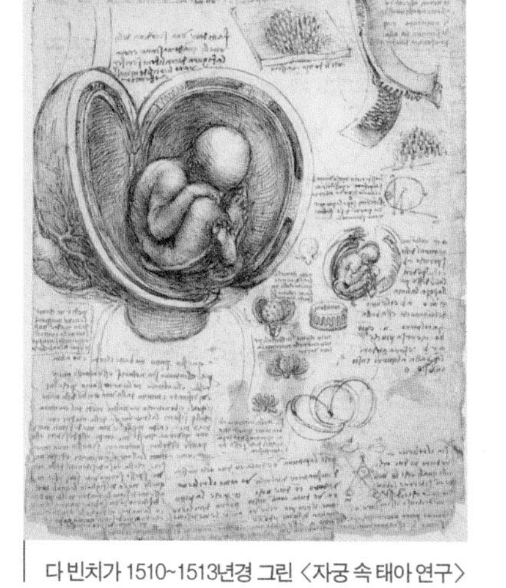

다 빈치가 1510~1513년경 그린 〈자궁 속 태아 연구〉

그런데 성모 마리아의 가슴 위치가 아무래도 어색합니다. 실제 가슴이 있어야 할 위치보다 다소 위에 그려져 있습니다. 참 의아한 일이 아닐 수 없습니다. 다 빈치는 당시 교회법이 금지하던 시체 해부까지 하면서 인체 구조를 정확히 파악하고 있던 화가인데, 그런 그가 실수로 가슴의 위치를 잘못 그렸다고는 생각되지 않습니다. 그는 의도적으로 가슴의 위치를 실제보다 다소 높게 비현실적으로 그렸습니다. 이는 다 빈치가 그림을 보는 사람들에게 보내는 일종의 경고 메시지입니다.

일반적으로 여성의 가슴은 두 가지를 상징합니다. 한 편으로는 모성, 다른 한 편으로서는 성적 매력을 나타냅니다. 신성한 경배의 대상인 성모 마리아가 아기 예수에게 어머니의 사랑을 전하기 위해 드러낸 가슴을 보고 성적인 생각을 하는 불경을 미연에 방지하기 위한 하나의 장치인 것이지요. 즉 다 빈치는 관람객을 향해 그림 속 가슴을 통해 '모성'을 보아야 한다는 경고를 보내고 있습니다.

어린 아기 예수는 젖먹이보다는 다소 성숙한 어린이처럼 보입니다. 마치 이 그림을 보고 불순한 상상을 하는 관람객을 꾸짖는 듯, 아기 예수는 엄한 눈빛으로 관람객을 곁눈질하고 있습니다.

모유는 아기의 '첫 번째 예방주사'

인간의 모유에는 병원균에 대항하는 성분이 수백 가지나 들어 있습니다. 늘 적정한 온도를 유지하는데다 지방, 단백질, 당분이 균형 있게 들어 있고 맛도 좋습니다. 하지만 인간의 젖은 무균상태가 아니라 요구르트에 가까운 상태로, 살아 있는 박테리아가 100~600여 종까지 들어있습니다. 모유의 중요 성분인 당단백질 '락토페린'은 항염, 항산화, 항간염 효능이 있는 물질입니다. 특히 출산 후 며칠간 분비되는 단백질과 회분이 많은 초유에는 줄기세포가 들어 있습니다. 신생아는 5일 동안 초유를 통해 엄마에게 500만 개의 줄기세포를 받는다고 합니다. 아기에게 모유만큼 유용한 것이 없기 때문에 특별한 사정이 없다면 모유 수유를 권장합니다.
모유 수유를 통해 아기와 어머니는 정서적 유대관계를 더 강화합니다. 아기는 모유를 먹는 동안 어머니의 가슴을 빨고, 비비고, 만집니다. 어머니의 숨소리와 목소리를 듣고, 폭신한 감촉을 느끼며, 달콤하고 고소한 냄새를 맡으며 정서적 안정감을 느낍니다. 그리고 어머니는 아기에게 젖을 먹이며 아기와 눈을 맞추고 체온을 나누며 행복을 느끼게 됩니다.
아기에게 먹이고 남은 모유 중 안전성이 검증된 모유는 기증받아 신생아 집중치료실의 미숙아들에게 공급하기도 하고, 큰 아이나 어른들의 다양한 질환 치료에 사용하기도 합니다. 화학요법으로 인한 점막 상처를 가라앉히기 위해 모유를 이용하기도 합니다. 실제로 암환자나 중병에 걸린 어른에게 모유가 좋은 기능을 한다는 연구 결과도 있습니다.

외설과 예술 논란을 불러일으킨 〈시몬과 페로〉

배경 이야기를 알고 봤을 때와 모르고 봤을 때, 작품에 대한 인상이 확연히 달라지는 그림이 한 점 있습니다. 루벤스Pieter Paul Rubens, 1577~1640의 〈시몬과 페로〉입니다. 근육질의 백발 노인이 젊은 여인의 가슴을 빨고 있습니다. 가슴을 내어준 젊은 여인은 노인의 얼굴을 차마 바라볼 수 없어서일까요. 고개를 홱 돌리고 있습니다. 그림 오른쪽 위에 있는 창문 사이로 두 남자가 이 상황을 엿보고 있습니다.

사전 지식 없이 보면 부적절한 애정 행각으로 보입니다. 하지만 〈시몬과 페로〉말고 이 그림의 다른 제목이 〈로마인의 자비〉라는 것에 유념하시기 바랍니다.

두 사람은 부녀 관계입니다. 아버지 시몬은 로마인으로, 역모를 꾸미다 발각되어 굶어 죽는 형벌을 받고 감옥에 갇혀 있습니다. 이를 안타깝게 여긴 딸 페로가 아버지를 살리기 위해 감옥으로 찾아가 젖을 먹이고 있습니다. 얼마 전 아기를 낳은 페로에게는 젖이 충분했습니다. 그렇게 페로는 수차례 면회를 가서 아버지에게 자신의 젖을 물려, 아버지의 목숨을 연장시킵니다. 페로의 효심에 감동한 왕은 아버지 시몬을 풀어줍니다. 어머니의 병환을 낳게 하려고 자신의 허벅지 살을 떼어 국을 끓여 먹였다는 전래동화 속 효자 이야기와 같은 맥락으로 볼 수 있습니다.

페테르 파울 루벤스, 〈시몬과 페로(로마인의 자비)〉, 1630년경, 캔버스에 유채, 155×190cm, 암스테르담 레이크미술관

그런데 굶어 죽어가는 아버지라고 하기에는 시몬이 너무 건장해 보입니다. 게다가 몰래 엿보는 군인들의 모습까지 상당히 자극적으로 묘사된 작품입니다. 루벤스가 그림에서 다른 어떤 것을 말하려 했던 게 아닌지 의구심이 드는 작품입니다.

시몬과 페로 이야기는 17세기 화가들에 의해 많이 그려졌습니다. 일설에는 원래는 감옥에 갇혀 굶어 죽게 된 사람이 아버지가 아니라 어머니라는 이야기도 있습니다. 그런데 더욱 선정적으로 표현하기 위해 어머니를 아버지로 바꿨다는 겁니다. 어쨌든 시몬과 페로 이야기는 관음증과 근친상간을 떠올리게 할만한 요소가 다분한 소재입니다.

모유를 탐하는 성인들, 간염과 에이즈에 노출되다!

지금은 좀 잠잠해졌지만, 한때 '현대판 젖동냥'이 유행한 적 있습니다. 아이의 건강을 위해 상당수 엄마들이 인터넷을 통해 모유를 거래한 일이지요. 더욱 황당한 건, 건강에 좋다는 이유로 성인 남성들도 모유를 구매한다는 점입니다. 이들은 판매자인 여성들에게 직거래를 요구하며 변태적으로 접근해 논란이 되었습니다.

모유는 '아이에게 하늘이 내린 영양의 선물'이라는 말이 있을 정도로 단백질과 무기질이 풍부해 면역력을 높이고 소화 흡수에 좋습니다. 하지만 다른 사람의 모유를 받아먹는 것은 매우 위험한 행동입니다. 왜냐하면 수유한 엄마의 건강 상태를 모르기 때문입니다. 그리고 모유를 위생적으로 보관했는지 여부와 보관 기간을 정확하게 알 수 없기 때문입니다. 현행법에서 모유를 사고파는 것은 불법이며, '모유 은행'을 통해 기증받는 것이 안전하고 적법한 방법입니다.

시몬과 페로는 아주 오래전 이야기라는 것을 기억해야 합니다. 그리고 페로는 아버지가 굶어 죽어가는 것을 볼 수 없어, 효심으로 아버지에게 자신의 젖을 물린 것입니다. 아버지 시몬도 이 상황이 달가웠을 리 없습니다. 그도 수차례 거절하다가, 살기 위해 딸이 주는 젖을 먹을 수밖에 없었을 것입니다.

성인이 영양을 보충할 목적으로 모유를 찾는 것은 어리석은 일입니다. 그렇게 먹은 모유는 별 효과도 없을뿐 아니라, 오히려 검증되지 않은 모유를 먹었을 때 식중독, 간염, 에이즈, 매독과 같은 심각한 전염병에 노출될 수 있습니다. 모유는 세상 단 한 사람, 오로지 아기를 위한 음식입니다.

바람이 스치기만 해도 아픈 통풍

호랑이한테 물린 것만큼 아픈 통풍

통풍(痛風, Gout)은 대사 과정에서 생성되는 노폐물의 일종인 요산이 혈액 속에 많아져, 요산 결정이 작은 관절이나 연골 주변에 쌓여 염증을 일으키는 질환입니다. 극심한 통증을 동반하는 관절염 형태로 나타나며, 주로 엄지발가락에 발생합니다. 요산은 우리 몸의 세포가 죽으면 나오는 '퓨린(purine)'이라는 물질에서 만들어지며, 콩팥을 통해 소변으로 배설됩니다.

통풍의 급성 발작은 주로 40~60대의 남성에게서 발생합니다. 통풍이 남성에게 잘 발생하는 이유는 남성호르몬이 콩팥에서 요산의 재흡수를 촉진해, 요산의 배설을 억제하는 효과가 있기 때문입니다. 반면 여성호르몬은 콩팥에서 요산의 재흡수를 억제해서, 요산의 배설을 증가시키는 효과가 있습니다. 그래서 주로 여성은 폐경기 이후에 통풍이 발생합니다.

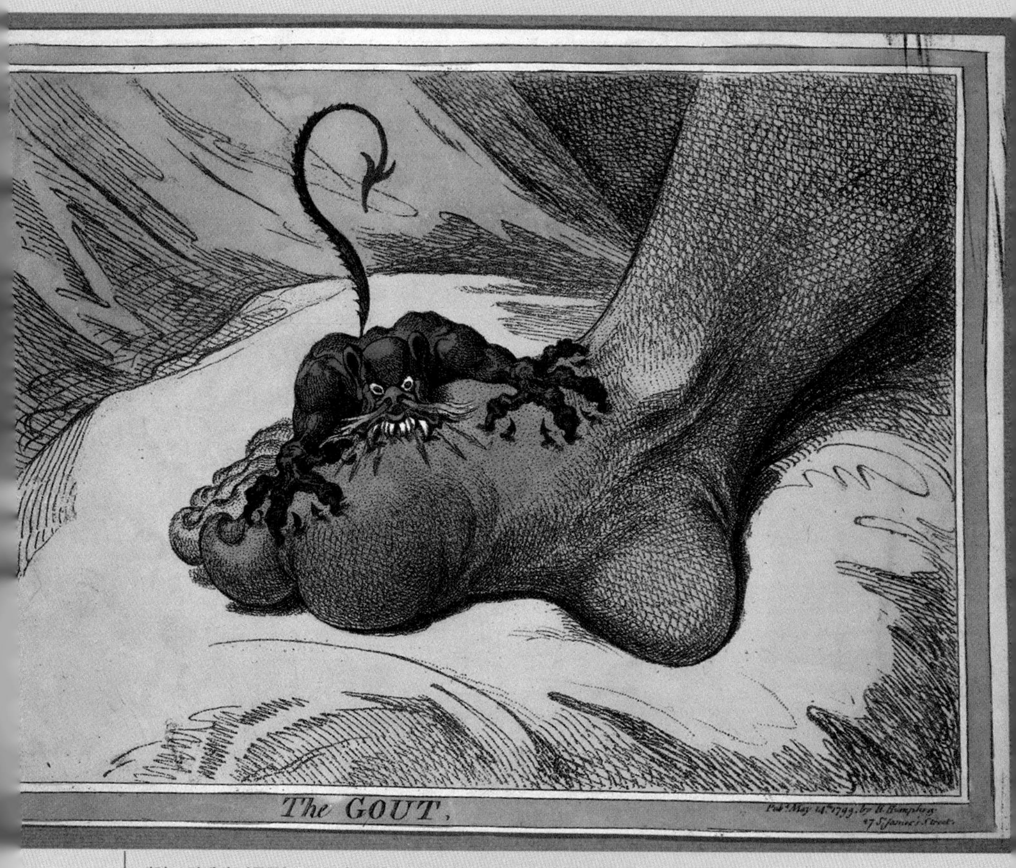

제임스 길레이, 〈통풍〉, 1799년, 에칭 후 채색, 26×35.5cm, 런던 웰컴컬렉션

바람이 스치기만 해도 통증을 일으킨다는 데서 통풍이라는 이름이 붙은 만큼 통증이 매우 심한 질병입니다. 통풍은 급성 치수염(다수의 신경 및 혈관이 분포하는 치아 내부 치수에 발생하는 염증)으로 인한 치통, 요로 결석으로 인한 옆구리 통증과 함께 의학계 '3대 통증'으로 불릴 정도로 심한 고통을 유발합니다. 한의학에서는 '백호역절풍(白虎歷節風)'이라고 해 통풍이 발병하면 호랑이한테 물린 것만큼 아프다는 표현을 사용합니다.

과거 통풍은 '왕의 병' 또는 '부자들의 병'이라고 불렸습니다. 경제적 여유가 있어 좋은 음식과 술을 먹는 귀족이나 상류층 사람들에게 흔히 발생했기 때문입니다. 하지만 먹을거리가 풍성해진 현대에는 빈부격차 없이 발생합니다. 우리나라에서는 잦은 회식으로 음주와 과식, 고지방 식품 섭취가 많은 40대 이후 중년남성에서 주로 나타나는 질환이었습니다. 하지만 근래에는 서구화된 식생활로 20~30대 젊은 남성 환자들도 증가하고 있습니다. 국내 보고에 의하면 30대 이하 남성 통풍 환자 수는 5만 5000명 이상으로 전체 통풍 환자의 20퍼센트에 육박합니다.

풍자와 해학이 넘치는 인물 캐리커처의 선구자, 제임스 길레이

쿠션 위에 올려놓은 발을 클로즈업한 듯한 그림입니다. 자세히 보면 엄지발가락과 발등이 붉게 부어올라 있으며, 그 위로 악마같이 생긴 작은 괴물이 송곳니와 날카로운 이빨로 발등을 사정없이 물어뜯고 있습니다. 발가락과 발등에 엄청난 통증이 있을 것으로 예상됩니다.

〈통풍〉이라는 제목의 이 작품은 통풍을 상징하는 가장 유명한 이미지 가운데 하나입니다. 통풍의 통증을 경험했던 환자들에게 이 그림을 보여 주면, 대다수 환자들은 말로는 설명할 수 없는 통증을 너무나 잘 묘사했다고 감탄하곤 합니다.

17~18세기에는 통풍과 괴혈병(비타민C가 부족해 생기는 여러 증상)이 지금의 암이나 심장병, 당뇨병, 고혈압처럼 매우 광범위하게 퍼져 있는 생활 속 질병이었습니다. 〈통풍〉을 그린 제임스 길레이James Gillray, 1756~1815는 현대 인물 캐리커처에 지대한 영향을 미친 영국의 정치 풍자 화가입니다. 초기 작품은 정치적 색채보다 인물의 형태 변형에 중점을 두었습니다. 그러다가 영국의 정치적 변화 및 경제적 위기, 특히 나폴레옹Napoleon Bonaparte, 1769~1821의 등장으로 전쟁 위기가 고조되자 점차 정치적 메시지를 담은 그림을 많이 그렸습니다. 철저하게 영국 입장에 서서 프랑스대혁명에 대해서는 보수적인 태도를 보였으며, 나폴레옹을 조롱하는 캐리커처를 많이 그렸습니다.

제임스 길레이의 나폴레옹 풍자화.

길레이는 1200점이 넘는 컬러 판화를 만들었는데, 대다수는 정치와 정치가를 비꼬는 풍자와 해학이 넘치는 작품입니다. 그의 정치 풍자 판화는 영국뿐만 아니라 당시 적국이던 프랑스에서도 인기가 있었습니다. 그의 새로운 판화가 출간될 때면 수많은 대중이 출판사

창문 밖에 모여드는 진풍경이 연출됐습니다. 그가 그린 정치적인 성향의 캐리커처는 후에 프랑스 신고전주의 화가 다비드Jacques Louis David, 1748~1825와 스페인 낭만주의 화풍의 대가 고야Francisco de Goya, 1746~1828에게도 큰 영향을 미쳤습니다.

질병 분류학의 선구자가
직접 경험하고 남긴 통풍의 양상

통풍은 고대 이집트 문헌에도 등장하는 아주 오래된 질병입니다. '영국의 히포크라테스'로 불리는 토머스 시드넘Thomas Sydenham, 1624~1689은 청교도혁명에 가담할 정도로 의식이 있는 17세기 영국 최고의 내과의사였습니다. 시드넘은 고착화된 당시 의학 이론에 반기를 들고 다양한 질병 현상에 대한 면밀한 관찰과 경험이 의학의 중심이라고 생각했습니다. 그는 다양한 질병의 증상과 경과를 자세히 관찰해 기록으로 남겼습니다. 그런 기록이 자그마치 600쪽짜리 8권 분량에 달한다고 합니다. 그의 기록은 현대 의학에서 질병 분류학의 기원이 되고 있습니다.

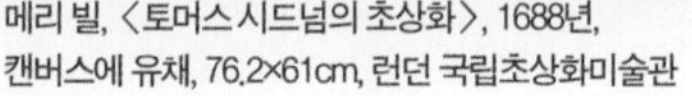

메리 빌, 〈토머스 시드넘의 초상화〉, 1688년, 캔버스에 유채, 76.2×61cm, 런던 국립초상화미술관

시드넘은 본인이 겪은 급성 통풍

발작 양상에 대해 다음과 같이 생생하게 묘사하고 있습니다.

"나는 잠을 청하러 침실로 가서 편안히 잠이 들었다. 하지만 새벽 두 시에 엄지발가락을 죄어드는 통증으로 잠에서 벌떡 일어나야만 했다. 통증은 엄지발가락뿐만 아니라, 발뒤꿈치, 발목 그리고 발 안쪽까지 간간이 나타났다. 통증은 마치 뼈가 쪼개지는 듯 극심했으며, 오한과 발열이 함께 나타났다. 처음에는 통증의 강도가 약하다가 시간이 지남에 따라 강도가 점점 강해져서 마치 인대가 끊어지는 것 같기도 하고, 개가 물어뜯는 것 같기도 하고, 심하게 누르거나 조이는 것 같기도 하다. 통증이 너무 심해서 옷깃이 닿는 것도 참을 수 없었고, 발걸음 소리에 건물이 미세하게 움직이는 것조차 참기가 힘들었다."

시드넘의 묘사처럼 급성 통풍 발작은 주로 밤에 발생하며, 통증의 강도가 시간이 지남에 따라 급격히 증가하는 양상을 보입니다. 급성 통풍 발작이 생기는 부위는 주로 엄지발가락과 그 주변 관절이며, 거의 모든 환자에게서 관절 주변의 열감이 나타납니다.

합스부르크가의 상징 주걱턱이 통풍을 유발하다!

근엄한 표정의 중년 신사가 고급스러운 의자에 앉아 지긋이 앞을 바라보고 있습니다. 장갑 한쪽은 벗어서 손에 쥐고, 한쪽 다리는 앞으로 뻗었습니다. 자세히 보면 이 신사는 턱을 비롯한 하관이 튀어나와 있습니다. 의자 옆에는 지팡이가 세워져 있는 것으로 보아 다리가 불편한 것 같습니다. 자세히 보니 양쪽 신발의 크기가 다릅니다.

티치아노, 〈신성로마제국 황제 카를 5세의 초상〉, 1548년, 캔버스에 유채, 203.5×122cm, 뮌헨 알테피나코테크미술관

이 신사는 신성로마제국의 황제이자, 스페인의 국왕으로 합스부르크 가문의 최대 전성기를 이끈 카를 5세Karl V, 1500~1558입니다. 카를 5세는 "짐은 하느님께는 스페인어로, 애인에게는 이탈리아어로, 남자에게는 프랑스어로, 내 애마에게는 독일어로 이야기한다"고 말했을 만큼, 다양한 언어와 문화를 섭렵한 지식인이었습니다. 그는 특정된 국가에 얽매이지 않고 유럽을 통합적으로 인식했던 왕이었습니다.

카를 5세가 범 유럽적인 세계관을 가질 수 있었던 배경은 다국적으로 구성된 그의 가족입니다. 카를 5세의 할아버지는 합스부르크가 출신으로 신성로마제국 황제였던 막시밀리안 1세Maximilian I , 1459~1519였고, 할머니는 부르고뉴 공작 부인 마리Marie de Bourgogne, 1457~1482였습니다. 또한 외할아버지와 외할머니는 이슬람 세력을 스페인에서 몰아낸 아라곤의 페르디난도 2세Ferdinando II de' Medici, 1610~1670와 카스티야의 이사벨라 1세Isabel I de Castilla, 1451~1504 여왕이었지요.

게다가 그는 부르고뉴공국에서 어린 시절을 보냈고, 왕위에 오른 뒤에는 스페인, 독일, 이탈리아 등 자신의 영토를 누볐으니 4개 국어에 정통한 것은 지극히 자연스러운 일이었을 것입니다. 그러나 이런 다양한 문화적 배경으로 이루어진 합스부르크 왕국은 카를 5세 때 중요한 역사적 소용돌이에 휘말리게 됩니다.

그가 황제로 재임했던 기간에 종교개혁, 오스만 튀르크 제국의 유럽 침공, 신대륙 정복, 르네상스 등 중요한 역사적 사건이 있었습니다. 그는 중세에서 근대로 전환되는 역사적 흐름의 한복판에 서 있던 군주였습니다. 역사적 격변기에 카를 5세는 근대 유럽에서 가장 넓은 영토를 지배했습니다.

주걱턱은 합스부르크가의 상징이라고 할 수 있습니다. 근친혼의 영향으로 합스부르크가 사람들은 아래턱이 위턱보다 비대했습니다. 합스부르크가의 후예들은 비정상적인 턱 구조 때문에 음식을 제대로 씹지 못했습니다.

그래서 자주 소화 장애를 호소했고, 체중을 관리하기 위해서 요즘 식으로 표현하면 고기만 먹는 황제다이어트를 했습니다. 고단백 음식을 많이 섭취한 카를 5세는 심한 통풍으로 고생했습니다.

재위한지 40년이 지나서 황제 자리를 아들 펠리페 2세Felipe II de Habsburgo, 1527~1598에게 양위하고 난 후에는 수도원에 칩거하며 말년을 조용히 보냈습니다.

그는 발의 통증 때문에 휠체어를 탔으며, 휠체어를 탈 수 없을 때는 그림 속 모습처럼 지팡이를 사용했습니다. 발가락이 부어오르고 통증이 심해서 신발은 다소 크게 제작했습니다.

〈신성로마제국 황제 카를 5세의 초상〉을 그린 티치아노Tiziano, 1488~1576는 피렌체 화가들의 조각적인 형태주의에 응수해 베네치아의 회화적인 색채주의를 확립한 바로크 미술 양식의 선구자입니다. 티치아노는 황제의 권위와 세련됨을 동시에 표현할 수 있는 화가였습니다. 유럽 각 나라 군주들은 앞을 다투어 티치아노에게 초상화를 주문했습니다.

통풍 예방하고 증상을 완화하는 비법, 물 많이 마시기

통풍은 성인 남자에게 가장 흔한 염증성 관절염입니다. 서구에서는 약 1퍼센트의 유병률을 보이는 흔한 질병으로, 동양에서는 질병 빈도가 낮은 것으로 알려져 왔습니다. 그러나 서구화된 식생활과 생활 습관으로 인해 동양인에게서도 통풍 발생이 점점 증가하는 추세입니다. 우리나라에서도 최근 33만 명 이상이 통풍으로 병원에서 진료를 받고 있으며, 병원을 찾는 환자의 수도 지난 4년간 40퍼센트 증가할 정도로 급증했습니다.

몸 안에 요산 수치가 높다고 해서 모두 다 통풍이 생기는 것은 아닙니다. 도화선에 불이 붙어야 화약이 폭발하는 것과 마찬가지 원리입니다. 혈액에 요산 농도가 비정상적으로 높은 사람이 과음하거나 폭식 또는 갑자기 심한 운동을 하거나, 무리한 다이어트를 할 때 혈중 요산 농도가 변화해 통풍 발작이 생깁니다.

통풍을 예방하거나 증상을 완화하려면 평소 수분을 충분히 섭취해서 요산이 소변으로 배출되기 쉽게 해주는 것이 중요합니다. 특별히 콩팥에 장애가 없다면 하루 2~3리터 이상의 물을 마시는 것이 좋습니다. 카페인이 함유된 커피도 이뇨 작용을 돕기 때문에 도움이 되지만, 주스는 요산을 증가시키는 과당이 들어 있기 때문에 피해야 합니다.

일상의 작은 기쁨까지 빼앗아 갈 수 있는 통풍

다리에 석고붕대를 한 노인이 열심히 낚시질하고 있습니다. 매우 진지한 표정으로 낚싯대를 바라보고 있습니다. 이 노인 역시 통풍 환자로 한쪽 다리의 통증이 매우 심해 석고붕대를 하고 있습니다. 노인의 발은 부기를 빼기 위해 다소 높게 고정돼 있습니다. 현대의 관점으로 보아도 의료적으로 효과 있는 조치입니다.

그런데 노인은 취미생활인 낚시를 즐기기 위해 실내에 큰 대야를 놓고 열심히 낚시를 즐기는 중입니다. 노인은 강이나 바다로 나가서 낚시하고 싶지만, 통풍으로 걷기 힘들어서 나갈 수가 없습니다. 궁여지책으로 고안해낸 방식이 집안에 낚시터를 만드는 것이었지요. 온갖 역경을 이겨내고 낚시를

시어도어 레인, 〈애호가 또는 통풍에 걸린 낚시꾼〉, 1828년, 캔버스에 유채, 40.6×55.9cm, 런던 테이트갤러리

즐기는 노인은 진정한 낚시 애호가입니다. 아니면 통풍 때문에 통증이 심해 잠을 이룰 수가 없어 낚시하며 통증을 잊으려 한 것일 지도 모릅니다.

통풍이 부유한 사람의 질병이라는 당시의 일반적인 견해와는 달리 노인의 집안은 그다지 호화스럽지 않아 보입니다. 아니면 그동안 통풍 치료에 재산을 다 써서 가세가 기운 건 아닐까요? 바닥에는 성경책이 펼쳐져 있고, 탁자에는 통풍약이 놓여 있습니다. 어쩐지 노인이 불쌍하고 처량해 보입니다.

〈애호가〉를 그린 시어도어 레인Theodore Lane, 1800~1828은 우리에게는 낯선 영국의 화가이자 판화가입니다. 사고사로 짧은 생을 산 비운의 화가이지만, 주제를 유머러스하게 표현하는 데 뛰어난 소질이 있었습니다. 그의 연작 〈배우의 삶〉은 스포츠와 사회생활에 관해 그린 그림들로, 책으로 출판되고 판화로도 제작돼 많은 인기를 누렸습니다.

요산을 생성하는 퓨린이 단백질 식품에도 포함돼 있기 때문에 통풍이 있는 환자들에게 육류와 고등어 같은 등푸른 생선을 먹지 말라고 합니다. 하지만 사실은 그렇게까지 엄격하게 식습관을 조절할 필요는 없습니다. 모든 육류나 해산물을 좀 덜 먹으면 됩니다. 당연히 과식과 과음을 피하되, 적당한 음주는 가능합니다. 하지만 술은 음식을 부르고, 자기도 모르게 과식하고 과음하게 만들기 때문에 조심하라는 것입니다.

통풍 환자라고 해서 음식 섭취 문제로 심한 스트레스를 받을 필요는 없습니다. 퓨린 성분이 전혀 없는 음식만을 골라 먹더라도 감소하는 혈중 요산 농도는 1mg/dl정도 입니다. 따라서 음식에 너무 예민하기보다는 통풍 치료제를 매일 꾸준히 먹는 것이 훨씬 유익합니다. 그리고 두 번 이상 급성 통풍 발작을 경험한 환자는 고혈압이나 당뇨병처럼 착실하게 꾸준히 약물을 복용하는 것이 최선의 치료법입니다.

최근 보고에 의하면 하루 네 잔 이상 커피를 마시면 통풍 발병률이 40퍼센트 줄어든다는 연구 결과가 있습니다. 아직 정확한 기전이 밝혀지지 않았지만, 디카페인도 동일한 효과가 있는 것으로 보아 카페인 때문만은 아닌 것 같습니다. 시럽이나 설탕을 넣지 말고 아메리카노 같은 커피를 마시는 것이 좋습니다.

제임스 길레이, 〈통풍, 산통 결핵을 치료하기 위해 펀치를 마시는 세 사람〉, 1799년, 에칭 후 채색, 25×33cm, 런던 웰컴컬렉션

한 가지 주의할 점은 다른 관절 질환과 달리 통풍에는 찜질이 해롭다는 것입니다. 냉찜질이든 온찜질이든 마찬가지입니다. 냉찜질은 관절 안에 침착되는 요산의 양을 증가시키고, 온찜질은 염증을 더 악화시키기 때문입니다.

통풍 환자들은 식습관이나 생활방식, 운동습관, 체형 및 음식물 섭취 등이 모두 다릅니다. 그래서 일률적으로 무엇이 좋고 무엇이 나쁘다는 획일적인 치료 방침이 있을 수 없습니다. 환자의 개별적인 특성에 따른 치료가 중요하기 때문에 가까운 병의원에서 주치의를 선정하는 것이 좋습니다. 무엇보다도 통풍의 정확한 진단이 선행돼야 하고 정기적으로 혈액 내 요산 수치를 검사하는 것이 중요합니다.

통풍은 너무 잘 먹어서 생기는 병입니다. 자제하지 못한 식탐이 우리 몸에 불러일으키는 참사는 생각보다 훨씬 심각합니다. 조금 더 먹고 싶을 때 숟가락을 놓으면, 몸이 훨씬 기뻐합니다.

눈은 몸의 등불이니 네 눈이 성하면 온몸이 밝을 것이요

또 하나의 눈, 안경

시력이 나쁜 필자는 안경을 낍니다. 안경의 도움을 받아 세상을 본 시간이 그렇지 않은 시간보다 더 긴 필자에게, 안경은 신체의 일부처럼 느껴지기도 합니다. 그 증거가 세수할 때 안경을 끼고 있다는 사실을 망각하곤 안경 낀 얼굴에 물을 끼얹는다는 것입니다. '아차!' 싶었을 땐, 이미 죄 없는 안경이 물벼락을 맞은 뒤입니다.

'본다'라는 것은 물체에서 반사된 빛이 우리 눈을 거치면서 굴절되어 망막에 상이 맺히고, 이것이 시신경을 통해 뇌에 전달되어 무엇인지 인지하는 일련의 과정입니다. 빛의 굴절을 담당하는 기관이 각막과 수정체입니다. 눈 가장 안쪽에 자리한 망막은 눈으로 들어온 빛을 전기 신호로 바꿔 뇌로 전달합니다.

얀 반 에이크, 〈참사위원 요리스 반 데르 파엘레와 함께 있는 성모자〉, 1436년, 패널에 유채,
브뤼헤 그뢰닝게박물관

눈에 들어온 빛이 굴절되는 과정에 이상이 생겨 우리 눈에서 카메라의 필름 역할을 하는 망막에 상이 제대로 맺히지 않으면 시력 저하가 발생합니다. 가까이 있는 것은 잘 보이지만 멀리 있는 것이 잘 보이지 않는 '근시(近視, myopia)'는 물체의 상이 망막보다 앞에 맺히는 경우입니다.

반대로 멀리 있는 것은 잘 보이는데 가까이 있는 것이 잘 보이지 않는 '원시(遠視, hyperopia)'는 물체의 상이 망막보다 뒤에 맺히는 경우입니다. '난시(亂視, astigmatism)'는 각막 표면이 고르지 못하여 눈으로 들어오는 빛의 굴절도가 달라 초점이 한 점에서 만나지 못해 흐리게 보이는 상태를 말합니다. 안경은 근시 · 원시 · 난시 같은 굴절이상을 교정해 세상을 더 잘 볼 수 있게 도와주는 또 하나의 '눈'입니다.

흥미롭게도 우리 눈의 근시와 원시 현상에 관한 이론체계를 수립한 것은 천문학 혁명의 핵심 인물들이었습니다. 독일 천문학자 케플러Johannes Kepler, 1571~1630가 1611년 근시 현상, 영국 물리학자 뉴턴Isaac Newton, 1642~1727이 1704년 원시 현상의 이론체계를 수립했습니다. 케플러

프라하에 있는 브라헤(오른쪽)와 케플러(왼쪽)의 동상.

는 최초로 행성 운동 법칙을 과학적으로 규명한 천문학자로, 17세기 과학 혁명을 주도한 인물입니다. 그는 지독한 근시에 복시(複視 : 물체가 두 개로 보이거나 그림자가 생겨 이중으로 보이는 증상)까지 있었다고 합니다. 밤에 책을 읽다가 촛불을 눈에 너무 가까이 대는 바람에 눈썹을 태우기 일쑤였다는 일화가 전해집니다.

케플러의 업적은 역사상 가장 위대한 육안 관측 천문학자로 꼽히는 티코 브라헤Tycho Brahe, 1546~1601와 협업한 결과물이라고 볼 수 있습니다. 일설에 따르면 브라헤는 1킬로미터 밖에서 동전이 500원짜리인지 100원짜리인지를 구별할 수 있을 정도로 시력이 좋았다고 합니다. 브라헤는 지금의 덴마크와 스웨덴 사이에 있는 벤 섬에 '하늘의 성'이라는 뜻의 천문대 우라니보르크를 세우고 당대 최고 수준의 천문 관측 데이터를 확보했는데요. 브라헤의 조수로 일했던 케플러는 브라헤 사후 방대한 관측자료를 넘겨받아 밤낮으로 분석한 끝에 '행성은 태양을 타원궤도로 돈다' 등 세 가지로 구성된 '케플러 법칙'을 발표했습니다.

인쇄 혁명과 궤를 같이하는 안경의 역사

안경은 언제 처음 만들어졌을까요? 현재까지 발표된 논문에 따르면 안경은 13세기 말 이탈리아 베니스에서 처음 만들어졌습니다. 안경을 가리키는 '로오디 다 오그리(Roidi da Ogli)'라는 용어를 처음 사용한 곳도 베니스였습니다. 이 시기 베니스는 유리 제조 기술이 뛰어나 무색의 투명 유리를 만들 수 있는 유일한 곳이었습니다. 그러나 안경을 누가 발명했는지는 명확히 밝혀

토마소 다 모데나, 〈위고 대주교의 초상화〉, 1352년, 프레스코, 높이 150cm, 트레비소 산 니콜로 수도원

지지 않았습니다.

다만 기록을 통해 1280년경 발명되었다고 추정하고 있습니다. 1305년 혹은 1306년에 지오다노 다 리발토Giordano da Rivalto, 1260~1311라는 수도사가 산타마리아 노벨라 교회에서 한 설교에 안경이 등장합니다. "세상에서 가장 쓸모 있는 기술 중 하나인 안경 만드는 법을 발견한 것은 아직 20년도 되지 않았다. (중략) 나도 그것을 보았고, 그것을 처음 만든 사람과 이야기를 나누기도 했다." 비슷한 시기에 피사 수도원의 알렉산드로 델라 스피나Alessandro della Spina, ?~1313라는 수도사가 사망하자, 그에 관한 기록을 남겨 현대까지 보존하고 있는데요. 기록에 따르면 스피나는 한 번 본 것을 똑같이 만드는 재주가 있었는데, 안경을 보고 그것을 복제해서 다른 사람에게 나누어주었다고 합니다.

트레비소 산 니콜로 수도원 회의장에 있는 〈위고 대주교의 초상화〉는 안경이 등장하는 최초의 그림입니다. 초상화 속 위고Hughes de Saint-Cher, 1190?~1263는 도미니크회 소속 수도사로 두 알짜리 접이식 안경을 코에 걸고 글을 쓰고 있습니다. 그림 속 안경은 초기 형태로 일명 '대못안경'이라고 불립니다. 나무나 동물 뼈 등으로 만든 안경테에 수정이나 유리로 된 둥근 렌즈를 끼워 넣은 단안경 두 개를 대못으로 연결해 접을 수 있도록 만든 것이죠.

그런데 이 작품은 위고 대주교가 사망한 후 대략 100년 뒤에 그려졌습니다. 위고 대주교가 살아있을 당시는 안경이 발명되기 전이라 실제로 위고 대주교는 안경을 끼지 않았을 것입니다. 그런데 왜 화가는 위고 대주교를 안경을 쓴 모습으로 묘사했을까요? 그림 속 안경은 성서를 깊이 연구하는 학자로서의 면모를 강조하기 위한 상징물로 보아야 합니다. 당시 도미니크 수도사들은 자신들을 '과학의 운반자'로 여겼고, 이러한 그림을 주문해 자신들의 지적 활동을 널리 알리고자 했습니다.

성서를 주로 접하는 수도사나 성직자, 신학자를 중심으로 사용되던 안경은 1445년 구텐베르크Johannes Gutenberg, 1398~1468가 금속활자를 발명하면서 널리 확산되었습니다. 인쇄 혁명으로 성서는 물론 많은 서적이 출판되었고, 책의 수요 또한 폭발적으로 늘어났습니다. 독서가 일반인의 삶에 퍼지면서 비로소 사람들이 시력 저하를 자각하게 된 것이죠. 1583년 독일 뉘른베르크에서 안경이 대량 생산되기 시작하면서 안경은 필요한 사람 누구나 쉽게 살 수 있는 생활용품이 되었습니다.

실명에 이를 수 있는 편두통, 측두동맥염

얀 반 에이크Jan van Eyck, 1390~1441의 작품 〈참사위원 요리스 반 데르 파엘레와 함께 있는 성모자〉(295쪽)를 보실까요. 15세기 겐트와 브뤼헤에서 활동했던 반

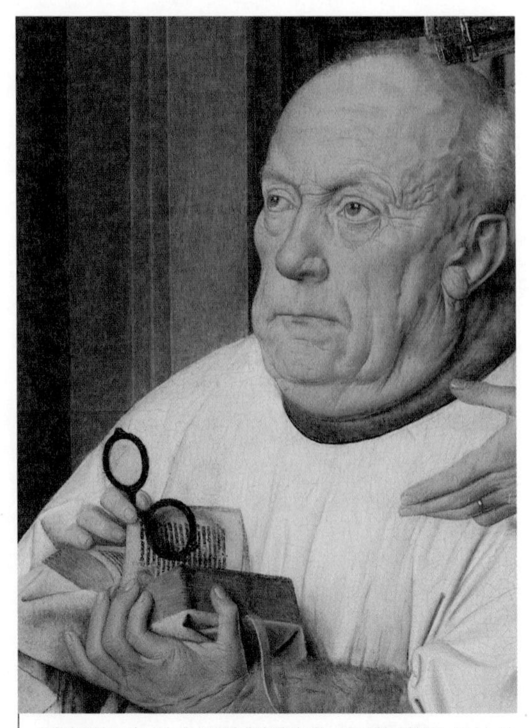

〈참사위원 요리스 반 데르 파엘레와 함께 있는 성모자〉 부분도. 요리스 반 데르 파엘레의 관자놀이 부근을 자세히 보면 혈관이 상당히 돌출되어 있다. 이는 측두동맥염의 전형적인 징후다.

에이크는 서양 미술사에서 가장 중요한 화가 중 한 명으로 꼽힙니다. '유화의 아버지'라는 수식어로 짐작할 수 있듯이, 반 에이크는 당시에는 신기술이었던 유화 기법을 발전시키고 완성했습니다.

"얀 반 에이크의 눈은 동시에 현미경과 망원경처럼 작동한다"라는 예술사가 파노프스키Erwin Panofsky, 1892~1968의 설명처럼, 반 에이크의 작품은 놀랍도록 사실적이고 정밀한 묘사가 특징입니다. 〈참사위원 요리스 반 데르 파엘레와 함께 있는 성모자〉 역시 15세기 플랑드르(현재 네덜란드와 벨기에 지역) 리얼리즘 회화의 진수를 보여주는 작품입니다. 그림 중앙에 붉은 망토를 두르고 왕좌에 앉아 있는 성모를 중심으로, 오른쪽에 흰색 사제복을 입고 무릎을 꿇은 남성이 이 작품의 의뢰자이자 기증자인 요리스 반 데르 파엘레Joris van der Paele, 1370~1443입니다. 그림 속 파엘레는 왼손에 조금 전까지 읽던 것으로 보이는 성경을 들고 있고, 오른손에는 안경을 들고 있습니다. 안경에 비친 성경의 텍스트가 눈에 띄게 왜곡되어 있습니다. 볼록렌즈로 비춰 볼 때 나타나는 현상으로, 그가 들고 있는 안경은 돋보기였을 것입니다.

성공한 성직자였던 파엘레는 이 작품이 그려질 당시 60대였습니다. 그는 건강이 악화하자 예배당을 짓고 반 에이크에게 그림을 의뢰해 교회에 봉헌했습니다. 반 에이크의 사실적인 묘사 덕분에 우리는 파엘레가 어떤 병을 앓고 있었는지 유추해 볼 수 있습니다. 파엘레의 관자놀이 부근을 자세히 보면 혈관이 상당히 돌출되어 있습니다. 이는 측두동맥염(Temporal arteritis)의 전형적인 징후입니다.

관자놀이 쪽이 유독 지끈거리면 대개 편두통을 의심하는데요. 드물게 편두통이 아닌 측두동맥염 증상일 수 있습니다. 측두동맥염은 관자놀이 근처를 지나가는 측두동맥(관자동맥)에 염증이 생겨 발생하는 두통입니다. 주로 50~70대 이상의 고령층에서 발생하기 때문에 '노인성 혈관성 두통'이라고 부르기도 합니다. 동맥에 염증이 발생하면 혈관 벽이 두꺼워지고 혈액순환이 제대로 되지 않는데, 이때 동맥에 부종과 압통이 생기면서 두통이 나타납니다. 그리고 염증이 발생한 동맥이 관자놀이와 이마 아래로 돌출되고, 돌출된 혈관을 만져보면 딱딱한 것도 특징입니다. 측두동맥염의 발병 원인은 아직 명확하게 밝혀지지 않았으나, 면역 체계의 이상 반응으로 인한 염증이 주요인으로 지목되고 있습니다.

측두동맥염은 단순히 두통으로만 그치지 않고, 염증이 혈관을 타고 퍼져나가면서 눈과 뇌에 영향을 미치기도 합니다. 염증이 눈으로 가는 혈관을 막아 눈에 혈액이 제대로 공급되지 않으면 허혈성 시신경염이 찾아오는데, 이때 며칠에서 몇 주 만에 시력이 크게 떨어집니다. 또 뇌혈관 쪽으로 염증이 퍼져 혈관이 막히면 뇌졸중으로 이어질 수도 있습니다.

측두동맥염은 항염증 효과가 뛰어난 스테로이드 약물을 사용해 치료합니다. 하지만 장기간 고용량의 스테로이드를 사용하는 만큼 혈압 · 혈당 상승,

골밀도 감소 등의 부작용이 나타날 수 있어 세심한 관리가 필요합니다.

남성들을 불편하게 한 도발적인 자화상

안경이 지금처럼 다리를 귀에 걸쳐서 착용하는 형태가 된 것은 18세기 초입니다. 그전까지는 손잡이가 달린 나무 고리에 렌즈를 끼우거나 렌즈 양쪽을 끈으로 고정하거나 다리 없이 코에 렌즈를 걸쳐 사용하는 형태였습니다. 안나 도로테아 테르부쉬Anna Dorothea Therbusch, 1721~1782의 자화상에는 생소한 형태의 안경이 등장합니다. 여성이 머리에 쓴 베일에 알이 하나뿐인 안경이 매달려 있습니다. 지금은 거의 사용하지 않는 편안경 또는 단안경이라 불리는 외알안경(monocle)의 한 형태입니다. 외알안경은 한쪽 눈에만 대고 보는, 렌즈가 하나뿐인 안경입니다. 렌즈에 긴 손잡이를 달거나 렌즈를 눈언저리에 대고 그 부분 근육을 상하로 눌러 끼우는 식으로 착용합니다.

그런데 당시 테르부쉬의 자화상을 본 많은 남성 관람객이 혀를 쯧쯧 찼다고 합니다. 평온하기 이를 데 없는 이 작품의 어떤 부분이 남성들의 심기를 건드렸을까요? 테르부쉬의 아버지는 프로이센의 프리드리히 빌헬름 1세Friedrich Wilhelm I, 1688~1740의 궁정화가였습니다. 아버지의 재능을 물려받은 테르부쉬는 어릴 때부터 초상화가로 명성을 날렸습니다. 그러나 숙박업을 하는 남편과 결혼한 뒤 20년 가까이 붓을 들 수 없었습니다

숙박업소에 딸린 레스토랑 일을 도와야 했기 때문이죠. 게다가 돌봐야 할 자녀도 세 명이나 있었습니다. 그러나 그녀는 서른아홉 살에 다시 붓을 들었습니다. 마흔 살이 되던 해에는 슈투트가르트의 한 공작으로부터 그림을 주

안나 도로테아 테르부쉬, 〈자화상〉, 1782년경, 캔버스에 유채, 154.2×118.4cm, 베를린국립회화관

문받고, 슈투트가르트 아카데미 명예회원이 되었습니다. 테르부쉬는 40대 중반의 나이에 더 깊이 있는 그림을 그리고자 파리로 유학을 떠납니다.

그녀의 그림은 곧 파리에서 주목받습니다. 살롱전에 작품이 전시되고 프랑스 아카데미 회원도 되었죠. 그러나 딱 거기까지였습니다. 루이 15세Louis XV, 1710~1774와 귀족들은 테르부쉬에게 그림을 의뢰하지 않았습니다. 그녀가 왕과 귀족들에게 외면받은 이유가 매우 황당했는데요. 미술 평론가 디드로Denis Diderot, 1713~1784의 분석에 따르면 "이 나라에서 테르부쉬가 대단한 화제를 불러일으키지 못한 것은 재능이 부족해서가 아니라 젊음과 미모, 수줍음과 애교가 부족했기 때문이다"라고 합니다. 대체 이게 무슨 말인가 싶지만, 그의 분석은 꽤 정확합니다.

"아내는 남편에게 순종하고, 겸손의 미덕을 기르며, 청결 · 육아 · 경로 · 간호 · 가사 정리에 힘쓰는 등 현모양처를 만드는 것을 목표로 한다." 장 자크 루소Jean Jacques Rousseau, 1712~1778의 『에밀』에 나오는 여성 교육론입니다. 루소는 근대 교육의 문을 열고 프랑스혁명에 영향을 끼친 사상가입니다. 지금은 경악할 만한 이러한 교육관이 놀랍게도 '계몽의 시대'인 18세기에는 보편적인 인식이었습니다.

실력은 뛰어났지만, 미모도 애교 없는 중년의 여성화가 테르부쉬는 전근대적인 미술계에서 성공할 수 없었던 것이죠. 파리에서 쓰디쓴 실패를 경험하고 고국으로 돌아온 테르부쉬는 프로이센 왕가의 초상화가로 활동하며 노년까지 작품 활동을 이어갑니다.

외알안경을 쓴 자화상은 그녀가 60세 무렵 그린 작품입니다. 의자에 앉은 테르부쉬는 한쪽 눈에 외알안경을 걸치고 책을 읽다가 어떤 기척에 고개를 돌린 것처럼 보입니다. 당시 여성의 초상이 안경과 더불어 그려지는 일은 거의 없었습니다. 안경은 예나 지금이나 여성이 용모를 드러내는 데 방해가 되는 물건으로 여겨졌기 때문이죠. 게다가 책을 가까이하는 지적인 여성이라니요! 여성이 아내와 어머니로만 존재하는 것을 당연시했던 18세기 남성들에게 안경을 쓰고 책을 읽는 테르부쉬의 자화상은 매우 도발적인 작품이었습니다.

당뇨병 때문에 붓을 놓아야 했던 화가

안경을 쓴 여성의 그림을 한 편 더 볼까요. 노년의 여인이 안경을 착용하고 신문을 읽고 있습니다. 그림 속 여성은 미국 화가 메리 카사트Mary Cassatt, 1845~1926의 어머니입니다. 카사트의 어머니가 읽고 있는 것은 소설책이나 잡지가 아닌 파리의 주류 일간지 〈르 피가로(Le Figaro)〉입니다. 카사트의 어머니가 착용하고 있는 안경은 코에 걸쳐 쓰는 다리가 없는 핀스 네즈(pince-nez)입니다. 코안경으로 불리는 핀스 네즈는 렌즈 끝에 끈이나 리본을 달아 장식하기도 했습니다. 코안경을 걸치고 신문을 읽는 카사트의 어머니에게서 기품과 지성이 느껴집니다.

메리 카사트, 〈르 피가로를 읽다〉, 1878년, 캔버스에 유채, 104×83.7cm, 개인 소장

카사트는 미국 피츠버그의 부유한 은행가 집안에서 5남매 중 막내딸로 태어났습니다. 펜실베이니아 미술대학에서 그림을 공부한 카사트는 전업 화가를 꿈꿉니다. 그러나 그녀의 아버지는 막내딸이 화가가 되는 것을 격렬히 반대했습니다. 아버지는

그녀가 다른 딸들처럼 부유한 집에 시집 가길 바랐지요. 그녀의 결심을 지지해 준 유일한 사람이 그림 속 어머니였습니다.

카사트는 아버지의 반대를 무릅쓰고 20대 초반에 파리로 건너갑니다. 그러나 여성인 카사트에게는 모델을 습작하는 일도 미술학교에서 교육받는 일도 허락되지 않았습니다. 카사트는 그림 소재를 주변에서 구할 수밖에 없었지요. 그래서 카사트는 여인들이 아기를 돌보는 모습, 목욕을 시키는 모습 등 소소한 일상을 주로 그렸습니다. 처음에는 카사트가 그린 평범한 모자상을 아무도 주목하지 않았지만, 차츰 그녀의 모자상을 '근대의 성모자상'이라 부르며 사랑하는 사람이 늘어났습니다.

그러나 수많은 난관을 극복하고 꿋꿋하게 활동하던 카사트는 눈에 찾아온 질병 때문에 붓을 꺾을 수밖에 없었습니다. 카사트는 65세였던 1911년 당뇨와 류머티즘, 백내장 진단을 받게 되었고 3년 후에는 실명 판정을 받았습니다. 당뇨는 혈당 조절에 필요한 인슐린을 충분히 생산하지 못하거나 신체가 인슐린에 정상적으로 반응하지 못해 혈당 수치가 비정상적으로 높아지는 질환입니다. 당뇨병은 '소리 없는 암살자'라는 별명처럼 온몸에 다양한 영향을 미칩니다.

당뇨망막병증은 당뇨병으로 인해 눈에 발생하는 대표적인 합병증입니다. 고혈당 상태가 지속되면서 안구 뒤쪽에서 망막으로 영양을 공급하는 미세혈관이 망가져 발생합니다. 높은 혈당은 우리 몸 곳곳의 미세혈관을 약화시킵니다. 안구 뒤쪽 혈관이 부풀어 오르거나 터지면 시력이 약해지거나 실명에 이를 수 있습니다. 당뇨병을 앓는 기간이 길고 혈당 조절이 잘되지 않을수록 발병 위험이 커집니다. 망막은 한 번 손상되면 회복할 수 없으므로, 당뇨병이 있다면 안과검진을 소홀히 해서는 안 됩니다.

"눈에 끼면 가는 글씨 파리 대가리만 하네"

"둥그렇게 다듬은 수정 알 한 쌍 / 눈에 끼면 가는 글씨 파리 대가리만 하네 / 우습다. 옥루 끼여 괴로우니 / 향로에서 나는 향기를 맡을 수 없네."

조선 후기의 문신 송곡(松谷) 이서우李瑞雨, 1633~1709가 쓴 시인데요. 무엇을 묘사한 시일까요? 바로 안경입니다. 옥루(玉樓)는 요즘 말로 코입니다. 그 시대 안경의 장단점을 재치 있게 묘사한 시입니다.

우리나라에 안경이 전파된 시기는 임진왜란(1592~1598) 전후로 추정합니다. 현존하는 우리나라에서 가장 오래된 안경은 선조宣祖, 1552~1608 때 외교사절로 중국과 일본에 다녀온 학봉(鶴峰) 김성일金誠一, 1538~1593의 것입니다. 바다거북의 등껍질로 테를 만든 고급 안경입니다.

조선에서 안경이 널리 사용된 것은 이로부터 한참 뒤인 18세기 후반입니다. 양반들 사이에서 권위와 부의 상징물로 여겨지며 너도나도 안경을 쓰기 시작했고, 19세기 들어선 각 계층으로 퍼져나갔습니다. 안경을 쓰는 사람들이 많아지면서 안경 예절도 생겼는데요. 젊은 사람이 웃어른 앞에서 안경을 쓰는 것은 예의에 어긋난다고 보았습니다.

안동 학봉종택에 있는 김성일의 안경과 안경집. 현존하는 우리나라에서 가장 오래된 안경이다.

이한철 · 유숙, 〈이하응 초상 : 와룡관학창의본〉, 비단에 채색, 133.7×67.7cm, 서울역사박물관

처음 안경은 말 한 마리 값과 맞먹는 매우 고가의 물건이었습니다. 그러다 보니 허리춤에 안경을 매달고 다니며 자랑하는 사람도 있었다고 합니다.

흥선대원군 이하응李昰應, 182~1898의 초상화에는 안경알에 색이 들어간 색안경이 등장합니다. 흥선대원군은 옥색 학창의(조선시대 사대부들이 착용한 돌아가며 검은 천을 넓게 덧댄 한복)를 입고 의자에 앉아 있습니다. 둥글게 골이진 와룡은 제갈량이 썼다는 모자입니다. 탁자 위에는 안경, 벼루, 붓, 탁상용 시계, 산호 장식의 염주 등이 놓여 있습니다. 흥선대원군은 화려한 물건을 전시하듯 늘어놓음으로써 조선을 호령했던 자신의 권세를 과시하고 싶었던 것으로 보입니다.

도수 높은 안경 뒤 선비의 강개한 눈초리

흥선대원군의 초상화와는 분위기가 사뭇 다른 매천(梅泉) 황현黃玹, 1855~1910의 초상화(310쪽)를 보실까요. 황현은 1910년 일제에 의해 국권이 침탈되자 국치(國恥)를 통분하며 독약을 마시고 자결했습니다. 죽기로 결심하고 약을 먹은 다음 날, 뒤늦게 알고 달려온 아우에게 황현은 "내가 약을 삼키려다가 입에서 뗀 것이 세 번이었구나. 내가 이다지도 어리석었던가"라며 탄식했다는 일화가 전해집니다.

고종高宗, 1852~1919의 어진을 그린 조선 후기 대표적인 초상화가 채용신蔡龍臣, 1850~1941이 그린 〈황현 초상〉은 황현이 자결한 이듬해에 그려진 것입니다. 채용신이 생전에 찍은 황현의 흑백사진을 보고 그린 것으로, 조선 말기 유복(윤곽선 없이 색채와 수묵으로 형태를 그린 것) 초상화 중 최고로 꼽히는 작품입니다.

"털끝 하나 머리털 한 가닥, 조금이라도 혹 차이가 나면, 곧 다른 사람이다"라는 조선시대의 초상화 제작 원칙에 따라 조선시대 초상화는 사진과 진배없는 극사실화입니다 덕분에 후대 의학자들은 초상화를 통해 주인공의 병변(병으로 일어나는 생체 변화)을 유추해 볼 수 있습니다. 초상화 속 황현은 도수 높은 안경을 쓰고 있습니다. 20대에 책 1만 권을 읽은 책벌레 황현은 젊은 시절부터 지독한 근시로 고생했다고 합니다. 도수 높은 안경 너머 황현의 매서운 눈빛에서 죽음으로 일제에 저항한 선비의 강개함이 느껴집니다.

그리고 안경 너머 그의 눈을 가만히 보면 두 눈의 시선이 서로 다른 사시(斜視, squint or strabismus)라는 것을 알 수 있습니다. 두 눈이 똑바로 정렬되지 않아 서로 다른 지점을 바라보는 시력 장애를 사시라고 합니다. 즉, 어떤 물체를 주시할 때 한쪽 눈의 시선은 그 물체를 향해 있지만, 다른 눈은 그 물

채용신, 〈황현 초상〉, 1911년, 비단에 채색, 120×72.8cm, 전남 순천시

체를 보지 않고 다른 곳을 보게 되는 경우를 말합니다. 사시는 전 인류의 4퍼센트 정도에서 발생하는 비교적 흔한 질환입니다. 사시의 원인은 다양하며 원인을 모르는 경우도 많습니다. 알려진 원인은 굴절이상 같은 눈질환과 눈을 움직이는 근육인 외안근을 지배하는 신경이 마비되는 질환 등이 있습니다.

사시의 종류에는 눈이 안쪽으로 몰리는 내사시(esotropia), 바깥쪽으로 벌어지는 외사시(exotropia), 위쪽으로 틀어지는 상사시(hypertropia), 아래쪽으로 틀어지는 하사시(hypotropia)가 있습니다. 물론 여러 가지 사시가 함께 있는 경우도 많이 있습니다. 황현은 외사시 또는 가끔 눈이 바깥쪽으로 치우치는 간헐외사시로 보입니다. 사시는 드물게 치료 없이 호전되는 예도 있으나, 눈의 위치를 교정해 주는 수술 치료가 필요한 경우가 많습니다.

눈은 사람의 의지로 통제할 수 없는 자율신경이기 때문에 심리학자들은 눈을 통해 그 사람이 거짓말을 하는지 알 수 있다고 합니다. 그러나 마음까지 비추는 눈이라도 그 안에서 발생하는 문제는 좀처럼 드러내는 법이 없습니다. 눈에 질병의 그늘이 비칠 때는 이미 돌이킬 수 없는 경우가 많습니다. 다행히 굴절이상이나 노화로 인한 시력 저하는 안경의 도움을 받아 개선할 수 있지만, 실명에 이르는 위험한 안질환은 대체로 인기척을 내지 않고 다가와서는 우리를 절망케 합니다. 눈이 보내는 미세한 신호를 읽을 수 없는 우리가 할 수 있는 일은 매일 거울을 보며 눈의 안부를 살피고, 안과의사와 정기적으로 만나는 일뿐입니다.

Chapter 04

의학에
풍성한
이야기의
결을 만든
신화와
종교

프로이트를 꿈꾸게 한 비극적 운명의 수레바퀴

정신분석학의 중심 개념이 된 오이디푸스 콤플렉스

중고등학교 시절 지금은 '정신건강의학과'라고 명칭이 바뀐 정신과 의사를 꿈꾸었습니다. 유년시절에 그리스로마신화에 흠뻑 빠져있었던 것이 계기가 됐습니다. 신화에 대한 관심은 자연스럽게 그리스로마신화를 근간으로 많은 정신분석 이론을 정립한 지그문트 프로이트Sigmund Freud, 1856~1939에게 향했습니다. 그의 저서를 통해 정신분석학 이론과 꿈 이야기에 빠져들었지요. 의과대학에 들어간 후 전공을 선택할 때 많은 고민 끝에 결국 내과로 방향을 선회했지만, 수많은 밤을 지새우며 읽었던 신화 이야기는 여전히 제 삶을 풍요롭게 하는 양식입니다. 그중 오이디푸스와 그의 가족에 관한 이야기는 단연 가장 인상적이었습니다.

프로이트가 '오이디푸스 콤플렉스(Oedipus complex)'라는 개념을 이끌어내

귀스타브 모로, 〈오이디푸스와 스핑크스〉, 1864년, 캔버스에 유채, 2.06×1.05m, 뉴욕 메트로폴리탄미술관

는 데 단초 역할을 한 것이 소포클레스Sophocles, B.C.496~406의 비극 『오이디푸스 왕』입니다. 프로이트는 그리스로마신화를 새롭게 해석해, '어린 남자아이가 무의식적으로 이성의 부모에게 느끼는 사랑의 감정과 성적 욕망, 동성의 부모에게 느끼는 적대감'을 의미하는 오이디푸스 콤플렉스를 이끌어 냈습니다. 오이디푸스 콤플렉스는 그 후에 여러 차례 수정과 보완을 거치면서, 오늘날 현대 정신분석학의 중심 개념으로 자리 잡고 있습니다.

귀스타브 모로Gustave Moreau, 1826~1898의 〈오이디푸스와 스핑크스〉는 『오이디푸스 왕』의 한 장면을 그리고 있습니다. 스핑크스는 몸을 잔뜩 움츠린 채 오이디푸스의 가슴에 바싹 달라붙어 있습니다. 앞발은 오이디푸스의 가슴 아래에 붙이고 뒷발은 그의 허벅지에 살포시 얹어놨습니다. 오이디푸스를 향한 스핑크스의 눈빛에는 신화 속에서 오이디푸스를 해하고자 덤벼들던 살기가 느껴지지 않습니다. 오히려 오이디푸스를 사랑의 감정으로 유혹하려는 듯 보입니다. 반면에 그런 스핑크스를 내려다보는 오이디푸스는 한 손으로 긴 창을 강하게 움켜쥐고 경직된 표정으로 긴장의 끈을 놓지 않고 있습니다. 미묘한 분위기의 이 그림은 어떤 이야기를 담고 있는 걸까요?

아비를 죽이고 어미를 범할 운명의 저주받은 아이, 오이디푸스

테베의 왕 라이오스는 장차 태어날 아들이 자신을 죽일 뿐 아니라, 집안에 엄청난 불행을 가져오리라는 예언을 들었습니다. 하지만 라이오스는 신탁을 무시하고 아내 이오카스테와 동침해 결국 아들을 얻습니다. 라이오스는

오이디푸스와 스핑크스 이야기가 새겨진 그리스 시대 유물(바티칸박물관 소장).

이제 막 태어난 아이의 발을 큰 못으로 찌른 다음 양치기를 시켜 산에 버렸습니다.

하지만 지나가던 양치기들이 아이를 거두었고, 자식이 없는 테베의 이웃 나라 코린토스 왕에게 아이를 데려다 주었습니다. 코린토스의 왕과 왕비는 못에 찔려 발이 퉁퉁 부은 아이에게 '부은 발'이라는 뜻의 오이디푸스라는 이름을 지어 주었습니다. 오이디푸스는 코린토스의 왕자로 훌륭히 성장합니다.

청년이 된 오이디푸스는 견문을 넓히고자 여행을 떠납니다. 여행 중에 오이디푸스는 델포이 신전에서 장차 그가 아버지를 죽이고 친어머니와 한 침대에 들게 되리라는 신탁을 듣게 됩니다. 신탁의 내용에 경악한 오이디푸스는 비극적 운명의 굴레를 끊고자 다시는 코린토스로 돌아가지 않기로 작정합니다. 방랑객이 된 오이디푸스는 길에서 만난 여행자 한 사람과 사소한 다툼을 벌이다, 여행자를 죽이고 맙니다. 오이디푸스가 살해한 여행자는 테베의 왕이자 바로 그의 친아버지인 라이오스였습니다.

이를 알 리 없는 오이디푸스는 다시 길을 떠났고 테베의 문전에 이르러 괴물 스핑크스와 마주칩니다. 반은 여자요 반은 암사자 형상을 한 스핑크스는 행인들에게 수수께끼를 낸 뒤 답을 맞히지 못하면 그들을 잡아먹었습니다. "처음에는 네 발로, 다음에는 두 발로, 그리고 더 나중에는 세 발로 걷는 게 무엇이냐?"는 스핑크스의 물음에 오이디푸스는 "인간이다!"라고 대답합니다. 스핑크스는 오이디푸스의 입에서 정답이 나오자 그 길로 절벽에서 몸을 던져 목숨을 끊었습니다.

스핑크스를 퇴치한 오이디푸스는 테베의 왕으로 추대되고, 테베의 왕비이자 자신의 친어머니인 이오카스테와 결혼합니다. 이로써 오이디푸스가 아비를 죽이고 어미를 범할 것이라는 신탁이 모두 이루어졌습니다.

모로는 스핑크스의 수수께끼에 대답하려는 오이디푸스를 그렸습니다. 배경까지 여백 없이 빽빽하게 채워져 있으며, 극적인 광선 처리가 되어 있어 색채가 보석처럼 눈부시게 빛납니다.

오이디푸스 신화에 매력을 느낀 화가들은 단연코 상징주의 화가들이었습니다. 특히 상징주의의 효시로 불리는 모로는 오이디푸스 이야기를 주제로 한 다수의 드로잉을 남겼습니다. 모로는 1864년 살롱전에 〈오이디푸스와 스핑크스〉를 출품하며 비로소 세상에 이름을 알리게 됩니다. 모로는 미술사적으로 묘사 중심의 회화 즉, 사실주의 및 인상주의에서 표현 중심의 회화인 상징주의와 표현주의로 이행하는 다리 역할을 한 화가입니다. 프로이트가 오이디푸스 콤플렉스 개념을 정립하기 30~40년 전부터 모로는 이미 오이디푸스의 매력에 푹 빠져 있었습니다.

아들의 아버지에 대한 적대적 태도,
오이디푸스 콤플렉스

프로이트는 인간이 지니고 있는 기본적인 성적 욕구를 '리비도(libido)'라 칭했습니다. 그는 리비도가 평생 정해진 순서에 따라 서로 다른 신체 부위에 집중된다고 설명했습니다. 리비도가 어느 부위에 집중되느냐에 따라 성 심리 발달 단계를 '구강기 〉 항문기 〉 남근기 〉 잠복기 〉 생식기'의 다섯 단계로 구분했습니다.

오이디푸스 콤플렉스는 보통 성 심리 발달 단계에서 세 번째 단계인 '남근기'에 나타납니다. 보통 3세에서 5~6세 무렵의 아들은 아버지와 경쟁하고, 어머니를 독점하려고 합니다. 아들은 아버지로부터 거세당할지 모른다는 공포에, 아버지를 미워하게 됩니다. 하지만 아버지를 미워하면서도 한편으로 죄책감을 느끼고, 동시에 아버지처럼 강한 사람이 되고 싶은 욕망이 생깁니다. 아버지에 대한 복잡한 심경과 어머니에 대한 애착 사이에서 갈등하다가 신경증 즉 노이로제가 생깁니다.

하지만 이러한 현상은 6~12세가 되면 다시 억압됩니다. 자신보다 큰 존재인 아버지에게 열등감과 좌절감, 그리고 더 나아가 위협을 느끼기 때문입니다. 아버지에게 위협을 느낀 아이는 결국 어머니에 대한 독점욕을 양보하고 아버지라는 존재를 수용하고 타협하는 과정을 거칩니다. 이 과정에서 아이는 '아버지의 권위'로 대표되는 사회적인 질서라든지 규범 등을 받아들이게 됩니다. 오이디푸스 콤플렉스는 아이들이 독립된 인격체로 성장하는 과정을 설명하는 이론적인 모델입니다.

신탁을 무시한 인간에게 돌아온 신의 저주, 페스트

샤를 프랑수아 야라베르Charles Francois Jalabert, 1819~1901의 〈테베의 대역병〉은 모로가 그린 오이디푸스 이야기 한참 후를 다루고 있습니다. 눈이 먼 오이디푸

샤를 프랑수아 야라베르, 〈테베의 대역병 혹은 오이디푸스와 안티고네〉, 1842년, 캔버스에 유채, 115×147cm, 마르세유미술관

스가 그의 딸 안티고네의 부축을 받고 테베를 떠나 방랑하고 있습니다. 지금 테베는 페스트가 퍼져 많은 사람이 고통에 신음하고 있습니다. 그림 속 사람들은 오이디푸스를 경멸하고 저주하고 있습니다. 무슨 까닭일까요?

소포클레스는 오이디푸스와 이오카스테의 반인륜적 결합이 테베의 자연 질서를 교란해 모든 생물의 생산력을 고갈시켰고, 결국 대재앙인 '페스트'를 불러왔다고 봤습니다.

오이디푸스는 이오카스테와 결혼한 뒤 수년 동안 행복하게 살며, 이오카테스의 오빠인 크레온의 도움을 받아 테베를 잘 다스렸습니다. 그리고 아들 쌍둥이 폴리네이케스와 에테오클레스를 낳고, 이어 안티고네와 이스메네 두 딸까지 모두 4남매를 기릅니다. 그런데 시간이 흘러 테베에 역병이 돌고 많은 사람이 죽기 시작합니다.

역병의 원인을 규명하고자 오이디푸스 왕은 아폴론 신전에 사람을 보내 신탁을 받습니다. 신탁의 내용은 역병이 테베의 선왕 라이오스를 살해한 자와 관련이 있으며, 그를 제거하지 않으면 역병이 계속돼 더 많은 사람이 죽는다는 것이었습니다. 자신이 역병의 원인으로 지목된 선왕의 살인자인 줄은 꿈에도 모르는 오이디푸스 왕은 범인을 잡으라는 명령을 내렸습니다. 마침내 왕은 예언자를 불러서 선왕을 살해한 자를 말하라고 합니다. 예언자의 입에서 나온 말은 충격 그 자체였습니다. "선왕 라이오스를 죽인 자는 다름 아닌 바로 오이디푸스 당신입니다!"

자세한 조사를 통해 결국 선왕의 살해범이 오이디푸스임이 밝혀졌습니다. 왕비 이오카스테는 현재의 남편이 바로 자기 아들이라는 것을 알자, 목을 매달아 목숨을 끊었습니다. 오이디푸스 역시 자신의 어머니이자 아내인 이오카스테의 황금브로치로 스스로 두 눈을 찔러버립니다.

아들에게 병적으로 집착하는 어머니,
이오카스테 콤플렉스

오이디푸스 이야기에서 한 가지 콤플렉스가 더 탄생합니다. 바로 '이오카스테 콤플렉스(Iocaste complex)'로, 스위스의 정신분석학자 레몽 드 소쉬르 Raymond de Saussure, 1894~1971가 정립한 개념입니다. 이오카스테 콤플렉스는 어머니가 남편을 배척하고 오히려 아들에게 병적으로 집착하고 심지어 성적인 애착을 느끼는 증상을 가리킵니다.

이오카스테 콤플렉스는 보통 남편과 일찍 사별하고 아들을 홀로 키운 어머니에게서 많이 나타납니다. 오이디푸스 콤플렉스와는 달리 아동기에 겪고 극복하는 과정이 아닙니다. 이오카스테 콤플렉스는 심각한 문제가 될 수 있으므로 반드시 치료가 필요합니다. 사실 오이디푸스 이야기에서 이오카스테 왕비는 이 콤플렉스에 적용되지 않습니다. 그녀는 남편인 오이디푸스 왕이 자기 아들이라는 것을 전혀 인지하지 못했기 때문이지요.

대를 이어 반복된
가족이 서로를 죽이는 운명의 굴레

비극적 운명은 대를 거듭해 반복됩니다. 테베를 섭정하고 있던 크레온은 오이디푸스가 묻히는 땅에 신들의 축복이 있으리라는 신탁을 듣고, 오이디푸스를 다시 데려오고자 그의 딸 이스메네를 콜로노스로 보냅니다. 신탁에 대한 소문을 들은 오이디푸스의 아들 폴리네이케스 또한 아버지를 찾아왔습니다. 그런데 오이디푸스는 권력에 눈이 먼 쌍둥이 아들에게 서로 죽이게 될 것이라고 저주합니다. 폴리네이케스 편에 선 안티고네의 간청 또한 소용없었습니다.

오이디푸스의 두 아들 폴리네이케스와 에테오클레스는 오이디푸스가 테베를 떠난 후 왕권을 두고 처절한 암투를 벌입니다. 격론 끝에 서로 1년씩 번갈아 가며 테베를 통치하기로 약속합니다. 테베의 실질적인 권력자 크레온의 도움으로 동생인 에테오클레스가 먼저 테베의 왕이 되었습니다. 1년 후 에테오클레스가 형에게 왕위를 물려주지 않자, 형인 폴리네이케스가 반역을 일으킵니다.

장 앙투안 테오도르 지루스트Jean-Antoine-Theodore Giroust, 1753~1817의 〈콜로노스의 오이디푸스〉는 테베에서 추방된 오이디푸스가 그를 돌보는 딸 안티고네와 함

장 앙투안 테오도르 지루스트, <콜로노스의 오이디푸스>, 1788년, 캔버스에 유채, 163.83×196.85cm, 달라스미술관

께 아테나 근교 콜로노스에 있는 '자비로운 여신들'의 성역에 이르러 과거 아폴론에게서 받은 신탁을 떠올리는 장면을 그리고 있습니다.

테베를 침략하기 직전에 장남 폴리네이케스가 투구를 쓰고 아버지 오이디푸스를 찾아와 설득하고 있습니다. 폴리네이케스의 손목을 잡고 있는 여인은 여동생 이스메네로, 오빠를 저지하고 있는 듯 보입니다. 그리고 오이디푸스 곁에 앉아 있는 안티고네 또한 절실하게 간청하고 있습니다. 하지만 오이디푸스는 모든 것이 귀찮은 듯 손을 내젓고 있습니다. 자식들의 원하는 모든 것을 거부한다는 의미입니다.

끝내 두 아들을 용서하지 않은 오이디푸스는 아테네의 왕 테세우스에게 자신의 무덤을 보호해 달라고 부탁하고 숨을 거두었습니다. 두 아들은 오이디푸스의 저주에 따라 테베의 왕위 계승권을 건 치열한 싸움에서 서로의 칼에 찔려 죽음을 맞이하게 됩니다.

오이디푸스의 두 아들을 조종하다 드디어 왕좌에 오른 크레온은, 자신이 처음부터 왕으로 지지했던 에테오클레스는 장대하게 장례식을 치뤄주고 폴리네이케스의 시신은 짐승의 밥이 되라고 마을에 그냥 버려뒀습니다. 그리고는 폴리네이케스의 무덤을 짓는 것도 문상을 가는 것도 금지했지요. 하지만 버려진 오빠 폴리네이케스의 시신을 그냥 두고 볼 수 없었던 안티고네는 늦은 밤 시신에 흙을 덮고 장례를 치러 주었습니다. 하지만 크레온에게 발각되어 안티고네는 사형을 선고받고 석굴에 매장됩니다.

비극적 운명에 끼어든 사랑은 더 큰 비극을 불러왔습니다. 안티고네와 크레온의 아들 하이몬은 서로 결혼을 약속한 사이였습니다. 시아버지가 될 사람에게 사형을 선고받은 안티고네는 석굴에서 목을 매달아 자살하고, 그녀의 시신 앞에서 정신을 놓아 버린 하이몬도 결국 자살로 생을 마감합니다.

탐욕스러운 크레온은 눈앞에서 아들의 죽음을 지켜보는 벌을 받게 됩니다. 크레온의 아내는 아들의 자살 소식을 전해 듣고 남편을 저주하며 스스로 목숨을 끊습니다. 비극은 꼬리의 꼬리를 물고 이어져 결국 오이디푸스 가족은 대부분 죽고, 남은 자들은 가족을 잃은 슬픔에 괴로워해야 했습니다.

고대 막장 드라마,
내면에 숨겨진 욕망을 들추다!

프로이트의 오이디푸스 콤플렉스 이론이 발표되자, 사회에서 금기시되는 근친상간 욕망을 마치 인간의 보편적인 욕망처럼 일반화하는 것에 많은 반발이 있었습니다. 아들의 아버지에 대한 적대감은 아버지의 권위가 강하고 아이와의 정서적 교류가 매우 부족한 경우에 발생하는 일시적인 현상이라는 것이죠. 인류학자 말리노프스키Bronislaw Kasper Malinowski, 1884~1942는 현장 연구와 관찰을 통해 오이디푸스 콤플렉스를 분석했습니다. 그는 오이디푸스 콤플렉스는 그저 한 시기에 나타났던 독특한 문화적인 현상이라고 비판했습니다. 그리고 이 이론이 남성 중심으로 분석된 것이기 때문에 여자아이들에게는 적용할 수 없다는 비판도 나왔지요. 이후 근거 및 실험 중심의 과학적 방법론으로 접근하는 현대의 의학자들 또한 오이디푸스 콤플렉스 이론이 시대에 뒤떨어진 것이라는 데 동의하고 있습니다.

장 오귀스트 도미니크 앵그르,
〈스핑크스의 수수께끼를 푸는 오이디푸스〉,
1808년, 캔버스에 유채, 189×144cm,
파리 루브르박물관

하지만 오이디푸스 콤플렉스는 현대의 지적인 사고 폭을 넓혀 주었습니다. 오이디푸스 콤플렉스는 아이와 부모 사이의 삼각관계를 설명하는 의미로 받아들여졌고, 현대에 이르기까지 연극, 영화, 문학, 뮤지컬, 미술 등 다양한 분야에서 중요한 창작의 모티브가 되고 있습니다.

프로이트의 이론들은 지나치게 성적인 본능 및 과학적으로 증명하기 어려운 의식의 흐름에 초점을 맞추고 있다는 점에서 논란의 여지와 허점이 존재합니다. 하지만 프로이트는 무의식이라는 정신세계를 과학의 대상으로 삼고 규명하기 위해 노력했습니다. 그는 우리가 지각하지 못했던 '무의식'의 세계를 '이성'을 통해 지배해야 한다고 주장했습니다. 그래야 충동을 다루고, 사회 구성원으로서의 자신을 조절할 수 있기 때문입니다. 프로이트 역시 인간의 이성과 합리성에 대한 신뢰를 믿고 있었으며, 인류가 더욱 합리적이고 이성적인 방향으로 발전하기를 기대한 사람입니다.

내 안에 피어나는 수선화, 나르시시즘

자신을 지독히 사랑한 남자

젊은 청년이 물에 비친 자신을 뚫어져라 응시하고 있습니다. 반쯤 감긴 눈, 벌어진 입술, 위태롭게 물 쪽으로 쏠려 있는 몸……. 청년은 지금 무아지경 상태입니다. 왼손을 살며시 뻗어 물에 비친 자신을 만지려 하는 것 같습니다. 짙은 어둠을 배경으로 상대적으로 도드라져 보이는 청년의 하얀 무릎은 관람자의 시선을 화면 중앙에 집중시킵니다.

〈나르키소스〉는 카라바조Michelangelo da Caravaggio, 1573~1610의 다른 작품에 비해 덜 알려진 초기작입니다. 『성경』을 모티브로 삼아 많은 그림을 그린 카라바조가 신화를 주제로 그린 드문 작품입니다. 그래서 카라바조의 작품이 아니라고 의심하는 미술사학자도 있습니다. 하지만 그림을 자세히 보면 그린 이를 짐작게 하는 단서가 몇 가지 있습니다. 우선 어두운 배경 속에서 강하게 스

카라바조, 〈나르키소스〉, 1597~1599년, 캔버스에 유채, 110×92cm, 로마 바르베리니궁전 국립고대미술관

포트라이트를 받고 있는 인물과 무릎을 중심으로 빛과 그림자가 선명히 드러나는 명암 대비입니다. 빛과 어둠의 강렬한 대비와 수면의 반사 효과가 합쳐지면서 관람자가 나르키소스의 표정에 더 집중하게 됩니다. 이것은 카라바조 작품의 특징이지요. 그리고 카라바조의 다른 작품에도 〈나르키소스〉처럼 다소 관능적인 젊은 남자 모델이 등장합니다.

어쩌면 이 그림을 그린 카라바조 또한 심한 나르시시스트(narcissist) 아닌가 생각해 봅니다. 자신이 그린 그림에 자신조차 매료될 만큼 말입니다. 하지만 자신의 그림자를 가만히 들여다보곤 다른 사람과 별반 다르지 않은 나를 발견했는지도 모르겠습니다. 카라바조는 자신의 깨달음을 〈나르키소스〉를 통해 표현하고자 했던 건 아니었을까 추측해봅니다.

나르시시즘(narcissism)은 그리스로마신화에 등장하는 나르키소스 이야기에서 유래했습니다. 나르키소스는 매우 잘 생긴 양치기 청년이었습니다. 나르키소스를 본 요정들이 모두 그에게 반해 구애했지만, 콧대 높은 나르키소스는 눈 하나 깜짝하지 않았습니다. 나르키소스에 거절당한 요정 중에, 비탄한 심정에 자살하는 요정까지 생겼습니다(358쪽 참조). 나르키소스에게 거절당하고 상처받은 요정 하나가 '복수의 여신' 네메시스를 찾아가 간청합니다. "그도 나와 같이 사랑 때문에 고통받게 해주세요." 네메시스는 이 부탁을 받아들였습니다.

어느 날 사냥하던 나르키소스는 목을 축이려고 물가에 앉아 고개를 숙였습니다. 그는 물에 비친 아름다운 청년의 모습을 넋을 잃고 바라보다가 사랑에 빠지게 되었습니다. 그 자리를 떠나지 못하고 자신의 그림자에 불과한 청년만 하염없이 바라보며 그는 서서히 죽어갔습니다. 나르키소스가 물에 빠져 죽은 다음, 그 주변에 꽃이 피어났습니다. 이 꽃이 수선화(narcissus)입니다.

이루어질 수 없는 사랑,
병이 되다

나르키소스 이야기에서 자신을 사랑하는 자기애를 뜻하는 나르시시즘이 생겨났습니다. 나르시시즘은 1898년 영국의 성(性) 연구가였던 해블록 엘리스Havelock Ellis, 1859~1939가 자신과 사랑에 빠져 과도하게 자위행위를 하는 환자들을 '그리스로마신화의 나르키소스와 비슷한 질병에 걸린 사람들'이라고 설명하면서 처음 언급했습니다. 1년 뒤 독일의 정신과 의사 파울 네케Paul Nacke, 1851~1913가 '나르시시즘'이라는 용어를 처음 사용했습니다. 나르시시즘이라는 용어를 널리 알린 것은 지그문트 프로이트Sigmund Freud, 1856~1939입니다. 프로이트는 정신분석학에서 '자아의 중요성이 너무 과장되어 자기 자신을 너무 사랑하는 것'을 나르시시즘이라고 정의했으며, 인격 장애의 일종으로 보았습니다.

나르시시즘 증상을 가지고 있는 사람들을 '나르시시스트'라고 부릅니다. 자신에게 빠져 헤어나오지 못했던 나르키소스는 '마약'을 뜻하는 'narcotic', '마취시키다'를 뜻하는 'narcotise'의 어원이기도 합니다.

나르시시즘은 영유아기 성장 과정에서 자연스럽게 발현됩니다. 성인이 되어서도 누구나 어느 정도 나르시시즘을 갖고 있습니다. 건강한 수준의 나르시시즘은 삶에 활력을 불러일으키고 자신을 발전시키는 원동력이 될 수 있습니다. 그러나 자기를 지나치게 사랑하다 못해 자기도취에 빠지고 자기중심적인 사고방식에 사로잡힌 병적인 나르시시즘은 문제가 됩니다. 나르시시즘이 과도해지면 모든 상황을 자기중심적으로 받아들이기 때문에 상황을 정확하게 이해하지 못하며 타인의 감정에 공감하는 능력이 떨어집니다.

나르시시스트가 사랑한 건 자신이 아니다!

눈을 지그시 감은 아름다운 청년이 우물 속에 비친 자기 모습에 도취해 있습니다. 배경을 완전히 어둡게 처리해서 벗은 상체가 더욱 환하게 빛납니다. 헝가리 출신 화가 줄러 벤츄르Gyula Benczur, 1844~1920가 그린 〈나르키소스〉입니다. 줄러 벤츄르는 지금은 많이 잊혔지만, 생전에는 역사화 및 인물화를 주로

줄러 벤츄르, 〈나르키소스〉, 1881년, 캔버스에 유채, 116×100.5cm, 부다페스트 헝가리국립미술관

그려 유명했으며 헝가리 아카데미 미술 교수로도 활동했습니다. 그는 등장 인물을 사실적으로 묘사하고 극적인 몸짓을 잘 표현했으며, 고전 및 그리스 로마신화를 모티브로 많은 그림을 그렸습니다.
그런데 이 작품을 보고 있으면 윤동주 시인의 〈자화상〉이 떠오릅니다.

산모퉁이를 돌아 논가 외딴 우물을 홀로 찾아가선
가만히 들여다봅니다.

우물 속에는 달이 밝고 구름이 흐르고 하늘이
펼치고 파아란 바람이 불고 가을이 있습니다.

그리고 한 사나이가 있습니다.
어쩐지 그 사나이가 미워져 돌아갑니다.

돌아가다 생각하니 그 사나이가 가엾어집니다.
도로 가 들여다보니 사나이는 그대로 있습니다.

다시 그 사나이가 미워져 돌아갑니다.
돌아가다 생각하니 그 사나이가 그리워집니다.

우물 속에는 달이 밝고 구름이 흐르고 하늘이 펼치고
파아란 바람이 불고 가을이 있고 추억처럼 사나이가 있습니다.

– 윤동주 〈자화상〉

시인은 우물에 비친 자신의 모습을 보며, 미워서 떠났다가 그리워져 다시 돌아오기를 반복합니다. 시인의 현실적인 자아와 이상적인 자아를 비추는 우물은 자아 성찰의 매개체입니다.

나르키소스가 사랑에 빠진 대상은 자신이 아니라 '물에 비친 자신의 모습'입니다. 병적인 나르시시스트들은 겉으로는 자신을 사랑하는 것처럼 보여도, 실제로는 머릿속에서 완벽하게 만들어진 자신의 이미지, 즉 허상을 사랑합니다.

병적인 나르시시즘은 '자기애성 성격장애(NPD : Narcissistic Personality Disorder)'로 정신 질환입니다. 자기애성 성격장애를 겪는 사람은 어린 시절 부모에게 무시당했거나 학대당한 경험을 가지고 있는 경우가 많습니다. 반대로 부모가 자녀를 지나치게 애지중지 키울 경우에도 발현됩니다. 물론 어릴 때 부모에게 무시당했거나 과잉보호를 받고 자랐다고 모든 사람이 자기애성 성격장애를 보이는 것은 아닙니다. 개인의 감수성 차이도 질환이 발현하는 중요한 인자가 될 것입니다.

자기애성 성격장애 환자들은 지나치게 낮은 자존감을 보상받기 위해 자신이 완벽해야 한다는 집착을 보입니다. 그리고 끊임없이 타인의 인정을 갈구하고 매우 탐욕적이고 대단히 유아적입니다. 자신을 모욕하거나 배신하면 상대를 용서하지 못하고 복수하는 경향이 있습니다. 그리고 자기가 원하는 것은 수단과 방법을 가리지 않고 얻으려고 해서 실제 사회적으로 성공하는 경우도 상당히 있습니다. 아돌프 히틀러Adolf Hitler, 1889~1945, 이오시프 스탈린Joseph Stalin, 1879~1953 같은 독재자들도 자기애성 성격장애로 분류될 만큼 강한 나르시시스트였습니다. 대략 성인 100명 중 한 명이 해당하니, 일상에서 자기애성 성격장애 환자를 드물지 않게 볼 수 있습니다.

지독한 자기애의 종착지

크게 세 인물이 있습니다. 막 숨을 거둔 듯 반쯤 눈이 감긴 창백한 청년, 그 뒤로 청년을 안타깝게 바라보고 있는 아리따운 소녀, 횃불을 들고 서 있는 아기가 있습니다. 자기와의 사랑으로 파멸하는 나르키소스와 그에게 거부당하고 깊은 슬픔에 빠진 에코의 모습을 그리고 있습니다. 이후 에코는 깊은 숲으로 들어가 바위로 변했다고도 하고, 한 줄기 바람이 되어 흔적도 없이 날아가 버렸다고도 합니다(358쪽 참조).

나르키소스 뒤쪽에 '사랑의 신' 에로스가 횃불을 들고 있습니다. 보통 에로스는 남녀 사이에 가교 역할을 하지만, 이번만큼은 에코와 나르키소스의 엇갈린 사랑을 주도한 것 같습니다. 그래서일까요. 에로스의 손에는 나르키소

니콜라 푸생, 〈에코와 나르키소스〉, 1629년경, 캔버스에 유채, 74×100cm, 파리 루브르박물관

스의 장례식 때 쓸 횃불이 들려 있습니다. 나르키소스 머리 주변에 핀 한 무리의 꽃이 수선화입니다.

니콜라 푸생Nicolas Poussin, 1594~1665은 루벤스Peter Paul Rubens, 1577~1640, 렘브란트Rembrandt van Rijn, 1606~1669와 함께 17세기에 가장 영향력 있는 화가였습니다. 프랑스에서 태어났지만 인생 대부분을 이탈리아 로마에서 보냈습니다. 푸생은 로마에서 라파엘로Raffaello Sanzio, 1483~1520와 티치아노Tiziano, 1488~1576의 고전 작품을 연구하며 비례, 균형, 조화 등 이상적 아름다움에 심취했습니다. 그래서 밝은 색상에 입체적인 구성이 돋보이는 고전주의 미술을 선보였습니다.

프로이트는 남녀의 사랑을 구별하면서, 남성의 사랑은 대상을 사랑하는 대상애(對象愛)인 반면 여성의 사랑은 나르시시즘이라고 규정합니다. 대상애는 자기 밖의 어떤 것을 사랑하는 것입니다. 대상애는 밖으로 향하는 적극적이고 이타적인 사랑이고, 나르시시즘은 자기 만족적이고 이기적이며 사랑받는 것을 목적으로 하는 수동적인 사랑입니다.

프로이트의 주장에는 이견이 많습니다. 반론은 이렇습니다. 프로이트가 남성의 사랑이라고 한 대상애는 사랑하는 대상에게 자기 나르시시즘을 전이하는 행위입니다. 결국, 남성이 사랑하는 것은 타자를 사랑하고 있는 자기 자신으로, 대상애는 나르시시즘과 다르지 않습니다. 미국 버팔로 경영 대학에서 31년에 걸쳐 47만 5000명을 대상으로 이루어진 연구 결과 역시 프로이트의 주장을 뒤집습니다. 연구 결과 세대를 불문하고 남성이 여성보다 나르시시스트인 경우가 많았습니다.

나르시시즘은 대인관계에서 문제를 발생시킬 뿐만 아니라 건강에도 해롭습니다. 자기애성 성격장애를 가진 사람들은 스트레스를 느끼지 않을 때에도 혈중 코르티솔(cortisol) 수치가 매우 높습니다. 코르티솔은 스트레스 상황

나르시시즘이라는 용어를 널리 알린 지그문트 프로이트. 프로이트는 남성의 사랑은 대상을 사랑하는 대상애(對象愛)인 반면 여성의 사랑은 나르시시즘이라고 규정했다.

에서 분비되는 호르몬입니다. 혈액 내 코르티솔 수치가 높아지면 심장으로 들어가는 혈관의 압력이 높아져 심장질환 위험이 커집니다.

나르시시스트와 관계를 맺고 그들로 인해 감정적인 불편을 자주 느끼는 사람이 있다면, 혹시 본인도 나르시시스트가 아닐까 의심해 봐야 합니다. 나르시시스트와 동일한 무의식이 내 안에 있기 때문에 감정적인 불편감을 감수하면서도 나르시시스트 곁을 서성이는 경우가 많기 때문입니다. 병적인 나르시시스트를 치료하는 것은 무척이나 어렵습니다. 이들은 우선 자신에게 문제가 있다고 인식하지 못하기 때문에 치료받으려 하지 않습니다. 치료를 받으러 가더라도 치료에 제대로 응하지 않고 비협조적인 경우가 흔합니다. 장기간에 걸친 심리치료만이 병적인 나르시시즘의 유일한 치료법입니다.

허영으로 가득 찬 자존심이 아닌 자존감을 기르는 연습을 해야 합니다. 자신을 있는 그대로 겸허히 받아들이고, 자기 인식과 남에 대한 공감능력을 높여야 합니다. 그래야 비로소 안정적이고 성숙한 자아를 형성할 수 있습니다.

미국의 사회심리학자 레온 페스팅거Leon Festinger, 1919~1989의 책 『무의식의 초대』를 보면 이런 구절이 나옵니다. "나르시시즘은 언젠가 실현될 완벽한 자아를 환상적으로 기대하게 하는데, 이러한 환상적 예견은 이후 모든 관계에 깊게 그림자를 드리운다."

프로이트는 나르시시즘을 실체 없는 대상에 대한 정신 분열의 시작이라고 했습니다. 지독한 자기애의 종착지는 자기 파괴입니다.

제 손으로 아이를 죽인 비정한 어머니, 의학의 기원이 되다

모든 걸 버리고 사랑한 남자의 배신에 몸서리치는 여인

여인이 턱을 괴고 생각에 잠겨 있을 때는 공상을 하거나 백일몽을 꾸고 있을 때이고, 이마를 괴고 생각에 잠겨 있을 때는 고민이나 갈등의 해결책을 궁리할 때입니다. 독일 화가 안젤름 포이어바흐Anselm Feuerbach, 1829~1880의 그림 속 여인은 이마를 괴고 앉아 있습니다. 그런데 여인의 팔에 잔뜩 힘이 들어가 있습니다. 아마 그녀의 머릿속 고민의 무게가 감당할 수 없을 만큼 무거운가 봅니다.

이 작품의 모티브는 그리스 3대 비극 작가 중 한 명인 에우리피데스Euripides, BC 484~406가 쓴 『메데이아』입니다. 메데이아는 그리스로마신화에 나오는 인물입니다. 그녀가 누구인지 알려면, 그녀를 운명의 격랑으로 이끈 한 남자 이

안젤름 포이어바흐, 〈고민 중인 메데이아〉, 1873년, 캔버스에 유채, 192×127.5cm, 빈미술사박물관

야기부터 해야 합니다.

남자는 그리스 북부에 자리한 이올코스의 왕 아이손Aeson의 아들 이아손Iason입니다. 이아손은 아버지의 왕권을 빼앗고 이올코스 왕이 된 숙부 펠리아스를 찾아가 왕권을 돌려달라고 요구합니다. 펠리아스는 잠들지 않는 용이 지키고 있는 콜키스의 보물 '황금 모피'를 요구합니다. 이아손은 헤라클레스, 오르페우스, 카스토르, 폴리데우케스 등 쟁쟁한 영웅들을 모아 아르고호를 타고 콜키스에 도착합니다.

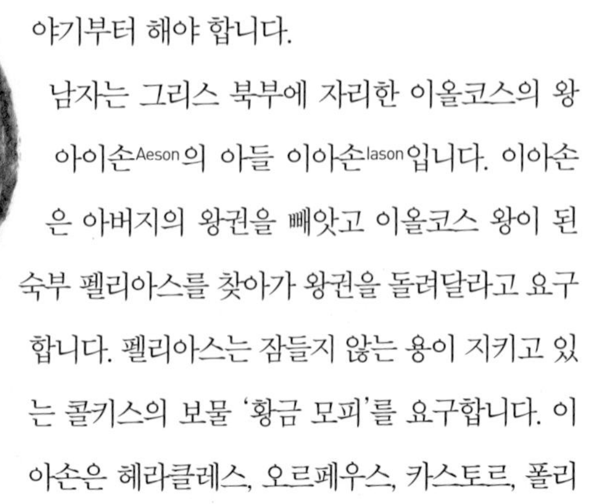

네덜란드에서 1599년 신대륙(인도네시아 말루쿠)에 도착한 것을 기념해 만든 주화에 아르고호가 새겨져 있다.

태양신 헬리오스의 아들이며 콜키스의 왕인 아이에테스의 딸 메데이아는 이아손을 처음 본 순간 사랑에 빠집니다. 그녀는 약초와 독초를 이용해 마법을 부리는 신비한 능력을 가지고 있었습니다. 이아손은 메데이아의 도움으로 황금 모피를 얻게 됩니다. 메데이아는 뒤쫓아오는 남동생을 죽이면서까지 이아손의 탈출을 돕습니다.

마침내 두 사람이 이올코스에 도착했습니다. 애초에 약속을 지킬 생각이 눈곱만큼도 없던 펠리아스는 이아손에게 왕좌를 내주지 않습니다. 이아손은 메데이아의 마법으로 펠리아스를 죽이고 코린토스로 달아납니다. 메데이아와 이아손은 코린토스에 정착해 아들 둘을 낳고 십 년간 평화롭게 살았습니다. 그러나 메데이아가 가족과 조국을 배신하고 얻은 행복은 이아손의 탐욕 때문에 산산이 부서집니다. 코린토스 왕 크레온이 이아손에게 딸과의 결혼을 제안하자, 이아손은 메데이아를 헌신짝처럼 버립니다. 안젤름 포이어바흐의 〈메데이아〉는 이아손에게 배신당하고 고통에 몸부림치며 고민하는 메데이아의 모습을 담고 있습니다.

헌신적인 사랑의 처참한 결말

메데이아는 남편 이아손에게서 가장 소중한 것들을 모조리 빼앗기로 합니다. 메데이아는 독약을 만들어 남편의 새 신부가 될 크레온의 딸을 죽입니다. 이어 자신과 이아손 사이에 태어난 두 아들을 칼로 찔러 죽임으로써 이아손에게 씻을 수 없는 상처를 주는 것으로 마지막 복수를 가합니다.

외젠 들라크루아, 〈격노한 메데이아〉, 1838년, 캔버스에 유채, 260×165cm, 파리 루브르박물관

배신당한 여자의 피맺힌 복수는 아침 드라마의 단골소재가 된 지 오래되었고, 우리는 이런 설정에 매우 둔감해 있습니다. 하지만 메데이아의 이야기는 복수의 의미를 넘어, 제 손으로 자신이 낳은 아이들을 살해했다는 점에서 충격적입니다. 현재의 관점으로는 그리스 로마신화 속 많은 인물이 엽기적인 행각을 벌이지만, 특히 메데이아의 행동은 이해하기 힘듭니다.

의학을 영어로 '메디신(medicine)'이라고 합니다. 그 어원은 '미디어(media)'입니다. 미디어는 '미디엄(medium)'의 복수로 무당, 매개자,

마법이라는 뜻이 있습니다. 즉 신과 인간 사이에서 중개 역할을 하는 매개체가 의학이라는 것입니다. 병마에 시달리는 환자에게 주술로 마귀(질병)를 쫓아주기도 하고, 영험한 힘으로 약을 만들어 치유하는 것이 의학입니다. 약초와 독약으로 시아버지 아이손을 젊어지게 만들고, 연적을 처참한 모습으로 죽이기도 한 메데이아(medeia)에서 '의학'이라는 말이 유래되었습니다. 메데이아의 힘, 즉 의학은 사람을 살리기도 죽이기도 합니다.

들라크루아Eugene Delacroix, 1798~1863의 〈격노한 메데이아〉는 비극의 절정을 묘사하고 있습니다. 메데이아는 자신을 추적하는 남편을 피해 동굴로 숨었습니다. 남편에 대한 불신과 분노로 광기에 휩싸인 그녀의 손에는 두 아들을 찌르기 위해 준비한 단검이 들려 있습니다. 불안한 표정의 아이들은 어머니의 손에서 벗어나려고 버둥거리고 있습니다.

이미 그녀에게서 전형적인 어머니의 모습은 찾아볼 수 없습니다. 흐트러진 머리카락, 훤히 드러난 가슴, 독기로 가득 찬 눈빛은 그녀가 이미 이성을 잃었음을 보여 줍니다.

메데이아의 강인한 육체는 흡사 잔혹한 전사처럼 보입니다. 밝은 빛을 받아 희게 빛나는 메데이아와 두 아이의 모습은 동굴의 어둠과 강한 대비 효과를 일으키며, 음울한 분위기를 고조시킵니다.

이 작품은 당시 프랑스 정부가 4000프랑에 매입해 1년간 뤽상부르 미술관에서 전시했습니다. 들라크루아는 그전까지 그리스로마신화를 주제로 한 작품을 살롱전에 출품해 전시한 적이 없었는데, 이 작품을 계기로 처음으로 대작을 전시할 기회를 얻었습니다. 그리고 이 작품을 통해 들라크루아는 화가로서 입지를 탄탄히 다지게 됩니다.

미움받는 어미의 저주받은 자식들이여!

빅토르 모테Victor Mottez, 1809~1897의 〈메데이아〉를 볼까요. 그림 아래쪽에 있는 아이들은 다가올 비극적 운명을 모르고 천진난만하게 놀고 있습니다. 그 뒤에서 단검을 움켜쥔 어머니가 피눈물을 흘리며 통곡하고 있습니다.

에우리피데스는 이 상황을 다음과 같이 묘사했습니다.

"가련한 내가 당한 이 고통! 통곡하지 않을 수 있을까! 미움받는 어미의 저주받은 자식들이여! 아비와 함께 사라져버려라! 온 집도 무너져버려라!……아아, 아버지! 아아, 조국이여! 수치가 밀려오네요. 아아 이러자고, 동생까지 죽이며 고향과 조국을 배신했단 말인가요." 사랑에 모든 것을 바친 뒤 처참하게 버려진 여인의 입에서 나올 법한 대사입니다.

빅토르 모테, 〈메데이아〉, 19세기경, 캔버스에 유채, 157×114cm, 루아르에셰르주 블루아성미술관

메데이아는 자신과 이아손을 묶는 마지막 연결고리를 끊고 떠나고자 합니다. 그 연결고리가 바로 자신과 이아손의 사랑의 결실인 두 아이입니다. 두고 떠나기에는 마음이 놓이지 않고, 데리고 가자니 아이들 때문에 이아손에게 다시 마

음이 향하지 않을까 두려웠을 것입니다. 메데이아는 자신을 버린 남편만큼이나 아직도 남편을 사랑하는 자신을 용서할 수 없었던 겁니다. 그 사랑이 힘들어서 피눈물을 흘리면서 고뇌하고 있습니다. 메데이아는 가장 잔인한 방법으로 이 모든 걸 명백하게 단절하는 길을 택합니다.

실패로 끝난 사랑 뒤에는 후회라는 감정이 남습니다. 후회는 자기를 부정하거나 자기혐오로 이어지는 쓸쓸함을 동반하는 외로움입니다. 처연하게 울고 있는 메데이아의 모습이 더 많이 사랑한 사람의 뒷모습 같아서 왠지 안쓰럽게 느껴지기도 합니다.

부모가 자녀를 살해하는 끔찍한 범죄를 설명하는 메데이아 콤플렉스

미국의 법의학 전문학술지 「포렌식 사이언스 인터내셔널」에 따르면 미국에서는 날마다 1.4명의 아이가 부모 손에 목숨을 잃고 있습니다(1976~2007년까지 부모가 자녀를 살해한 사건이 매년 평균 500건 정도 발생). 부모 손에 사망한 희생자의 72퍼센트는 여섯 살 이하 아동이었습니다. 메데이아 가족에게 벌어졌던 비극이 현대에도 그대로 재현되고 있는 셈입니다.

비단 미국에서만 일어나는 일이 아닙니다. 우리나라에서도 비속을 살해하는 사건이 빈번히 발생하고 있습니다. 붙잡힌 살해자, 즉 부모 입에서 나오는 살해 동기는 충격적이면서도 한편으로 마음을 아프게 합니다. "부부싸움 후 배우자에 대한 원망과 분노 때문에 아이를 살해했다." "평소 극심한 산후우울증을 앓고 있었는데, 아기가 울음을 그치지 않자 더는 아이를 돌볼 자신이 없어졌다."

자신의 아이를 살해한 어머니의 심리를 심리학자들은 '메데이아 콤플렉스'로 설명합니다. 메데이아 콤플렉스에 빠진 여성은 남편에 대한 복수심이나 분노 때문에 그를 닮은 아이에게 분노를 폭발하거나, 자녀가 남편을 미워하도록 세뇌하기도 합니다. 즉 자녀의 특정 행동이 남편의 행동과 유사하다는 이유만으로 자녀를 자주 혼내거나, 자녀에게 남편을 지나치게 헐뜯고 매우 부정적으로 표현하기도 합니다.

극단적인 경우 자기가 낳은 아이를 살해하는 사건이 벌어지기도 합니다. 메데이아 콤플렉스는 '알베르트 아인슈타인 의과대학' 정신과 의사 존 제이콥스 박사가 John W. Jacobs 1988년에 발표한 논문을 기반으로, 비교적 최근에 정립된 개념입니다.

메데이아 콤플렉스의 주요 원인 중 하나는 어린 시절 부모와의 적대적 관계입니다. 어린 시절 자신에게 분노를 쏟은 어머니 또는 아버지 때문에 자식에게 분노를 표출해도 죄의식을 느끼지 않고, 자신 역시 학대를 받았으니 자녀에게 똑같이 해도 된다고 생각한다는 것입니다.

최근 이루어진 연구에서는 남성에 대한 강한 의존성을 메데이아 콤플렉스의 주요 원인 중 하나로 꼽고 있습니다. 남편에게 과도하게 의존하는 여성이 배신을 당했을 때 그에 대한 상처로 적대심을 품고, 남편에게 가장 소중한 자녀와 남편의 관계를 끊어 놓으려 한다는 것이지요. 이아손에 대한 메데이아의 사랑 역시 그러했습니다.

정성 들여 마음을 모두 내어준 대상은 객관적으로 바라볼 수 없습니다. 이런 애착 대상을 타인에게 넘기는 것은 곧 '손실'입니다. 이런 심리를 심리학에서는 '소유 효과'라고 합니다. 어떠한 대상을 소유하고 난 뒤 그 가치를

귀스타브 모로, 〈이아손과 메데이아〉, 1865년, 캔버스에 유채, 204×115.5cm, 파리 오르세미술관

기존보다 더 높게 평가하는 경향을 말합니다. 결혼한 자녀의 배우자와 갈등하는 부모의 심리를 소유 효과로 설명할 수 있습니다.

태어나자마자 걷고 뛸 수 있는 동물과 비교하면 인간은 매우 연약하게 태어납니다. 그래서 인간은 어머니에 대한 의존도가 유난히 높습니다. 연약한 아기를 보는 어머니의 시선은 때로는 '존재적 사랑'에서 '소유의 사랑'으로 변질됩니다.

어머니의 보살핌으로 무럭무럭 성장하는 아이를 보며, 어머니의 마음에는 '나 없으면 이 아이는 죽는다'는 생각이 깊숙이 뿌리내립니다. "이 험난한 세상에 아이를 혼자 두고 갈 수 없었다." "내가 키우지 못할 바에야 차라리 같이 죽는 게 낫다고 생각했다." 자녀와 동반자살을 시도하거나 자녀를 살해한 부모들 이렇게 변명하는 이유를 소유 효과에서 찾을 수 있습니다.

자녀는 결코 부모의 소유물이 아닙니다. 메데이아 콤플렉스는 결국 어머니 자신뿐 아니라 자녀의 인생까지 망가뜨립니다. 극단적인 선을 넘지 않도록 자신을 통제하는 힘을 길러야 하며, 힘들 경우에는 의료인의 도움을 받아야 합니다.

이 잔혹한 복수극에서 승자는 어디에도 없습니다. 자신의 분신과도 같은 두 아이를 죽이는 일은 남편 이아손을 향한 가장 잔혹한 복수일 뿐만 아니라, 메데이아에게는 가장 가혹한 형벌이었을 것입니다.

자기 자신을 죽이다, 자살

유다의 죽음, 속죄인가 천벌인가?

한 남자가 굶주린 까마귀들이 울부짖는 들판에서 나무에 목을 매고 자살했습니다. 그런데 죽은 남자의 일그러진 얼굴을 자세히 들여다보면 왠지 비웃는 것 같은 표정입니다. 바위에는 까마귀 한 마리가 앉아 그의 숨통이 완전히 끊기기를 기다리고 있는 듯합니다. 끔찍한 설정입니다. 죽은 남자는 예수의 제자 중 한 명으로, 은화 서른 개를 받고 예수를 팔아넘긴 '배반의 아이콘' 유다Judas Iscariot입니다.

이 그림은 제임스 티소James Tissot, 1836~1902가 예수의 생애에 일어난 사건을 그린 연작 〈그리스도의 생애〉에 수록된 작품입니다. 티소는 유다의 죽음을 사악하고 비참하게 묘사하고 있습니다.

제임스 티소, 〈유다의 자살〉, 1890년, 회색 종이에 불투명 수채화, 30.2×15.6cm, 뉴욕 브루클린박물관

『성경』에는 유다의 죽음에 대해 두 가지 다른 설명이 있습니다. 먼저 「마태복음」에는 유다가 예수를 판 대가로 받은 은화를 던지고 목을 매고 죽었다고 기록되어 있습니다. 반면 「사도신경」에는 유다가 들판에서 꼬꾸라져 배가 찢기고 내장이 쏟아져 나와 죽었다고 기록되어 있습니다.

파리 생 라자르 도텡 대성당 기둥에 새겨진 부조. 밧줄의 양 끝을 하나씩 잡은 두 악마가 유다의 목을 조르고 있다.

유다의 죽음은 「마태복음」에서는 속죄를 의미하고, 「사도신경」에서는 천벌을 의미합니다.

여러 정황상 「마태복음」 내용이 좀 더 신빙성이 있어 보입니다. 유다는 예수를 밀고하고 나서 죄책감으로 괴로워했을 것입니다. 그리고 결국 속죄하기 위해 자살을 택했을 것입니다. 그가 목을 매는 교수형의 방법으로 자살했다는 점이 주목할 만합니다. 서양에서는 전통적으로 나무를 쌓아 놓고 불을 질러 스스로 불에 타서 죽는 자살 방식을 영웅적, 남성적인 것으로 생각합니다. 그다음으로 치는 것이 칼이나 권총으로 자결하는 방식입니다. 목을 매는 자살 방식은 겁쟁이나 연약한 여자들이 택하는 것으로, 비참하고 초라한 죽음을 의미합니다.

기독교에서 자살은 절대적인 금기 대상입니다. 생명의 주인은 하느님이고, 당연히 그 시작과 끝을 결정할 권리도 하느님에게 있다고 믿기 때문입니다.

기독교에서 자살은 구원받을 수 없는 큰 죄입니다. 유다는 『신약성경』에서 유일하게 자살로 생을 마감하는 사람입니다. 단테Durante degli Alighieri, 1265~1321의 『신곡』에서도 유다는 죽은 후에 지옥의 가장 최하층에서 사탄에게 영원히 물어뜯기는 형벌을 받습니다.

왜 스스로 목숨을 끊는가?

하루 평균 37.7명(2023년 기준), 우리나라에서는 약 38분마다 한 명씩 스스로 목숨을 끊습니다. 우리나라가 경제협력개발기구(OECD) 회원국 중 자살률 1위 국가라는 것은 이미 많이 알려진 사실입니다. OECD 평균보다 무려 2.6배 높은 압도적인 1위입니다. 게다가 올해로 21년째 계속 1위를 지키고 있습니다. 한 해 동안 자살로 사망한 사람이 교통사고 사망자를 추월한 지도 한참 되었습니다. 높은 자살률은 심각한 사회 문제로 떠오르고 있습니다.

에밀 뒤르켐은 1897년 출간한 저서 『자살론』에서 "자살은 없다. 사회적 타살이 있을 뿐"이라고 말했다. 사진은 에밀 뒤르켐.

자살하는 동기에 대해 많은 연구가 있었습니다. 오랫동안 자살을 연구했던 프랑스 사회학자인 에밀 뒤르켐Emile Durkheim, 1858~1917은 자살이 개인적 행위로만 이해돼서는 안 되는 사회적 현상이며, 자살의 원인 중 많은 부분이 개인을 둘러싼 사회적 힘과 사회적 결속 정도에 있다고 설명했습니다. 그는 동기에 따라 자살을 이기적, 이타적, 아노미적 자살 세 가지 유형으로 분류했습니다.

먼저 자살의 동기가 자신을 위한 것일 때는 '이기적 자살'입니다. 이기적 자살은 사회적 연대감이 약화됐을 때 나타나는 자살 유형으로 과도한 개인주의가 주된 원인입니다. 이기적 자살을 선택하는 유형의 사람들은 자신 외에 타인에게는 아무런 관심이 없습니다.

'이타적 자살'은 남을 위해 죽는 것인데, 이는 희생적인 측면의 자살입니다. 이기적 자살과 정반대로 응집력이 매우 강한 사회에서 발생합니다. 대표적 예가 일본 제국주의 시절에 가미카제 특공대의 자살폭탄 공격입니다. 미국 9 · 11테러 때 비행기를 몰고 무역센터로 돌진한 테러리스트도 이타적 자살을 선택한 사람들입니다.

'아노미적 자살'은 사회가 혼란스러워 무규범적 상황이 되면 현실적으로 살아가기 어려워진 사람들이 선택하는 자살입니다. IMF 시절 늘어난 자살을 아노미적 자살로 볼 수 있습니다.

그리고 뒤르켐의 분류에는 없지만 '동조자살' 또는 '모방자살'이라고 하는 '베르테르 효과(Werther effect)'도 있습니다. 베르테르 효과는 연예인 같은 유명인이나 자신이 좋아하고 존경하는 사람이 자살한 후에 유사한 방식으로 잇따라 자살이 일어나는 현상을 말합니다. 이는 텔레비전 등 대중매체에 보도된 자살을 모방하기 때문에 발생합니다.

괴테Johann Wolfgang von Goethe, 1749~1832의 소설 『젊은 베르테르의 슬픔』에 나오는 남자 주인공 베르테르는 실연의 슬픔을 못 이기고 권총 자살을 합니다. 『젊은 베르테르의 슬픔』은 당시 유럽 전역에서 베스트셀러가 되었습니다. 그런데 소설 속 주인공 베르테르의 상실감과 고독감에 공감한 유럽 청년들이 잇달아 자살하는 사태가 벌어졌고 여기서 베르테르 효과가 유래했습니다. 청년들의 자살이 급증하자 유럽의 일부 지역에서는 책의 판매를 중단하기까지 했습니다.

낭만적인 자살의 표상이 된 가난하고 어린 시인의 죽음

머리가 붉은 청년이 금방이라도 떨어질 듯 침대에 위태롭게 누워있습니다. 창밖의 풍경을 보면 다락방이거나 언덕 위에 있는 집 지하실일 가능성이 있습니다. 하지만 창이 난 벽의 경사로 봐서는 다락방일 가능성이 더 높습니다. 청년의 얼굴은 창백하다 못해 잿빛입니다. 침대 아래로 축 늘어진 손

헨리 월리스, 〈채터턴의 죽음〉, 1856년, 캔버스에 유채, 62×93cm, 런던 테이트갤러리

은 종이 뭉치를 움켜쥐고 있습니다. 자세히 보면 왼손과 복부 일부도 납빛으로 착색되어 있습니다.

그림 속 청년은 잠든 게 아니라 이미 죽은 것으로, 피부색을 봤을 때 약물 중독에 의한 자살로 추측됩니다. 바닥에는 갈기갈기 찢긴 종이 쪼가리들이 쌓여 있고 자그마한 빈 병이 나뒹굽니다. 구두 한 짝은 청년의 마지막 남은 자존심마저 무너졌다는 듯 널브러져 있습니다. 창틀 위에 놓인 화분 속 붉은 꽃 한 송이는 죽기에는 너무 이른 청년이 나이를 상징하는 것 같아 안쓰럽게 느껴집니다.

청년의 이름은 토머스 채터턴Thomas Chatterton, 1752~1770입니다. 18세기 후반 실존했던 천재 시인으로, 만 열여덟 살을 채우지 못하고 런던의 하숙방에서 비소를 먹고 자살했습니다. 그가 죽고 난 뒤 얼마 지나지 않은 1774년 괴테의 『젊은 베르테르의 슬픔』이 출판되면서, 그의 죽음은 영국 낭만주의의 전형으로 떠오르게 되었습니다.

많은 젊은이가 '낭만적인 자살'이라는 환상에 사로잡혀 스스로 목숨을 끊었고, 자살은 국가적인 스캔들이 되기에 이르렀습니다. 당시 프랑스 정치가이자 철학자인 몽테스키외Charles-Louis de Secondat, 1689~1755는 "도대체 아무런 이유도 없이, 심지어 행복의 한가운데서조차 스스로 목숨을 끊는다"고 당시 세태를 기록했습니다.

채터턴은 유복자로 태어나 어릴 적부터 교회의 옛 문서들을 읽고 공부해 산문과 시를 짓기 시작했습니다. 열일곱 살에 집을 떠나 런던으로 가서 시인으로 성공하려고 중세 수도사 이름으로 중세풍 시를 쓰기도 하고, 정치 칼럼 등 다양한 글들을 기고했습니다. 그런데 잡지 편집장들은 채터턴의 글을 마음에 들어하면서도 원고료를 제때 주지 않고 미루곤 했습니다. 채터턴은 굶주림과 가난에 시달려야 했지요. 게다가 평론가들이 그의 글을 비난하자 어린 채터턴은 버틸 수가 없었습니다. 그러던 어느 날 끼니조차 거른 상태에서 비소를 담은 병을 가지고 다락방으로 올라가 쓰고 있던 원고를 모두 찢은 후 비소를 먹고 자살했습니다.

채터턴이 남긴 작품은 사후 7년 뒤 출간됐습니다. 채터턴과 동시대 시인들은 그의 작품을 재평가하고 죽음을 애도했습니다. 채터턴은 낭만주의라는 새로운 사조를 타고 주위의 무관심과 굶주림 속에서 너무나 일찍 죽은 한없이 아까운 천재로 부활했습니다.

윌리엄 워즈워스William Wordsworth, 1770~1850는 "저 놀라운 소년, 채터턴이 생각났다. 오기로 버티다 죽은, 잠들지 않은 그 혼"이라고 채터턴을 언급했습니다.

영국의 천재 시인 존 키츠John Keats, 1775~1821의 대표작이면서 출세작인 〈엔디미

1875년 「예술 저널」에 실린 채터턴의 모습. W.B. 모리스가 그렸다.

온(Endymion)〉은 채터턴에게 헌정한 작품입니다.

그리고 그 후에 라파엘전파(라파엘로 이전으로 돌아가 자연에서 겸허하게 배우는 예술을 표방한 유파) 화가인 헨리 월리스Henry Wallis, 1830~1916가 채터턴의 죽음을 캔버스에 옮겼습니다. 사실 이 그림은 '빈민구제'라는 명목으로 빈민들을 강제 수용해서 사회에서 격리하는 것을 비판하기 위해 그려졌습니다. 배경 세부 묘사가 매우 사실적이고 낭만적 분위기가 흐르는 이 작품은 발표되자마자 엄청난 반응을 일으켰습니다. 왜냐하면, 그림 속 채터턴의 모습에서 가난하고 힘들게 살던 수많은 예술가들이 자신의 얼굴을 보았기 때문입니다.

자살의 원인과 동기는 다양합니다. 어쨌든 대부분의 자살은 삶의 고통을 견디기 어려운 사람이 그 상황에서 벗어날 수 있는 유일한 방법으로 '죽음'을 택한 것이라는 점만은 분명합니다. 자살하려는 사람들은 도움이 필요합니다. 그들 대부분은 죽기 전에 어떤 식으로든지 자살에 대한 암시를 남기지요. 따라서 이 암시를 바로 알아채고 그들에게 관심을 가지고 적절한 대응을 한다면 '세계 최고의 자살국'이라는 불명예를 벗을 수 있을 것입니다.

무명 화가의 자살을 그려
살롱전의 횡포를 고발하다!

정장을 깔끔히 차려입은 신사가 오른쪽 복부에 총을 쏜 직후 침대에 쓰러져 누워 있습니다. 아직 오른손으로 총을 잡고 있어 자살 직후임을 알 수 있습니다. 복부에 피가 흥건하고 입술은 고통으로 인해 열려 있습니다. 푸른

에두아르 마네, 〈자살〉, 1877~1881년, 캔버스에 유채, 38×46cm, 취리히 뷔를레컬렉션

색 벽은 공허함을 더 극대화시킵니다. 이 그림은 에두아르 마네Edouard Manet, 1832~1883의 작품 중 비교적 덜 알려진 작품입니다. 인상파다운 빠른 붓 터치와 강한 필치, 풍부한 색채감으로 사실적인 현장감을 드러내는 작품입니다.

1866년 오스트리아 출신 홀트차펠이라는 무명 화가가 파리 변두리에서 자살했습니다. 그는 총으로 머리를 쏴서 자살했는데, 다음과 같은 유서를 남겼습니다. "살롱 미술전의 심사위원들이 내 작품을 다시 낙선시켰다. 나에게는 그림 그리는 재주가 없기 때문이다. 그래서 나는 죽어야 한다." 당시 그림에 대한 명예와 전문성을 인정을 받기 위해서는 매년 국가에서 주최하는 살롱전에서 수상해야 했습니다. 살롱전에 당선되면 그림이 팔리고 공식적인 화

에두아르 마네, 〈팔레트를 든 자화상〉, 1879년, 캔버스에 유채, 83×67cm, 코네티컷 스티브코엔컬렉션

가로서 입지가 탄탄해집니다. 살롱전에 낙선한 작품은 어떠한 설명도 없이 캔버스 뒷면에 거절을 나타내는 'R'('rejected'의 첫 글자)이란 붉은 도장을 찍어서 반송시켰다고 합니다.

〈자살〉은 에두아르 마네가 홀트차펠이 자살한 지 10년 뒤 그를 추모하며 그린 그림입니다. 사실 마네는 홀트차펠의 자살 현장을 목격하지도 않았으며, 그와 대단한 친분도 없었습니다. 단지 이 무명 화가의 자살 사건이 있은 후, 친하게 지냈던 에밀 졸라Emile Zola, 1840~1902가 홀트차펠의 자살을 알리는 기사를 신문에 기고하면서 이 사건에 대해 알게 됐습니다.

"나는 남들이 보고 싶어 하는 것이 아니라 내가 본 것을 그린다"며 평생 확고한 신념으로 그림을 그렸던 마네는 '인상주의의 아버지', '모더니즘 미술의 창시자'로 불립니다. 실제로 다른 인상주의 화가들에게 지대한 영향을 끼쳤음에도 불구하고, 아이러니하게도 마네는 인상주의 작품전에는 한 차례도 출품한 적이 없습니다. 마네는 판사이자 고위직 공무원의 아들로 태어나 꽤 유복한 환경에서 성장했습니다. 법관이 되기를 희망했던 아버지의 기대를 저버리고 우여곡절 끝에 화가의 길을 걷게 됐지만, 그마저도 순탄하지 않았습니다. 평생토록 공식적인 살롱전 입상만을 꿈꾸었던 그가 인상파 화가들에게 추앙받았던 이유는 당대로서는 혁명에 가까울 정도의 표현과 기법, 작품에 투영된 특유의 반항적인 주제와 메시지 때문입니다.

당시에는 아카데믹한 그림을 선호하고 인정했기 때문에, 파격적이고 반항적인 작품을 내놓는 마네는 매번 파문을 일으키고 악평을 받을 수밖에 없었습니다. 마네는 생을 마칠 때까지 총 스무 차례나 살롱전에 작품을 출품했으니, 그의 살롱전 집착은 가히 놀라울 지경입니다. 단 세 번 정도 호평을 들었을 뿐 대부분은 비난과 조롱의 중심에 있어야 했으니 상처도 매우 컸을 것입니다.

마침내 마흔아홉 살이던 1881년에 마네는 2등 상을 받으며, 평생 살롱전에 참가할 수 있는 자격을 얻게 됩니다. 그러나 안타깝게도 마네는 2년 후 매독이 악화해 손발이 마비되는 합병증으로 고생했습니다. 그는 다리를 절단한 뒤 수술 후유증으로 사망했습니다. 마네는 무명 화가의 자살에 자신의 살롱전 낙선 경험에서 비롯된 패배감과 절망감을 투영해 살롱전의 횡포를 고발하고 싶었던 것 아닌가 싶습니다.

베르테르 효과와 대척점에 있는 '파파게노 효과(Papageno effect)'가 있습니다. 모차르트의 오페라 〈마술피리〉에서 파파게노가 요정의 도움을 받아 죽음의 유혹을 이겨낸다는 일화에서 유래했습니다. 파파게노 효과는 자살에 대한 언론 보도를 자제해 자살을 예방하는 효과를 의미합니다. 이는 자살에 대한 상세한 보도가 또 다른 자살을 일으킨다는 연구 결과에 근거합니다. 1980년대 오스트리아에서는 지하철 자살에 대한 언론 보도를 자제하자 자살률이 절반으로 떨어지며 파파게노 효과를 입증했습니다. 21년째 자살률 1위 국가인 대한민국에서는 베르테르보다는 절망을 극복하고 희망을 전해주는 파파게노가 절실히 필요합니다.

병을 진단하고 치료하는 메아리

목소리 잃은 여인의 비애

'에코(echo)'는 그리스어로 '소리'를 뜻합니다. 원래 에코는 헬리콘 산에 사는 숲의 님프입니다. 님프는 그리스로마신화에 나오는 모든 요정을 총칭하는 말입니다. 아름다운 에코는 한번 입을 열면 상대가 말할 틈도 주지 않고 말을 쏟아내는 수다쟁이인데다가 남의 일에 시시콜콜 참견하기를 즐겼습니다.

헤라는 바람기 많은 제우스의 뒤를 은밀하게 감시하고 있었습니다. 제우스가 님프와 사랑을 속삭이고 있다는 첩보를 들은 헤라는 현장으로 달려왔습니다. 하지만 수다쟁이 에코가 말을 걸어와 헤라는 남편의 애정 행각을 코앞에서 놓치고 맙니다. 몹시 화가 난 헤라는 에코에게서 말하는 능력을 빼앗아버립니다. 그리고 다른 사람이 한 말의 마지막 소절만 반복해서 말할

| 알렉상드르 카바넬, 〈에코〉, 1874년, 캔버스에 유채, 97.8×66.7cm, 뉴욕 메트로폴리탄미술관

ALEX. CABANEL

수 있게 했습니다.

그러던 어느 날 에코는 숲을 찾아온 잘 생긴 청년 나르키소스를 보고 한눈에 반합니다. 하지만 나르키소스가 말을 걸어주기 전까지 에코는 한마디도 할 수 없었지요. 마침 나르키소스가 에코에게 길을 물어왔지만, 에코는 그의 말 가운데 마지막 소절만 되풀이했습니다. 자신의 말만 따라 하는 에코에게 화가 난 나르키소스가 "너와 함께 하느니 차라리 죽어 버리는 게 낫겠다"라고 비수 같은 말을 퍼부었을 때도, 에코는 "죽어 버리는 게 낫겠다"라고 그의 말을 되풀이할 수밖에 없었습니다.

나르키소스에게 무참히 거부당한 충격에 에코는 산속 동굴로 숨어버렸고, 슬픔에 빠져 점점 야위어 가다가 마침내 몸은 형체도 없이 으스러지고 목소리만 남게 되었다고 합니다.

그림 속 에코는 요염하고 관능적인 여인의 모습을 하고 있습니다. 에코는 나르키소스에게 "당신을 사랑해요", "나를 좀 봐주세요"라고 수도 없이 말하고 싶었겠지요. 하지만 애끓는 마음과 달리 나오지 않는 목소리에 어쩔 줄 몰라 절망하는 에코의 표정을 잘 포착하고 있습니다.

〈에코〉를 그린 알렉상드르 카바넬Alexandre Cabanel, 1823~1889은 살아생전 화가로서 누릴 수 있는 영예를 다 누린 행복한 화가였습니다. 40대 중반에 최연소로 '에콜 드 보자르' 즉 국립미술학교 원장이 되었으며, 죽을 때까지 그 자리를 지켰습니다. 그리고 프랑스의 훈장 중 최고라고 인정받는 레지옹 도뇌르 훈장을 무려 세 번이나 받았습니다. 카바넬은 고전적인 경향의 아카데미즘과 이상적인 완벽함을 추구하는 다비드Jacques Louis David, 1748~1825와 앵그르Jean Auguste Dominique Ingres, 1780~1867가 완성한 역사화의 전통을 계승했습니다. 그러면서도 〈에코〉처럼 여성의 관능미를 강조한 아카데미즘과 다른 방향의 그림을 그리기도 했습니다.
이처럼 19세기 중반 이후 낭만주의와 신고전주의 어느 편에도 속하지 않고 다양한 양식을 재해석하여 혼합한 화풍을 '절충주의(eclecticism)'라고 합니다. 19세기 말 유럽에서는 근대화와 각국의 식민 정책에 따라서 여행이 활발해지면서 동양 즉, 지금의 소아시아 문물에 대한 관심이 높아졌습니다. 이 시기 예술에서는 '오리엔탈리즘'이나 일본 취향의 '자포니즘' 등이 유행처럼 확산됐는데, 절충주의 양식은 이러한 유행까지도 흡수하고 재해석했습니다.

의학에서 찾은 에코의 흔적

에코는 메아리로 남아 산을 찾는 사람들을 쫓을 뿐만 아니라, 의학에도 자신의 이름을 남겨놓았습니다. 정신과 질환 중 에코가 끝말을 따라 하는 것에서 착안해 이름 붙인 증상이 '에코라리아(echolalia)' 즉, 메아리증입니다. 메아리증은 상대방이 말한 내용을 반복해서 말합니다. 메아리증이 나타나는 질환에는 우선 의사소통과 사회적 상호작용을 이해하는 능력이 떨어지는 자폐증이 있습니다. 그리고 사고 체계와 감정 반응 전반에 장애가 생겨 망상, 환청, 이상 언어와 행동 등이 지속되는 조현병도 상대의 말을 따라 하는 증상이 나타납니다.
심장병 질환을 검사하는 데 사용하는 심장 초음파 검사 장비를 '에코카디오그램(echocardiogram)'이라고 합니다. 흔히 줄여서 '에코'라고 부르지요. 심장 초음파 검사 장비 즉, 에코의 탐촉자(초음파를 발신하고 수신하는 장비)에서 심장으로 발사한 초음파가 심장에 닿아 반사하면 이를 영상 신호로 변환해 심장 및 주변 부위 혈관 등을 관찰할 수 있습니다.

바람을 따라 떠도는 에코는 소리의 모습

숲으로 사냥을 나온 나르키소스에게 홀딱 반한 에코는 그의 뒤만 졸졸 따라다녔습니다. 나르키소스는 무엇을 물어도 자신의 마지막 말만 반복하는 에코가 정신 나간 여자라고 생각했을 것입니다. 그래서 자신의 곁을 맴돌며 절절한 구애의 눈빛을 보내는 에코에게서 도망을 칩니다. 상처받은 에코는 더는 나르키소스에게 다가가지 못하고 동굴에 숨어 서서히 소멸하는 최후를 선택했습니다. 일설에는 에코가 서서히 돌로 변해 사라졌다고 하기도 하고, 한 줄기 바람이 되어 대기 중으로 날아가 버렸다고도 합니다.

가이 헤드Guy Head, 1753~1800의 〈나르키소스를 떠나 날아오르는 에코〉는 사랑을 얻지 못해 목소리만 남은 에코가 바람처럼 우리 곁을 떠돌아다니는 모습을 표현하고 있습니다. 바람결에 나부끼는 얇고 흰 천을 붙들고 숲 여기저기를 떠다니며 방황하는 에코는 관능적인 여인의 모습입니다.

우리가 말을 하면 폐에 있던 공기가 성대를 자극하고 입으로 진동을 전달합니다. 그러고 나면 주변에 있던 공기가 매질이 되어 성대의 떨림을 주변으로 전파합니다. 이 파동이 귀에 닿아 고막을 떨리게 해 청신경을 자극하면 소리를 인지하게 됩니다. 즉 소리는 매개 물질을 진동시켜서 전달되는 파동의 일종입니다.

우주공간에 홀로 남겨진 사람의 분투기를 그린 영화 〈그래비티(Gravity)〉에

가이 헤드, 〈나르키소스를 떠나 날아오르는 에코〉, 1798년, 캔버스에 유채, 212.1×163.2cm, 디트로이트미술관

는 이런 대사가 나옵니다. "우주에 오니까 제일 좋은 게 뭐야?" "고요함이요." 진공 상태인 우주공간에는 소리가 존재하지 않습니다.

소리를 보여주는 초음파

초음파는 인간이 들을 수 없는 높은 대역의 소리입니다. 일반적으로 인간은 20~2만 헤르츠 사이의 소리를 들을 수 있습니다. 초음파는 2만 헤르츠 이상입니다. 하지만 인간은 못 들어도 동물들은 보통 그 소리를 들을 수 있기

피에르 퀴리(왼쪽)와 마리 퀴리(오른쪽).

때문에 초음파라고 이름 붙였지요. 박쥐나 돌고래가 사물을 인지하거나 의사소통을 할 때 초음파를 사용합니다.

1880년대에 프랑스의 물리학자 퀴리Pierre Curie, 1859~1906가 압전현상(piezoelectricity : 기계적인 압력을 가하면 전기가 생기고, 반대로 전기를 가하면 기계적인 변형이 발생하는 현상)을 발견한 뒤, 초음파를 만들 수 있게 됐습니다. 의료기기 이전에 초음파는 잠수함이 목표물을 찾을 수 있게 하는 차량으로 치면 내비게이션 역할을 하는 음파탐지기, 소나(SONAR : Sound Navigation Ranging) 시스템에 사용되었습니다. 기술이 계속 발전해 현재는 인체 내부의 변화 즉 질병을 진단하는 의료 진단 및 치료에 초음파가 광범위하게 이용되고 있습니다.

사람의 몸은 액체 및 고형 성분의 조직과 기관으로 구성되어 있습니다. 초음파를 쏘면 일정한 속도로 진행하다가 매개물인 매질을 만나면 속도가 변합니다. 매질이 단단하고 딱딱하면 빠르게, 매질이 느슨하고 부드러우면 천천히 통과합니다.

매질에서 반사된 초음파를 영상 신호로 전환하면 뼈처럼 단단하고 밀도가 높은 조직은 흰색으로 나타나고 내장처럼 밀도가 낮고 부드러운 조직은 검은색을 띱니다. 이러한 원리로 초음파를 이용해 우리 몸 깊숙한 곳을 들여다볼 수 있습니다.

진단 목적으로 사용하는 초음파 검사는 비교적 값이 저렴하고, 질병을 진단하는 데 매우 우수합니다. 게다가 인체에 해를 주지 않아서 반복적인 검사가 가능합니다. 초음파는 쉽게 그 내부를 볼 수 없는 혈액이 돌고 있는 심장 및 양수로 차 있는 임신 상태의 자궁도 보여줍니다. 의료 현장에서 초음파는 간 · 쓸개 · 이자 · 콩팥 · 전립선 · 방광 등 모든 장기의 질병 진단에 없어서는 안 될 중요한 기술입니다. 근래에 도입된 3차원 초음파 기술을 이용하면 태아의 선천성 질환을 초기에 진단할 수도 있습니다.

슬퍼서 아름답고, 아름다워서 슬프다

에코의 짝사랑을 거절한 나르키소스가 몸을 숙여 하염없이 물속에 비친 자신의 모습을 바라보고 있습니다. 화면 왼쪽의 에코는 여전히 관능적인 모습으로 나르키소스를 애타게 바라봅니다. 오른손으로 가는 나뭇가지를 잡고 몸을 젖혀 나르키소스를 바라보는 에코의 자세는 불안합니다. 그럼에도 나르키소스는 그녀에게 눈길 한번 주지 않고 오로지 자기 자신과의 사랑에 흠뻑 빠져 있습니다.

〈에코와 나르키소스〉에서 존 윌리엄 워터하우스John William Waterhouse, 1849~1917는 에코와 나르키소스의 엇갈리는 그리고 곧 다가올 비극적인 사랑을 눈이 부시도록 아름답게 표현하고 있습니다. 아름다워서 더욱 슬퍼 보입니다. 나르키소스와 에코 옆에는 곧 나르키소스가 죽은 자리에 피어날 수선화가 보입니다.

로마에서 태어나고 영국에서 화가가 된 워터하우스는, 그리스로마신화에 심취한 19세기 빅토리아 여왕Victoria, 1819~1901 시대의 화가입니다. 여성의 아름

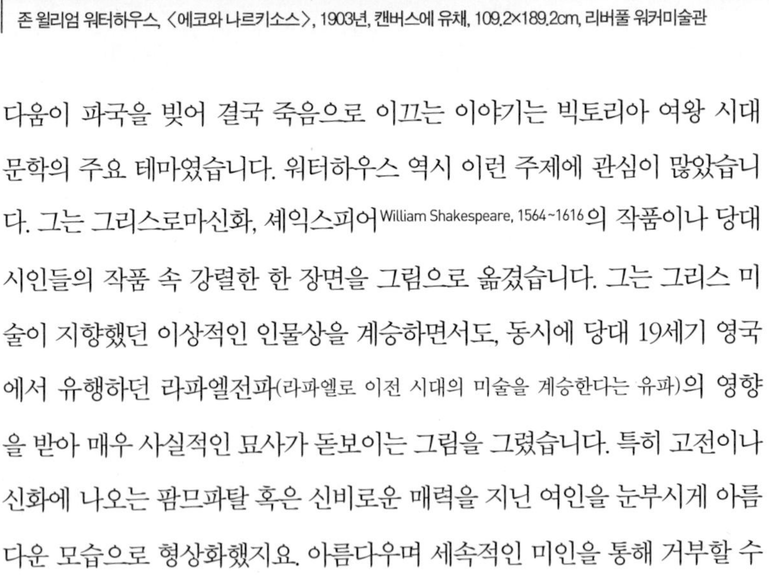

존 윌리엄 워터하우스, 〈에코와 나르키소스〉, 1903년, 캔버스에 유채, 109.2×189.2cm, 리버풀 워커미술관

다움이 파국을 빚어 결국 죽음으로 이끄는 이야기는 빅토리아 여왕 시대 문학의 주요 테마였습니다. 워터하우스 역시 이런 주제에 관심이 많았습니다. 그는 그리스로마신화, 셰익스피어William Shakespeare, 1564~1616의 작품이나 당대 시인들의 작품 속 강렬한 한 장면을 그림으로 옮겼습니다. 그는 그리스 미술이 지향했던 이상적인 인물상을 계승하면서도, 동시에 당대 19세기 영국에서 유행하던 라파엘전파(라파엘로 이전 시대의 미술을 계승한다는 유파)의 영향을 받아 매우 사실적인 묘사가 돋보이는 그림을 그렸습니다. 특히 고전이나 신화에 나오는 팜므파탈 혹은 신비로운 매력을 지닌 여인을 눈부시게 아름다운 모습으로 형상화했지요. 아름다우며 세속적인 미인을 통해 거부할 수

없는 운명의 비극성을 강렬하게 표현한 워터하우스의 작품은 이후 신고전주의 작가들에게 큰 영향을 끼쳤습니다.

질병까지 치료하는 초음파

초음파는 질병의 진단뿐만 아니라 치료에도 광범위하게 활용되고 있습니다. 치료용 초음파 기술은 아주 우연히 발견되었습니다. 음파탐지장비 소나로 수중을 탐지하다가 잠수함 주변에 있는 물고기들 및 생물체들이 떼죽음을 당하는 것을 보게 되었지요. 이를 통해 초음파의 에너지가 생체 내 조직을 파괴하지 않고 가열한다는 것을 알게 되었습니다.
초음파는 보통 피부 속 5센티미터 깊이까지 도달하며, 전자레인지처럼 분자를 진동시켜서 열에너지를 발생시킵니다. 초음파치료는 신체 부위마다 열에너지가 발생하는 속도에 차이가 있다는 점을 이용한 것입니다. 초음파 물리치료는 온열치료 같은 열감이 전혀 느껴지지 않습니다. 피부 속 감각세포가 있는 곳에서는 열이 빠르게 발생하지 않기 때문에 따뜻함을 느낄 수 없지만, 심부 근육세포에서는 열이 빠르게 발생해 염증 등을 치료합니다. 물리치료 외에도 몸 안에 생긴 결석을 깨고, 혈관에 생긴 혈전(핏덩이)을 녹이고, 최근에는 일부 암 치료에도 초음파가 사용되고 있습니다.
신화 속 에코의 사랑은 선남선녀가 목숨을 잃는 파국으로 끝났습니다. 하지만 그녀를 실패한 사랑의 아이콘처럼 기억할 필요는 없습니다. 오늘날 남과 여 두 사람의 사랑의 결실인 뱃속의 태아를 눈으로 처음 확인시켜주는 것이 '에코'이니까요.

시선의 폭력, 관음증

백성을 위해 알몸으로 말을 탄 고다이바 부인

젊은 여인이 밝은 대낮에 실오라기 하나 걸치지 않은 벌거벗은 몸으로 말을 타고 거리를 천천히 돌고 있습니다. 붉은색의 말안장과 하얀 말을 덮고 있는 금빛 문장이 새겨진 붉은빛 천은 무척이나 고급스럽습니다. 말에 타고 있는 여인의 신분이 범상치 않아 보입니다.

여인이 고개를 푹 숙인 채 길게 늘어뜨린 머리카락으로 가슴을 가리고 있는 것으로 보아 자신의 모습을 수치스럽게 여기는 듯합니다. 이상한 점은 아름다운 여인이 나체로 거리를 오가는데, 거리는 구경꾼 하나 없이 한산합니다. 심지어 건물의 문이나 창문조차 굳게 닫혀 있습니다. 여인은 무슨 연유로 나체로 거리를 헤매는 걸까요.

존 콜리에, <고다이바 부인>, 1897년, 캔버스에 유채, 142.2×183cm, 잉글랜드 코번트리박물관

이 그림은 우리에게는 그다지 익숙하지 않은 존 콜리에John Collier, 1850~1934라는 빅토리아 시대 영국 화가의 작품입니다. 존 콜리에는 토머스 헉슬리Thomas Huxley, 1825~1895나 찰스 다윈Charles Darwin, 1809~1882과 같은 유명인의 초상화를 그린 뛰어난 초상화가 중 한 명입니다. 라파엘전파(라파엘로 이전으로 돌아가 자연에서 겸허하게 배우는 예술을 표방한 유파)답게 균형 잡힌 구도로 대상을 매우 사실적이고 섬세하게 묘사하고 있으며, 캔버스 안에서 이상적인 아름다움을 표현하고 있습니다.

그림 속 여인은 11세기 영국 중부지역 코번트리(Coventry)에 살았던 귀족 부인 고다이바입니다. 그녀의 남편은 코번트리 영주였습니다. 그는 자신이 지배하는 지역에서 왕처럼 군림하며 농민들을 수탈했습니다. 남편과 달리 고다이바 부인은 농민들 편에서 그들을 돕고 싶어 했습니다. 그녀는 남편에게 무자비한 세금 징수를 멈춰달라고 요청합니다. 남편은 단칼에 그녀의 요청을 거절합니다. 고다이바 부인이 재차 세금을 줄여달라고 간청하자, 해괴망측한 제안을 하며 아내를 조롱했습니다. "부인이 옷을 전부 벗고 농민들이 세금을 내는 내 땅을 한 바퀴 천천히 다 돈다면 내가 세금 줄이는 걸 생각해보겠소." 이 비상식적인 제안을 아내가 받아들일 리 없다고 생각한 것일 테지요.

하지만 고다이바 부인은 예상과 달리 남편의 제안을 과감히 수락합니다. 이 소식을 전해 들은 마을 사람들은 고다이바 부인의 결정에 크게 감동했습니다. 마을 사람들은 고다이바 부인이 말을 타고 지나가는 시간에 아무도 외출하지 말고 문을 걸어 잠그고 커튼으로 창문을 완전히 가리고 절대 밖을 내다보지 않기로 약속합니다. 드디어 고다이바 부인이 나체로 말을 타고 거리로 나왔습니다. 콜리에의 〈고다이바 부인〉이 묘사한 순간입니다.

세상에서 가장 유명해진 관음증 환자, 재단사 톰

그런데 항상 약속을 지키지 않는 사람이 있기 마련입니다. 당시에도 참지 못하고 고다이바 부인을 숨어서 몰래 바라본 마을의 재단사 톰이 있었습니다. 톰은 고다이바 부인의 나체를 본 후에 천벌을 받아 눈이 멀었다고 전해집니다. 또 다른 이야기에서는 톰의 일탈을 괘씸히 여긴 마을 사람들이 그의 눈을 뽑았다고 합니다. 재단사 톰의 일화는 보지 말아야 할 것을 보다 보면, 결국은 꼭 봐야 할 것을 놓치게 될지도 모른다는 교훈을 줍니다.

여기서 바로 남몰래 훔쳐보는 관음증 환자를 가리키는 속어 '피핑 톰(Peeping Tom)'이 유래됐습니다. 그리고 이 알몸 시위에서 '고다이버즘(godivaism)'이라는 용어가 생겼습니다. 고다이버즘은 관행이나, 관습, 상식 등을 깨는 정치 행위를 뜻합니다.

잉글랜드 코번트리에 있는 고다이바 부인 동상.

역사학자들은 이 감동적인 이야기가 사실이 아니라고 합니다. 코번트리 지역 영주 리어프릭과 고다이바 부부는 실제로 존재했던 사람들이긴 하지만, 부인이 농민들을 위해 누드 시위를 했다는 이야기는 부부가 죽은 후 200년이 지나서 덧붙인 이야기라고 합니다. 고다이바 부인을 몰래 훔쳐 보았다는 재단사 톰의 이야기도 세월이 더 지나 18세기 이후에 추가된 것으로 진위를 따질 수 없다고 합니다.

인터넷이 사회 전반을 잠식하고 있는 현대에 유명 연예인의 은밀한 사생활을 담은 동영상 같은 것이 유출되면 세상은 뜨겁게 끓어오릅니다. 사회적 엿보기는 유명인만 타깃으로 삼지 않습니다. 개인의 신체나 사생활을 몰래 촬영한 동영상이 거래되기도 하는 세상입니다. 일부 사회학자들은 대중들의 이러한 행태가 '집단 관음증'으로 사회적 병폐라 하고, 다른 쪽에서는 단순한 호기심으로 인한 본능적인 행위라고 말합니다. 과연 관음증은 무엇이고 이것은 고쳐야 하는 질병일까요?

목욕하는 아름다운 여인과
이를 훔쳐보는 두 노인

멀리 보이는 원경에는 군데군데 나무들이 우거져 있는 아름다운 정원과 오리가 몇 마리 놀고 있는 샘이 보입니다. 가까이에는 금발 머리를 섬세하게 올린 여인이 벌거벗은 채 앉아 있습니다. 여인의 피부는 눈이 부시도록 하얗고 곱습니다. 한발을 욕조에 담그고 거울을 바라보는 여인의 포즈는 매우 관능적입니다. 여인 곁에 있는 진주 목걸이, 빗, 향유 단지, 장신구들은 그녀가 매우 부유하다는 것을 알려줍니다. 가만히 그림을 보면 화면 왼쪽, 장미 울타리를 사이에 두고 기울어진 사선 구도 양 끝에서 두 노인이 숨죽이며 여인을 훔쳐보고 있습니다. 이 그림은 무엇을 보여주려는 걸까요?
이 그림은 『구약성서』의 외경인 「다이엘 예언서」 13장에 있는 이야기를 바탕으로 합니다. 기원전 490년, 바빌론에는 힐키야의 딸이자 요하킴의 아내인 신앙심이 깊은 아름다운 유대 여인 수산나가 살고 있었습니다. 수산나

틴토레토, 〈수산나와 두 노인〉, 1555~1556년, 캔버스에 유채, 146×194cm, 빈미술사박물관

는 오후 더위를 못 견디고 목욕을 하고 있었는데, 때마침 그 집을 자주 드나들던 백성들의 원로이면서 재판관인 두 노인이 수산나를 몰래 훔쳐보다 욕정을 참지 못하고 그녀를 추행하려 했습니다. 수산나가 소리 지르며 저항해 추행은 실패로 돌아갔습니다. 하지만 두 노인은 앙심을 품고 그녀가 나무 아래에서 어떤 젊은 남자와 정을 통하는 장면을 목격했노라고 고발했습니다.

수산나가 큰 소리로 하나님께 기도하자, 성령이 다니엘이라는 소년에게 두 노인을 심문하도록 합니다. 다니엘은 두 노인을 각자 따로 재판관 앞에 불러 그녀가 젊은 남자와 정을 통한 곳이 어느 나무 아래인지를 묻습니다. 한 노인은 떡갈나무를, 한 노인은 유황나무를 가리켜 그들의 거짓이 만천하에 드러납니다. 두 노인은 유대법의 무고죄 형별에 따라 돌에 맞아 죽고, 수산나는 석방되어 행복하게 살았다는 것이 이야기의 결말입니다.

당시 유대법에서는 무고죄일 경우, 거짓 증언으로 고발당한 사람이 받을 형벌을 고발한 사람이 똑같이 받아야 했습니다. 간통죄에 대한 처벌은 돌로 쳐 죽이는 것이었습니다.

16세기 베네치아 화가들에게 '수산나와 두 노인' 이야기는 정원이라는 아름다운 풍경과 여인의 아름다운 누드를 함께 보여 줄 수 있는 매우 인기 있는 주제였습니다.

16세기 말 베네치아 화단의 중심에 선 어린 염색공

〈수산나와 두 노인〉을 그린 틴토레토Tintoretto, 1519~1594는 16세기에 활약한 이탈리아 화가입니다. 본명은 '자코포 로부스티'이며, 틴토레토는 '어린 염색공'이라는 뜻입니다. 틴토레토의 아버지는 실크 염색공이었습니다. 베네치아에서 태어난 틴토레토는 티치아노Tiziano, 1488~1576, 베로네세Veronese, 1528~1588와 함께 16세기 말 베네치아 화단의 중심 인물이었습니다.

흔히 틴토레토가 티치아노에게 색채를 배우고 미켈란젤로Michelangelo Buonarroti, 1475~1564에게서 데생을 배웠다고 이야기합니다. 이는 틴토레토가 르네상스 미술의 주요한 두 계통인 피렌체와 베네치아 화풍의 장점을 자기 나름대로 재해석해 자신만의 새로운 화풍을 만들었다는 의미로 이해하면 됩니다. 틴토레토는 인체 묘사를 중시한 피렌체 화풍에 아름다운 색채 묘사를 중시한 베네치아 화풍을 접목했습니다.

평생을 베네치아에서 살았고, 헤아릴 수 없이 많은 작품으로 베네치아의 외관을 꾸미는 데 이바지한 틴토레토는 베네치아에서 가장 유명한 화가였습니다. 그는 도시 생활을 사실적으로 묘사했으며, 종교적이고 세속적인 요소들이 복잡하게 얽혀있는 베네치아 미술을 대표했습니다. 뿐만 아니라 신화나 『성경』 내용을 그린 작품들을 통해 인간 사회의 부조리를 해학적이고 적나라하게 보여 주었습니다.
틴토레토의 그림 그리는 속도는 누구도 따라올 수 없을 만큼 빨랐다고 합니다. 그래서 그가 남긴 작품 중에는 대작이 유난히 많습니다. 틴토레토는 정적이고 평화롭고 안정된 취향의 르네상스가 기울어 가던 시기에 대칭이나 수평 구도보다는 뭔가 불안정한 분위기를 연출하는 구도의 그림을 많이 그렸습니다. 이런 화풍을 '마니에리스모(manierismo, 영어로 매너리즘) 양식'이라고 합니다. 틴토레토는 후기 르네상스에서 가장 중요한 미술가로 평가받고 있습니다.

위험한 훔쳐보기, 관음증

다시 그림으로 돌아가 보겠습니다. 이 그림은 수산나의 순결함을 돋보이게 하고, 두 노인의 음흉함을 강조하기 위해 여러 가지 장치가 돼 있습니다. 우선 수산나의 백옥같이 하얀 피부와 귀한 여러 액세서리를 통해 그녀의 순결함과 고귀함을 나타내고 있습니다. 반면 검붉은 색으로 덧칠된 노인들의 피부색은 범죄자의 어둡고 잔인한 본성을 나타냅니다.
르네상스 이후부터 화가들은 수산나가 목욕하던 중이었다는 사실에 크게 고무되었습니다. 『성경』의 내용이라는 든든한 방패 뒤에 숨어, 옷 벗은 여자

귀도 레니, 〈수산나와 두 노인〉, 1620~1625년, 캔버스에 유채, 91.1×115.3cm, 오클랜드시립미술관

를 마음 놓고 그릴 수 있었기 때문이지요. 이런 그림을 주문하는 귀족도 그림을 그린 틴토레토도 그리고 그림의 감상자도 대부분 남자였던 시대적 배경 탓일까요? 그림 속 수산나는 점점 변하기 시작합니다. 수산나는 정숙함과 믿음을 상징하는 여인이라는 『성경』 속 이야기에서 벗어나 남성의 시선을 사로잡는 에로틱한 육체를 가진 요부로 그려지기도 했습니다. "저런 모습으로 벗고 있으니 남자들이 훔쳐볼 수밖에 없지"라는 핀잔을 듣기 딱 좋은 상태로 그려진 것이지요.

아름다운 여인의 알몸을 보고 싶은 관음증은 누구에게나 있는 본능적인 욕구라고 합니다. 하지만 관음증은 다른 사람의 특정 신체 부위나 성적 행동을 보며 성적 쾌락을 얻는 증상으로, 성도착증으로 분류하는 정신 질환입니다. 우리가 흔히 겪는 우울감과 병적인 우울증이 다르듯이, 관음증 또한 정확한 의학적 진단 기준이 정해져 있습니다. 우선 옷을 벗는 과정 등 성적인 노출이나 성행위와 관련해 상대방 모르게 관찰함으로써 성적으로 강하게 흥분하는 것입니다. 이런 증상이 보통 6개월 이상 지속하면서 동시에 일상의 다른 영역에서 지장을 초래할 때 병적인 관음증입니다. 즉 수개월 이상, 성적인 흥분을 위해서 남몰래 쳐다보는 것이 충족되지 않으면 다른 일을 할 수 없거나, 오직 남몰래 쳐다보기에만 집착하는 사람을 관음증 환자라고 할 수 있습니다. 관음증 환자의 상당수는 성관계하지 않으면서 다른 사람의 벗은 모습이나 성행위 장면을 몰래 보거나 회상하면서 자위를 통해 성욕을 해소합니다.

관음증은 인격 형성 과정에서 개입된 정서이기 때문에 대부분 열다섯 살 이전에 발병하고, 대다수는 만성화되는 경향이 있습니다. 또 시각적 자극으로 성적 각성을 불러일으킨다는 특징 때문에 대부분 남자에게 나타나는 정신 질환입니다.

카이사르의 용기를 가진 여자의 영혼

같은 내용을 그린 다른 작품을 하나 더 보시지요. 옷을 벗고 있는 여인 위에서 두 사람이 서로 얼굴을 맞대고 있습니다. 그들이 입은 옷이 고급스러운 걸로 봐서 귀족인 듯 보입니다. 하지만 경망스런 표정은 품위가 없어 보입니다. 둘은 은밀히 귀엣말로 속삭이고 있으며 붉은 망토를 입은 노인이 수산나에게 추악한 눈길을 주며 불쾌한 말을 전하고 있습니다. 아마도 자기들의 요구에 따르지 않으면 젊은 남자와 놀아나는 것을 보았다고 고발하겠다며 협박하는 것일 테지요. 이 그림에서는 '수산나와 두 노인'이라는 이야기를 상징하는 정원이라는 배경은 사라지고 물도 없이 옷을 벗은 채 욕조 가장자리에 무방비 상태로 앉아 있는 여인이 있습니다. 여인은 당혹스러움과 두려움으로 고개를 젖히고 있으며 빨리 이 자리를 벗어나고 싶은 마음뿐입니다. 이 그림은 서양 미술사상 최초의 여성 직업화가로 알려진 아르테미시아 젠틸레스키Artemisia Gentileschi, 1593~1652의 작품입니다.

아르테미시아 젠틸레스키, <수산나와 두 노인>, 1610년, 캔버스에 유채, 170×119cm, 폼메르스펠덴 바이젠슈타인성

그런데 이 그림은 몇 가지 이상한 점이 있습니다. 그림 아래쪽(수산나의 오른쪽 다리 그림자 부근)에 '아르테미시아 젠틸레스키 F.1610'이라는 서명이 있습니다. 서명에 날짜를 명시했는데, 1610년에 젠틸레스키는 열일곱 살에 불과했습니다. 서명대로라면 이 그림이 그녀의 가장 초기 작품입니다. 그런데 어린 나이에 이런 사실적이고 표현력이 뛰어난 작품을 그릴 수 있었는지 의구심이 듭니다. 미술사학자들은 1610년이라는 연도가 잘못되었거나 혹은 당시 유명한 화가였던 아버지 오라치오가 젠틸레스키를 도와주었을 것이라는 가설을 내기도 합니다.

아르테미시아 젠틸레스키, 〈홀로페르네스의 목을 베는 유디트〉, 1614~1620년, 캔버스에 유채, 158.8×125.5cm, 나폴리 카포디몬테미술관

두 번째 의문점은 성경과 달리 수산나를 겁탈하려는 두 남자가 모두 노인이 아니라는 것입니다. 그림 속 두 남자 중 한 사람, 노인에게 귓속말로 무엇인가 전하려는 남자는 젠틸레스키를 성폭행한 아고스티노 타시Agostino Tassi, 1578~1644를 떠올리게 합니다(194쪽 참조). 그림 속 여인은 그림과 안과 밖에서 자신을 더듬는 추행의 눈길을 거부하며 공포와 절망, 수치와 혐오의 감정을 온몸으로 표현하고 있습니다. 어쩌면 이 그림은 젠틸레스키의 자화상일지 모릅니다.

르네상스 이후 '수산나와 두 노인' 이야기를 소재로 삼은 많은 작품들은 『성경』 속 교훈과는 상관없이 오로지 관음 행위만을 자극적으로 표현하고 있습니다. 그들의 작품 속에서 수산나는 '훔쳐보기'의 대상에 불과합니다. 이 그림은 '훔쳐보기'를 당한 수산나의 당혹스러움과 두려움에 집중하며, 같은 소재를 그린 남성 화가들과는 명백한 시각의 차이를 보여주고 있습니다. 젠틸레스키는 〈홀로페르네스의 목을 베는 유디트〉처럼 신화와 『성경』에 등장하는 여성을 강한 이미지로 표현하며, 화가의 시각에 따라 그림의 메시지가 얼마나 달라질 수 있는지 보여줍니다. 젠틸레스키는 작품을 주문한 고객에게, 작품과 함께 이런 내용이 담긴 편지를 보냈습니다.

"내 그림에서 카이사르의 용기를 가진 여자의 영혼을 볼 수 있을 것입니다."

보려는 욕망을 지닌 눈은 근본적으로 탐욕적이다!

관음증의 원인은 명확히 밝혀지지 않았습니다. 다만 어렸을 때 경험한 충격적인 사건이나 경험과 관계가 있다고 봅니다. 정신분석학에서는 관음증을 잘못된 양육의 결과로 보기도 합니다. 어렸을 때 어머니에게 제대로 된 양육을 받지 못한 아이는 소심해지고, 점점 자신을 드러내길 꺼리게 됩니다. 이런 사람의 시선에서, 무방비 상태로 노출된 여성은 나약한 존재로 인식되는 반면 자신은 정복자로 인식된다는 것이지요. 이런 왜곡된 성 인식은 성폭행 등의 극단적인, 혹은 적극적인 방식으로 발현되지는 못합니다. 관음증 환자의 대다수는 평소 말이 없고 수줍음을 많이 탑니다. 성적인 트라우마, 어릴 때 목격한 부모의 외도 또는 자신이 겪은 성적 학대 등이 원인이 되어 관음증이 발생한다는 주장도 있습니다.

관음증은 제대로 정립된 치료 방법이 없습니다. 성욕감퇴제 등의 약물을 처방하기도 하지만, 효과는 의문입니다. 인지행동치료 또한 효과가 아직 입증되지 않았습니다. 관음증은 증상이 일찍 시작될수록, 그 행위가 잦을수록, 행동에 대한 죄책감이 없을수록 치료가 어렵습니다.

섹스 산업은 관음증이라는 떨쳐내기 힘든 인간의 생리적 본능을 끊임없이 자극합니다. 미국 뒷골목에는 '핍 필름(peep film)'이라는 독특한 '엿보기 영화관'이 있습니다. 영화관마다 어둡고 커다란 홀이 하나 있고, 홀에는 한 사람이 들어갈 수 있는 박스가 나란히 늘어서 있습니다. 박스에 들어가 동전을 넣으면 화면에 여성이 옷을 갈아입거나 목욕하는 장면이 나옵니다. 화면 속 장면은 물론 연출된 것입니다. 연출되었다는 걸 알면서도, 이런 방식의 은밀한 엿보기를 통해 관객은 쾌락을 얻는다고 합니다.

엿보는 행위로 타인에게 피해를 준 경우에는 법적 처벌 대상이 됩니다. 「성폭력범죄의 처벌 등에 관한 특례법」 제14조 2항에는 '촬영 당시에는 촬영 대상자의 의사에 반하지 아니하는 경우에도 사후에 그 의사에 반하여 촬영물을 반포·판매·임대·제공 또는 공공연하게 전시·상영한 자는 5년 이하의 징역 또는 1000만 원 이하의 벌금에 처한다'고 명시하고 있습니다. 동의하에 찍은 사진이나 동영상이라 해도 유포하는 자에게 죄를 묻겠다는 것이지요. 연예인들의 사적인 동영상을 퍼 나르는 것도 성폭력 범죄에 해당합니다.

프랑스의 정신분석학자 자크 라캉Jacques Lacan, 1901~1981은 보려는 욕망을 지닌 눈은 근본적으로 탐욕적인 속성을 띤다고 말합니다. 때로는 시선도 폭력이 될 수 있습니다. 우리의 시선 안에 폭력성이 담겨 있지는 않은지 돌아봐야 합니다.

프랑스의 정신분석학자 자크 라캉.

인생에서 무익하다 오해받은 잠의 재발견

밤과 어둠이 결합해 탄생한 잠과 죽음

두 남자가 서로 기댄 채 깊은 잠에 빠져 있습니다. 왼쪽에 있는 남자는 빛을 받아서인지 하얀 피부가 더욱 새하얗게 보이고, 그 옆에 있는 남자는 어두운 피부를 그림자 속에 묻어 더욱 어둡게 표현했습니다. 두 남자는 형제로, 그리스로마신화에 나오는 '잠의 신' 힙노스와 '죽음의 신' 타나토스입니다. 형제의 아버지는 '어둠의 신' 에레보스, 어머니는 '밤의 여신' 닉스입니다. 닉스가 검은 날개를 펼치면 세상은 깊은 어둠에 잠깁니다. 형제는 쌍둥이로, 그리스로마신화가 잠과 죽음을 매우 밀접하게 보았다는 사실이 이채롭습니다.

잠의 신 힙노스는 양손에 다홍빛 꽃을 쥐고 있습니다. 바로 양귀비꽃입니다. 양귀비꽃은 아편의 재료로 잘 알려져 있습니다. 아편은 통증을 완화해

존 윌리엄 워터하우스, 〈잠과 그의 형제 죽음〉, 1874년, 캔버스에 유채, 70×91cm, 개인 소장

주는 물질이지만 중독성이 매우 강합니다. 양귀비꽃은 힙노스의 대표적인 상징물입니다. 힙노스의 정원에는 항상 양귀비가 만발하여 밤이 되면 그 즙을 짜서 사람과 동물에게 뿌려 잠들게 했다고 합니다. 힙노스 발 앞에 두 개의 피리가 있습니다. 피리는 생동의 의미로, 한참 뛰어놀아야 할 형제들이 피리는 제쳐놓은 채 깊은 잠에 빠져 있다는 것을 의미합니다.

나른하고 평화로운 분위기가 감도는 이 작품 〈잠과 그의 형제 죽음〉은 존 윌리엄 워터하우스John William Waterhouse, 1849~1917의 작품입니다.

힙노스는 잠의 신이자, 휴식의 신입니다. 고대 그리스 사람들이 잠을 평온하게 쉴 수 있는 긍정적인 이미지로 생각했다는 증거입니다. 일반적으로 매우 두렵게 생각하는 죽음이라는 존재 역시 그들에게는 공포의 대상이라기보다는 좀 더 긴 잠 또는 영원한 휴식을 의미했습니다. 그래서인지 워터하우스의 그림 속 타나토스는 공포스러운 존재가 아닌 힙노스처럼 평범한 청년의 모습입니다. 이 작품을 보고 있으면 왠지 모르게 나른해지고 낮잠을 자고 싶은 유혹에 빠집니다.

형제는 몇 가지 의학 용어의 기원이 됩니다. '수면제'를 뜻하는 '히프노티카(hypnotics)'와 '최면술'을 뜻하는 '힙노티즘(hypnotism)'은 잠의 신 '힙노스(Hypnos)'의 이름에서 유래된 것입니다. 한편 로마신화에서는 힙노스를 '솜노스(Somnus)'라고 부릅니다. 솜노스에서 불면증을 나타내는 단어 '인솜니아(insomnia)'가 탄생했습니다.

불면증은 우리나라의 전 인구 가운데 네 명 중 한 명이 한 번 이상 경험할 만큼 매우 흔한 수면장애입니다. 또 세 명 중 한 명은 불면증을 반복해서 경험하고 열 명 중 한 명은 일상생활에도 지장을 줄 정도로 심한 불면증을 앓고 있다고 합니다. 불면증은 적절한 시간과 기회가 주어지는데도 불구하고 잠들기 어렵고 수면 상태를 유지하기 힘들어 결국 낮 활동에도 지장을 초래하는 수면장애입니다. 불면증은 나이를 불문하고 찾아옵니다. 불면증이 심해지면 인지 기능에 영향을 미쳐 판단력이 떨어질 뿐 아니라, 우울감이나 절망감을 촉진하는 등 감정 조절 기능이 손상되기도 합니다.

센세이션을 일으킨 잠에 취한 남성의 모습

이번에는 〈엔디미온의 잠〉이라는 작품을 보실까요. 한 남자가 누드 상태로 깊은 잠에 빠져있습니다. 남자는 오른쪽에서 왼쪽으로 대각선을 이루며 길게 누워 있습니다. 밤이지만 그의 몸은 달빛을 받아 환하게 빛나고 있습니다. 어둠 속에서 홀로 빛나는 그의 몸은 매우 아름답습니다. 왼쪽 공중에 살짝 떠 있는 소년은 날개가 달린 것으로 미루어, '사랑의 신' 에로스입니다.
루브르박물관에 있는 이 작품은 지로데 트리오종Anne Louis Girodet Trioson, 1767~1824이 1793년 살롱전에 출품한 것입니다. 당시 스물여섯의 청년 트리오종은 2년 동안이나 로마에 머물며 공들여 그림을 완성했습니다. 살롱전에 등장한 이 작품은 큰 센세이션을 일으켰습니다. 남성의 나체를 자연스럽고, 선정적이며 오히려 여성에 가까운 관능적인 모습으로 표현했기 때문입니다. 트리오종이 이 작품에서 가장 심혈을 기울였던 것 역시, 당시 규범과도 같았던 전통적인 남성 표현을 전복하는 새로운 표현을 구현하는 일이었습니다. 트리오종의 붓 터치로 형상화된 엔디미온은 당시 주류를 이루고 있던 다비드풍의 강한 자태를 뽐내는 영웅적인 남성상과는 거리가 있습니다. 〈엔디미온의 잠〉은 남성 누드 양식의 선구적인 작품으로 평가받고 있습니다.

지로데 트리오종, <엔디미온의 잠>, 1793년, 캔버스에 유채, 198×261cm, 파리 루브르박물관

그림 속 주인공 엔디미온은 그리스로마신화에 등장하는 인물입니다. 엔디미온은 엘리스의 왕이었다고도 하며, 제우스의 아들 혹은 손자였다고도 전해집니다. 또 라트모스 산에서 양을 치는 청년이었다는 이야기도 있습니다. 어찌 되었든 그는 영원히 깨어나지 못하는 잠에 빠진 인물입니다.

그가 깨지 않고 잠을 자는 이유에 대해서는 의견이 좀 분분합니다. 우선 '달의 여신' 셀레네가 엔디미온의 잠자는 모습에 반해 영원히 깨어나지 못하게 했다는 이야기가 있습니다. 다른 이야기는 소원을 들어주겠다는 제우스에게 엔디미온이 젊고 아름다운 자신의 모습을 영원히 간직할 수 있도록 깨지 않는 잠을 간청했다는 것입니다. 또 다른 이야기는 엔디미온이 제우스의 아내 헤라와 사랑에 빠져, 분노한 제우스가 영원히 잠자는 벌을 내렸다는 것입니다.

불면증으로 고통받는 사람이라면, 한없이 잠자는 엔디미온이 무척이나 부러울 것입니다. 불면증을 일으키는 가장 흔한 원인은 직장 및 학교, 가정 등 일상생활에 생긴 큰 변화나 스트레스입니다. 좋은 일이든 나쁜 일이든 갑자기 주변 여건과 일상생활에 크고 작은 변화가 생기면 뇌가 할 일이 늘어나 스트레스가 발생합니다. 불면증을 일으키는 다른 원인은 정신 질환입니다. 조울증으로 불리던 양극성 장애나, 우울장애, 불안장애는 흔히 불면증을 동반합니다. 불면증이 정신 질환에서 비롯됐다면 반드시 원인 질환을 함께 치료해야 불면증을 개선할 수 있습니다.

하지만 상당수 불면증은 특별한 원인을 찾을 수 없는 경우가 많습니다. 이러한 경우를 특발성 불면증이라고 합니다. 특발성 불면증 환자에게서는 불면증을 일으킬만한 심리적, 신체적으로 특별한 손상이나 장애를 찾을 수 없습니다. 다만 기질적으로 과도하게 뇌가 각성된 상태만 확인할 수 있습니다.

모르핀의 어원이 된 '꿈의 신'

젊고 아름다운 몸을 가진 청년이 침대에서 편안히 잠들어 있습니다. 감미로운 꿈을 꾸고 있는지 손을 위로 향하고 있는데 표정은 황홀감에 잠기어 있습니다. 그 위로 어린 천사가 여인을 안내하고 있습니다. 구름 위에 앉아 있는 아리따운 여인은 젊은 청년을 고혹적인 눈빛으로 바라보고 있습니다. 어쩐지 몽환적인 분위기가 느껴지는 작품입니다.

이 작품의 주인공은 그리스로마신화에 나오는 모르페우스와 이리스라는 신입니다. '잠의 신' 힙노스는 여러 명의 아들을 두었는데, 큰아들이 '꿈의 신' 모르페우스입니다. 그는 사람의 생김새와 목소리, 그리고 걸음걸이까지 완벽하게 흉내를 내면서 인간들의 꿈에 나타났습니다.

그림 속 사연은 이렇습니다. 아폴론의 신탁을 받기 위해 배를 타고 떠난 남편이 이미 죽은 줄도 모르고 무사히 돌아오기만을 간절히 기도하는 알키오네란 여인이 있었습니다. 알키오네를 딱하게 여긴 헤라 여신의 부탁으로, 모르페우스는 알키오네의 남편 모습으로 변한 뒤 그녀의 꿈에 나타나서 남편이 이미 죽었다는 사실을 전합니다. 구름을 타고 있는 여인은 '무지개의 여신' 이리스입니다. 그녀는 헤라 여신의 명을 받고 알키오네의 사연을 전달하기 위해 모르페우스를 깨우러 왔습니다. 어린 천사가 검은 커튼을 젖히자 모르페우스의 침대 위로 새하얀 빛이 쏟아집니다.

〈모르페우스와 이리스〉는 피에르 나르시스 게랭Pierre-Narcisse Baron Guerin, 1774~1833의 작품입니다. 그는 초기에는 주로 역사적인 사건을 캔버스에 옮겼으나, 후기로 가면서 그리스로마신화를 연구했던 신고전주의 화가였습니다. 후기로 갈수록 그의 그림은 현실적 아름다움을 초월한 이상의 세계를 표현하고 있습니다. 이는 기존 아카데미즘과는 다소 다른 형태로, 낭만주의 회화의 거장인 외젠 들라크루아Eugene Delacroix, 1798~1863에게 많은 영향을 미쳤습니다.

모르페우스 이야기에서도 몇 가지 의학 용어가 생겨납니다. '모르페우스(Morpheus)'라는 이름은 그리스어로 '형태' 또는 '모양'을 뜻하는 '모르파이(morphia)'에서 나온 말로 '모양을 빚는 자'라는 뜻입니다. 형태학을 가리키는 '모폴로지(morphology)'가 모르페우스에서 나왔습니다. 그리고 수면 및 진정 등의 효과가 있으며 이 약물을 투여하면 꿈의 나라로 들어간다는 뜻으로 이름 지은 '모르핀(morphine)' 또한 모르페우스에서 유래한 이름입니다.

모르핀은 1805년 독일의 약제사 F.W.A.제르튀르너Friedrich Serturner, 1783~1841가 양

피에르 나르시스 게렝, 〈모르페우스와 이리스〉, 1811년, 캔버스에 유채, 251×178cm, 상트페테르부르크 에르미타주미술관

귀비꽃을 알코올로 용해해 나온 아편에서 추출한 화학 성분입니다. 현재 가장 강력한 진통제로 알려진 약품입니다. 모르핀은 장기간에 걸친 부작용이 타 진통제보다 적은 편이고 효과 및 작용도 신속합니다. 이는 모르핀 분자가 체내에 있는 천연 물질인 엔도르핀의 분자구조와 유사해서 사람의 뇌가

모르핀을 받아들이기 쉽기 때문입니다. 모르핀은 항정신성의약품으로 분류됩니다. 여타 마약들과 똑같은 중독성과 부작용을 줄 수 있으므로 가장 나중에 써야 하는 '최후의 진통제'입니다. 따라서 모르핀은 말기 암 환자 같이 생존할 가망이 없는데 극심한 통증으로 고통받는 환자, 또는 전쟁터에서 중상자에게만 사용하는 것이 원칙입니다.

F.W.A. 제르튀르너와 모르핀 분자식.

잠, 내일이라는 창조의 씨앗을 싹 틔우는 자양분

흔히 불면증 환자 대부분은 잠 자체에 왜곡된 생각을 하는 경우가 많이 있습니다. 그래서 잠에 대한 잘못된 생각을 바로잡는 인지 치료가 중요합니다. 예를 들면 수면에 너무 큰 무게를 두지 말라는 조언을 드립니다. 그리고 잠이 중요하긴 하지만 삶에서 가장 중요한 중심이 되어서는 안 된다는 것을 주지시키고, 잠을 깊게 자지 못한 것에 대해 너무 심각하게 생각하지 말라고 말씀드립니다.

잠에 방해가 되는 행동을 바로 잡고, 긴장을 풀어주는 이를테면 자기 전에 따뜻한 물로 샤워하거나 따끈한 우유 한 잔을 마시는 것도 불면증 치료에 도움이 됩니다. 긴장을 풀고 누워서 편안한 음악을 듣거나 와인처럼 가벼운 술을 한 잔 마시는 것도 좋습니다. 불면증 환자는 대부분 잠을 못 자는데 심각성을 느끼지 못하다가 일상생활에 지장이 생기면 그때야 병원을 방문합니다. 불면증 역시 초기에 치료하는 것이 가장 좋습니다.

르네 앙투안 우아스, 〈이리스가 다가오자 잠에서 깨는 모르페우스〉, 1690년, 캔버스에 유채, 203×143cm, 파리 베르사유와 트리아농궁

인간은 인생의 3분의 1을 잠으로 보냅니다. 잠은 오랜 기간 '성공의 적'이었습니다. 잠을 많이 자는 사람에게는 '게으름', '사치' 등의 이미지가 덧씌워졌지요. 그러나 수면 부족은 뇌 활동과 면역체계에 치명적인 악영향을 미칩니다. 자는 동안 육체는 휴식을 취하고 정신 또한 낮에 쌓인 스트레스를 해소합니다. 무익하다고 생각했던 3분의 1의 시간이 우리의 신체적 정신적 가능성을 극대화합니다. 경제협력개발기구(OECD)에 따르면 한국인의 평균 수면 시간은 6시간 48분으로, OECD 평균인 8시간 22분보다 1시간 이상 부족한 최하위입니다. 불면증은 최근 5년 새 40퍼센트 증가했습니다. 잠은 인간에게 어제를 지우고 내일이라는 창조의 씨앗을 싹 틔우는 자양분입니다. 오늘 밤은 잠을 방해하는 모든 생각을 내려놓고, 그림에서 본 신들처럼 편안하게 잠드시길 바랍니다.

프로메테우스가 인간에게 불보다 먼저 선사한 선물

인간을 사랑한 죄

몇 년 전 제약회사와 함께 간 기능을 개선하는 건강기능식품을 만든 일이 있습니다. 출시 직전에 제품 이름을 두고 한참 동안 고민하다, 그리스로마신화 속 프로메테우스가 떠올랐습니다. 간의 놀라운 능력을 상징하는데 이만 한 인물이 또 없지 싶었습니다(제약사의 반대로 약은 다른 이름으로 출시되었습니다).

벌거벗은 한 남자가 족쇄에 묶인 채 몹시 괴로워하고 있습니다. 왼쪽 가슴 아래쪽에 깊은 상처가 있고, 상처가 생긴 지 얼마 지나지 않았는지 피가 홍건합니다. 어둠에 가려져 잘 보이지 않지만, 남자의 오른쪽 가슴 앞에 독수리 한 마리가 입에 빨건 살점을 물고 있습니다. 주세페 데 리베라 Jusepe de Ribera, 1591~1652의 〈프로메테우스〉는 그리스로마신화 속 한 장면을 캔버스에 옮긴 작품입니다.

주세페 데 리베라, 〈프로테메우스〉, 1630년경, 캔버스에 유채, 193.5×155.5cm, 개인 소장

프로메테우스는 거인족인 티탄족으로 제우스와는 사촌지간입니다. 그의 이름 프로메테우스(Prometheus)는 '먼저 생각하는 사람', 그의 동생 이름 에피메테우스(Epimetheus)는 '나중에 생각하는 사람'이라는 의미가 있습니다. 티탄족이 올림포스 신들과 전쟁을 치를 때 프로메테우스는 올림포스 신들이 승리할 것을 예견하고 동생 에피메테우스와 함께 티탄족 편에 가담하지 않았습니다. 그래서 두 형제는 전쟁 후 티탄족들에게 내려진 형벌을 피할 수 있었지요.

티탄족과의 전쟁이 끝나자 제우스는 프로메테우스에게 인간을 창조하라는 명령을 내립니다. 프로메테우스는 땅에서 흙을 조금 떼 물로 반죽한 다음 신의 모습과 비슷하게 빚어 인간을 창조했습니다. 그동안 에피메테우스는 동물이 살아가는데 필요한 능력을 부여하는 일을 했습니다. 예를 들어 날개, 발톱, 단단한 껍질 같은 것을 동물들에게 선물했습니다.

마지막으로 인간 차례가 되었습니다. 그런데 에피메테우스가 가지고 있던 선물할 재능이 바닥나 버리고 말았습니다. 당황한 에피메테우스는 프로메테우스에게 도움을 청했고, 프로메테우스는 하늘의 불을 훔쳐 인간에게 선물했습니다.

불을 사용하면서 인간은 많은 일을 할 수 있게 되었습니다. 무기를 만들어 다른 동물을 정복할 수 있게 되었고 도구를 사용해 토지를 경작할 수 있게 되었지요. 날지도 못하고 그렇다고 빨리 달릴 수도 없고, 연약한 피부를 가진 인간이 만물의 영장의 지위에 오를 수 있었던 건 순전히 '불의 힘' 때문입니다.

프로메테우스가 불을 훔쳤다는 걸 안 제우스는 노발대발했습니다. 대장장이 헤파이스토스를 시켜 쇠사슬을 만들어서는 프로메테우스를 코카서스 산꼭대기에 있는 바위에다 옴짝달싹하지 못하게 묶어 버립니다. 그것으로도 분이 풀리지 않은 제우스는 독수리를 시켜 프로메테우스의 간을 쪼아 먹게 했습니다. 그러나 다음 날 아침이면 프로메테우스의 간은 어김없이 자라나, 그는 이 끔찍한 형벌을 무려 3000년간 받아야 했습니다.

리베라의 작품 속 치명적 오류

주세페 데 리베라는 우리에게는 다소 낯설지만, 스페인 바로크 시대를 대표하는 화가입니다. 카라바조Michelangelo da Caravaggio, 1573~1610의 영향을 받아 극적인 명암 대비와 어두운 색조를 즐겨 사용하면서도, 자신만의 기법을 더해 독창적인 스타일을 창조했습니다. 그의 작품은 이상적인 전통주의와는 상반되는 극단적인 사실주의를 보여줍니다. 유명한 철학자나 『성경』 속 인물을 거지처럼 그리기도 하고, 반대로 실제 거지를 영웅처럼 표현하기도 했습니다.

리베라의 작품에서 가장 인상적인 요소 중 하나는 고통을 겪거나 긴장, 슬픔, 절망 등의 감정으로 격앙된 사람의 몸과 마음에 대한 표현입니다. 그는 슬픔, 공포, 고통과 같은 어두운 감정들을 결코 감추려고 하지 않았고, 오히려 이런 감정을 더욱 강조했습니다. 특히 『성경』과 신화 속 인물을 그릴 때 이런 요소들을 더 부각했습니다. 〈프로메테우스〉에도 프로메테우스의 고통이 아주 생생하게 묘사되어 있습니다.

그런데 이 그림을 자세히 보면 독수리가 쪼아서 상처가 난 부위는 왼쪽 가슴 아래 갈비뼈입니다. 하지만 간은 오른쪽 횡격막 아래에 있고, 갈비뼈가 보호하고 있어 겉에서 만질 수 없습니다. 아마도 리베라는 간의 위치를 잘

몰랐거나, 양쪽에 다 있다고 잘못 알고 있었던 것 같습니다.

프로메테우스의 족쇄가 반지가 되기까지

쇠사슬에 묶인 채 독수리에게 간을 파먹히는 프로메테우스를 그린 작품을 두 개 더 보겠습니다.

먼저 17세기 플랑드르 바로크의 거장 페테르 파울 루벤스Peter Paul Rubens, 1577~1640가 그린 〈사슬에 묶인 프로메테우스〉입니다. 인물의 자세가 매우 역동적이고 묘사가 매우 생생합니다. 그림 속 프로메테우스는 매우 고통스러워하면서도 두 눈을 부릅뜨고 독수리를 바라봅니다. 그의 얼굴에서는 공포를 뛰어넘은 당당한 위엄이 느껴집니다. 화면 왼쪽 아래에는 그가 인간에게 전해준 회양목 횃대와 꺼지지 않는 불씨가 보입니다.

그다음 작품은 19세기 프랑스 최고의 상징주의 화가로 기발한 상상력과 강렬한 개성이 엿보이는 작품을 많이 남긴 귀스타브 모로Gustave Moreau, 1826~1896의 〈프로메테우스〉입니다(399쪽). 그가 그린 프로메테우스 역시 독수리에게 간을 파먹히고 있지만, 표정에서 '고통의 그림자'라곤 찾아볼 수 없습니다. 곧추세운 상체와 당당한 눈빛에서 자신의 행동에 대한 굳건한 확신이 느껴집니다. 마치 자신에게 이러한 시련을 준 제우스를 노려

뉴욕 맨해튼 록펠러센터에 있는 프로메테우스 황금 동상.

페테르 파울 루벤스, 〈사슬에 묶인 프로메테우스〉, 1612년경, 캔버스에 유채, 242×209cm, 필라델피아미술관

보고 있는 것 같습니다. 예수님의 후광처럼 프로메테우스의 머리 위에서 이글거리며 타오르는 불꽃은 어떤 시련에도 꺾이지 않는 그의 강력한 의지를 표현합니다.

모로 그림 속 프로메테우스의 발목을 옥죄고 있는 족쇄를 잘 보면 반지 모양입니다. 신화에서는 헤라클레스가 독수리를 화살로 쏘아 떨어트리고 족쇄를 끊어, 프로메테우스를 3000년간 계속된 형벌의 고통에서 해방시켰다고 합니다. 이후 프로메테우스는 속죄의 의미로 손가락에 작은 족쇄를 채우고, 그 족쇄에 코카서스 암벽을 박아 지니고 다녔습니다. 인간을 향한 프로메테우스의 숭고한 사랑과 그의 고난을 기리기 위해 사람들이 이를 모방해 달고 다녔고, 여기서 반지가 탄생했다고 전해집니다.

불 이전에 인간에게 엄청난 선물을 준 프로메테우스

간은 우리 몸에서 가장 큰 장기로, 건강한 성인의 간은 무게가 대략 1.2~1.5킬로그램에 달합니다. '인체의 화학 공장'이라 불리는 데서 짐작할 수 있듯이 단백질 등 우리 몸에 필요한 각종 영양소를 만들어 저장하고 탄수화물, 지방, 호르몬, 비타민 및 무기질 대사에 관여합니다. 간은 약물이나 몸에 해로운 물질을 해독하고 소화 작용을 돕는 담즙산을 만듭니다. 그리고 우리 몸에 들어오는 세균과 이물질을 제거하는 아주 중요한 장기입니다.

안타깝게도 아직 많은 사람이 간과 간에 찾아오는 질환에 대해 잘 모릅니다. 2016년에 간학회에서 실시한 설문조사에 따르면, 응답자의 86퍼센트가 A, B, C형 간염의 차이를 모른다고 답했습니다. 여러분은 어떠신가요?

A형 간염은 주로 어릴 때 생기며 급성으로만 찾아옵니다. 당장은 좀 힘들지만 푹 쉬고 잘 먹으면 자연적으로 완치됩니다. B형 간염은 가장 흔한 간염으로 간경변 및 간암의 가장 큰 원인이 되는 질환입니다. C형 간염은 한 번 감염되면 대다수가 만성 간염으로 악화하기 때문에 적극적인 치료가 필요합니다.

프로메테우스가 인간을 만들 때 이미 놀라운 능력을 선물했는지도 모릅니다. 인간의 간은 프로메테우스의 간을 닮아 재생력이 있습니다. 실제로 건강한 사람의 간은 대략 30~40퍼센트 정도 남기고 잘라내도 다시 자라나 묵묵히 기능을 수행합니다. 병든 아버지에게 아들이 간을 떼어주었다는 식의 미담 기사를 접할 수 있는 이유도 간이 인체에서 유일하게 재생력을 가진 장기이기 때문입니다.

귀스타브 모로, 〈프로메테우스〉, 1868년, 캔버스에 유채, 205×22cm, 파리 귀스타브모로미술관

우리나라의 간 이식 수술 역사는 30년이 채 되지 않았지만 벌써 만 차례 이상 수술이 시행되었습니다. 수술 성공률 또한 97퍼센트로, 이는 세계 최초로 간 이식 수술에 성공한 미국을 뛰어넘는 세계 최고 수준입니다. 간은 다른 장기와 달리 기증자와 이식받는 사람의 혈액형이 달라도 이식할 수 있습니다.

간에는 통증을 느끼는 신경이 거의 없어서 문제가 생겨도 통증을 잘 느끼지 못합니다. 그래서 간을 가리켜 '침묵의 장기'라고 합니다. 간 건강을 챙기려면 평소 과음하지 않고, 정기적으로 검진을 받고, 의사의 충고를 따르는 것이 최선입니다. 간의 재생력을 과신한 나머지 간을 마구 혹사한다면, '프로메테우스의 가호'가 계속될 수 없을 것입니다.

'인체의 작은 우주' 인간의 머리를 받치고 있는 아틀라스

수박처럼 육중한 사람의 머리 무게

출퇴근 길 버스와 지하철 같은 비좁은 공간에서도 많은 사람이 손에 쥔 스마트폰에 시선을 고정하고 게임을 하거나 뉴스를 보거나 SNS 등을 합니다. 작년에 한 모바일시장조사업체가 조사한 우리나라 스마트폰 사용자의 하루 평균 사용 시간은 3시간이라고 합니다. 대충 따져보면 대략 잠자는 시간을 제외하고 평균 깨어 있는 시간의 4분의 1을 스마트폰과 함께하는 것입니다. 그런데 이렇게 스마트폰을 많이 사용하면 건강에 적신호가 켜질 수 있습니다. 작은 스마트폰 화면을 들여다보느라 고개를 숙이고 있거나 머리를 쭉 빼고 보는 자세가 문제가 됩니다. 그뿐만 아니라 직장인 대부분이 컴퓨터를 사용하기 때문에 온종일 목에 가해지는 부담은 더욱 심해질 수밖에 없습니다.

존 싱어 사전트, 〈아틀라스와 헤스페리데스〉, 1922~1925년경, 캔버스에 유채, 지름 304.8cm, 보스턴미술관

문득 사람의 머리 무게가 궁금해집니다. 목뼈가 지탱하고 있는 두개골은 무게가 어느 정도 될까요? 사람에 따라 차이가 있겠지만, 보통 성인을 기준으로 했을 때 머리 무게는 대략 4~7킬로그램입니다. 4~7킬로그램이 얼마큼 무거운 것인지 감이 잘 안 잡히지요. 일반적인 수박 한 통의 무게가 대략 5~8킬로그램쯤 됩니다. 여름철 마트에서 수박 한 덩이를 사서 집까지 들고 가다 보면 수박을 든 손을 몇 번 바꿀 만큼, 상당히 무겁습니다. 그런데 목뼈는 이처럼 무거운 머리를 온종일 받치고 있습니다.

'초상화의 대가'가 묘사한 아틀라스

벌거벗은 남자가 목과 어깨 등으로 커다란 공을 받치고 있습니다. 남자는 앉아 있으나 자세가 불편한지 한쪽 무릎을 곧추세우고, 공을 떠받치지 않은 손으로 허벅지를 짚고 있습니다. 남자가 떠받치고 있는 공을 자세히 보니 황소, 쌍둥이, 게 등의 그림이 있고 그 위로 별자리가 그려져 있습니다. 황도 12궁(태양이 황도를 따라 연주운동을 하는 길에 있는 중요한 열두 개의 별자리) 중에서 겨울에 볼 수 있는 별자리들이네요. 남자 주위로 많은 여성이 벌거벗은 채 바닥에 누워 있습니다. 여성은 남자와 비교하면 몸집이 작습니다. 일부 여성은 손에 작은 황금색 공을 쥐고 있습니다. 남자는 누구이고 무엇을 의미하는 그림일까요?

이 작품을 그린 존 싱어 사전트John Singer Sargent, 1856~1925는 이탈리아 피렌체에서 태어난 미국 화가입니다. 의사였던 아버지 덕에 유복하게 자란 사전트는, 어릴 때부터 많은 곳을 여행했습니다. 유럽 여러 도시에서 거주하며 그가 보고 느낀 것들은 훗날 창작 활동에 많은 모티브가 됐습니다. 사전트는 주로 프랑스와 영국에서 생활했으며, 클로드 모네Claude Monet, 1840~1926와도 가깝게 지냈습니다. 초기에는 여러 나라의 다양한 풍경을 인상주의 기법으로 그려 영국과 미국 인상주의 화풍 확립에 커다란 영향을 미쳤습니다.

존 싱어 사전트, 〈마담 X〉, 1883~1884년, 캔버스에 유채, 208×109cm, 뉴욕 메트로폴리탄미술관

사전트는 '초상화의 대가'로도 불립니다. 그는 당대 사교계의 유명 인사들을 캔버스에 담았습니다. 그는 전통적인 형식에서 벗어난 기법과 색채로 인물을 우아하고 세련되며 사실적으로 묘사했습니다. 그를 대표하는 초상화는 〈마담 X〉입니다. 부유한 프랑스 은행가의 아내이자 사교계 최고 미인 피에르 고트로Madame Pierre Gautrea 부인을 모델로 그린 이 작품으로, 사전트는 살롱전 출품 당시 예상치 못한 선정성 시비에 휘말리기도 했습니다. 그림 속 여성의 드레스 어깨끈 한쪽이 내려가 있었기 때문입니다. 〈마담 X〉에 쏟아지는 비난 때문에 사전트는 파리에서 런던으로 이주해야만 했지만, "이제까지 내가 그린 작품 중 최고"라고 자평하며 〈마담 X〉를 아꼈습니다.

무거운 하늘을 받치는 신 아틀라스,
사람의 머리를 떠받치는 제1목뼈가 되다!

커다란 공을 떠받치고 있는 남자 이야기로 돌아가 볼까요. 남자는 그리스로마신화 속 아틀라스(Atlas) 신입니다. 아틀라스라는 이름은 그리스어로 '지탱하다'라는 뜻이 있습니다. 아틀라스는 거인 신 티탄족으로 크로노스의 아들이며 인간에게 불을 가져다준 프로메테우스와는 형제간입니다. 아버지 크로노스와 제우스 사이에 벌어진 싸움에서 아틀라스는 아버지 편에 섭니다. 공교롭게도 이 싸움에서 제우스가 승리하고, 아틀라스는 제우스의 미움을 사게 됩니다. 그리고 제우스로부터 평생 지구의 서쪽 끝에서 손과 머리로 하늘을 떠받치고 있으라는 형벌을 받습니다.
그림에 대한 의문이 풀렸습니다. 그림 속 남자는 아틀라스이고, 그가 힘겹게 받치고 있는 것은 하늘입니다. 그를 둘러싼 여인들은 그의 딸들 헤스페리데스이고, 여인들이 손에 쥐고 있는 작은 공은 '신들의 정원'에 있는 황금사과입니다.
영웅 페르세우스가 메두사의 머리를 가지고 고향으로 가던 중 아틀라스를 만났는데, 아틀라스는 매우 불친절하고 거만했다고 합니다. 이에 화가 난 페르세우스는 아틀라스에게 메두사의 머리를 내보였고, 아틀라스는 그 자리에서 돌로 변했습니다. 이 돌덩어리가 아프리카 북서부에 있는 아틀라스 산맥이 되었다고 합니다.
1636년 게라르두스 메르카토르Gerardus Mercator, 1512~1594가 지도책을 만들면서, 책 제목을 『아틀라스』라고 지었습니다. 책 표지에 아틀라스가 지구를 짊어지고 있는 그림이 나와 있었기 때문이었는데요. 이후 지도책을 가리켜 '아틀라스'라고 부르게 됐다고 합니다.

무거운 짐을 지는 사람, 지도책의 의미하는 아틀라스는 의학에서는 인체 해부도를 뜻하기도 합니다. 그리고 사람의 머리를 떠받치는 제1 목뼈인 '고리뼈(환추)'가 영어로 아틀라스입니다. 고리뼈는 가장 꼭대기에 위치한 척추뼈(등뼈)로, 제2 목뼈인 중쇠뼈(축추, 액시스)와 함께 관절을 형성해 머리뼈와 척추를 연결합니다.

정상적인 목뼈 모양은 완만한 C자형입니다. 즉 몸 앞쪽으로 다소 볼록한 모양입니다. 목뼈가 C자 모양인 이유는 무거운 머리 무게를 여러 방향으로 분산시키기 위해서입니다. 우리가 온종일 고개를 들고 다녀도 머리 무게 때문에 특별히 힘들다고 느끼지 않는 이유도 목뼈가 C자형이기 때문입니다. 잠을 잘 때 베개로 머리를 받치는 것도 목뼈의 C자형 구조를 그대로 보존하기 위해서입니다. 인간만이 유일하게 베개를 사용할 정도로 목뼈의 각도는 중요하다고 할 수 있습니다.

하지만 어떤 이유로 목뼈를 과다하게 사용할 경우, 예를 들어 눈높이보다 낮은 위치에 있는 스마트폰이나 컴퓨터 모니터를 계속해서 내려다보면 지속적으로 귀가 어깨보다 앞으로 나와 있는 자세를 취하게 됩니다. 이렇게 목뼈 구조가 비정상적으로 늘어나게 되면 목 뒤 근육이 긴장된 상태로 있게 됩니다. 그런 상태가 오래되면 목 뒷부분의 근육과 인대가 늘어나 목이 뻣뻣하게 느껴지고 머리 또한 무겁게 느껴집니다. 그리고 심할 경우 현대인의 고질병인 거북목 증후군(옆에서 봤을 때 거북이처럼 목이 어깨보다 앞으로 나와 보이는 증상)이 생길 수 있습니다.

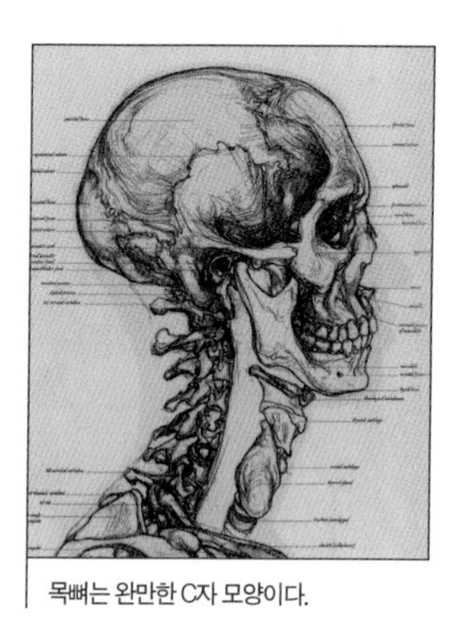
목뼈는 완만한 C자 모양이다.

목뼈를 무겁게 짓누르는 하늘을
내려놓고 싶은 아틀라스

아틀라스가 등장하는 그림을 한 편 더 보실까요. 루카스 크라나흐Lucas Cranach, 1472~1553의 〈헤라클레스와 아틀라스〉입니다. 이 그림을 이해하기 위해서는 먼저 그리스로마신화에서 헤라클레스와 아틀라스에 얽힌 재미난 이야기를 알아야 합니다.

헤라클레스는 제우스와 페르세우스의 딸이자 미케네 왕국의 왕비 알크메네 사이에서 태어났습니다. 예정대로 태어났다면 헤라클레스는 미케네 왕국의 왕위를 잇게 되어있었습니다. 하지만 남편의 불륜 행각에 화가 난 제우스의 아내 헤라가 페르세우스의 다른 딸이 임신하고 있던 아이(에우리스테우스)를 먼저 태어나게 해, 헤라클레스는 외사촌에게 왕위를 빼앗기게 됩니다. 이렇게 해서도 화가 풀리지 않은 헤라는 헤라클레스를 죽이려고 갖은 방법을 동원해 그를 곤경에 빠트립니다. 온갖 고초를 겪고 살아남은 헤라클레스는 왕이 된 에우리스테우스의 신탁으로 '열두 가지 과업'을 부여받습니다. 그 과업은 아홉 개의 머리를 가진 물뱀 히드라를 처치하고, 지옥의 문을 지키는 케르베로스를 없애는 등 하나같이 혹독한 것뿐이었습니다. 그중 가장 힘들고 어려운 과업이 바로 서쪽 세계의 끝에 있는 신들의 정원에서 황금 사과를 가져오는 것이었습니다. 신들의 정원은 아틀라스의 딸들인 헤스페리데스와 머리가 무려 백 개나 되고 잠들지 않는 용 라돈이 지키고 있어, 그 누구도 함부로 침범할 수 없는 곳이었습니다.

헤라클레스가 코카서스 바위산에 묶여 있던 프로메테우스를 구해 준 것도 이 무렵입니다(363쪽 참조). 프로메테우스는 감사의 의미로 헤라클레스에게

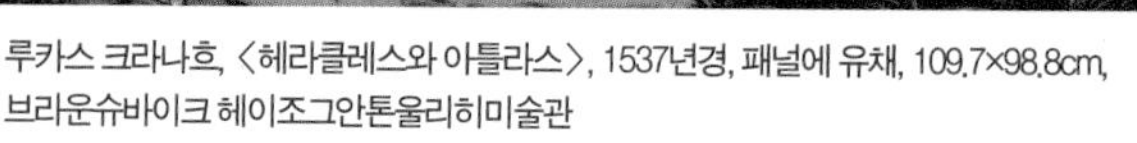
루카스 크라나흐, 〈헤라클레스와 아틀라스〉, 1537년경, 패널에 유채, 109.7×98.8cm,
브라운슈바이크 헤이조그안톤울리히미술관

아틀라스를 찾아가 그의 도움을 청하라고 알려줍니다. 헤라클레스는 신들의 정원에 도착해, 하늘을 떠받치고 있는 아틀라스에 도움을 청합니다. 아틀라스가 딸들과 라돈으로부터 황금 사과를 구해오는 동안 헤라클레스는 아틀라스를 대신해 하늘을 떠받쳐야 했습니다.

황금 사과를 구해 온 아틀라스는 더는 힘들게 하늘을 떠받치고 싶지 않았습니다. 그래서 헤라클레스에게 하늘을 계속 떠받쳐달라고 요구했지요. 영

루카스 크라나흐, 〈마틴 루터〉, 1532년경, 패널에 유채, 33.3×23.2cm, 뉴욕 메트로폴리탄미술관

리한 헤라클레스는 "지금 이 자세는 너무 불편한데, 오랫동안 하늘을 떠받칠 수 있는 비결을 알려주시오"라고 말했습니다. 아틀라스가 시범을 보여주려고 하늘을 다시 떠받치자, 헤라클레스는 그대로 황금 사과를 가지고 줄행랑을 쳤습니다.

〈헤라클레스와 아틀라스〉에서 별이 촘촘히 박힌 크고 파란 공을 등에 짊어진 남자가 하늘을 짊어질 테니 편한 자세를 알려달라고 말하는 헤라클레스입니다. 아틀라스는 손으로 턱을 괴고 깊은 상념에 빠져 있네요. 하늘을 떠받칠 만큼 힘이 장사인 아틀라스를 병약한 노인으로 표현한 것이 재밌습니다.

루카스 크라나흐는 북유럽 르네상스 시대의 화가로, 알브레히트 뒤러Albrecht Durer, 1471~1528, 한스 홀바인Hans Holbein, 1497~1543과 어깨를 나란히 하는 독일 회화의 거장입니다. 특히 크라나흐는 종교개혁으로 유명한 마틴 루터Martin Luther, 1483~1546의 절친한 친구로, 루터의 초상화를 그린 화가로 알려져 있습니다. 크라나흐는 작센에서 궁정화가로 활동하면서 루터파 교회의 제단화를 많이 그려 '루터파 종교화의 창시자'로 불렸습니다. 그는 평화로운 자연을 서정적으로 잘 묘사했으며, 일부 종교화에서는 후대 독일 그림의 전형적인 양식이 되는 표현주의의 극적인 묘사를 선보이기도 했습니다.

영원한 동경과 욕망의 대상, 사과

이번에는 〈헤스페리데스의 정원〉을 보실까요. 동그란 원 안에 세 명의 헤스페리데스가 황금 사과가 주렁주렁 맺힌 나무 아래에서 편하게 쉬고 있습니다. 그리스로마신화에서 '헤스페리데스의 사과'라 불리는 황금 사과는 신의 영역에 속한 금단의 음식이었습니다. 이 황금 사과는 제우스와 헤라의 결혼 선물로 '대지의 여신' 가이아가 선물했습니다. 헤라는 이 황금 사과를 세계의 서쪽 끝에 있는 정원에 심고 아틀라스의 세 딸인 님프 헤스페디데스에게 지키게 했습니다.

그런데 어찌 된 영문인지 헤스페리데스들이 푹 쉬고 있네요. 가운데 몸에 살모사를 감고 있는 여인과 그녀의 팔에 기댄 오른편 여인은 이미 깊은 잠에 빠진 것 같습니다. 왼쪽 여인은 악기를 연주하며 노래를 부르고 있지만, 결국 잠에 빠져들 것입니다. 하지만 살모사로 변장한 라돈은 나무와 여인들을 칭칭 감고 경계 태세를 조금도 늦추지 않고 있습니다.

사과는 그리스로마신화에서 『성경』에서 이르기까지 서양 문화에서는 상징적인 도구로, 그림에 자주 그려진 대상입니다. 사과는 아름다움의 극치와 사랑을 상징하기도 하지만, 지극히 얻기가 어려운 것으로 영원한 동경과 욕망의 대상을 나타냅니다.

프레드릭 레이턴 경Frederic Leighton, 1830~1896은 영국 요크셔에서 의사의 아들로 태어나 부유한 어린 시절을 보냈습니다. 어릴 때 여러 나라 특히 로마에서 거주한 경험이 화가의 삶을 사는 데 중요한 자양분이 됐습니다. 젊은 시절에 이미 영국 왕립미술원 정회원이 됐고, 19세기 빅토리아Victoria, 1819~1901 여왕 시절에 최고의 화가로 이름을 알렸습니다. 화가로서는 영국 최초로 귀족직위

ㅣ 프레드릭 레이턴 경, 〈헤스페리데스의 정원〉, 1892년, 캔버스에 유채, 지름 169cm, 리버풀 레이디레버아트갤러리

인 '남작'을 수여 받을 정도로 인정받았으나, 아카데미즘 화풍 그림의 인기가 서서히 떨어지면서 오랫동안 잊혀진 화가가 됐습니다. 그는 그리스로마 신화 및 역사를 주제로 한 고전주의 작품을 주로 그렸으며, 여인을 매력적이고 탐미적으로 화폭에 묘사했습니다.

24시간 디지털 라이프가 부른 일자목 증후군

최근에는 나이를 불문하고 일자목 증후군이라고 불리는 '거북목 증후군'을 많이 앓습니다. 목뼈가 지속적으로 압력을 받으면 거북목이나 일자목과 같은 목뼈의 변형이 발생합니다. 일자목 증후군이란 목뼈의 C자 형태가 I자 형태로 바뀌는 증상입니다. 대개 목이 어깨 중심선보다 2센티미터에서 2.5센티미터 이상 앞으로 기울면 일자목 증후군으로 봅니다.

목뼈가 I자가 되면 머리 무게가 분산되지 않아 목뼈와 목 근육에 힘이 과하게 들어가게 됩니다. 이러한 긴장 상태가 계속되면 뒤통수 아래의 신경이 머리뼈와 목뼈 사이를 누르게 되어 심한 두통을 유발하기도 하고, 어깨, 팔이 저린 증상이 지속될 수 있습니다.

한 연구 조사에 따르면 목을 15도 숙였을 때 목뼈에 12킬로그램에 달하는 압력이 가해지고, 각도가 커질수록 압력이 더 증가한다는 보고가 있습니다. 일자목 증후군을 방치하면 바로 '경추 추간판 탈출증'이라고 부르는 목 디스크가 발병할 수 있습니다.

일자목 증후군을 완치시킬 수 있는 확실한 치료법은 아직 없습니다. 다만 모든 질병에서 예방이 중요하듯이 의식적으로라도 고개를 들고 어깨를 바로 세우려 노력해야 하며, 평소에 앉아 있거나 서 있을 때 자주 스트레칭 해야 합니다. 또한 컴퓨터 작업을 오래 할 경우에는 모니터 높이를 자신의 눈높이에 맞춰 조절할 필요가 있습니다. 그리고 잠을 잘 때 베개 높이를 잘 유지하는 것도 중요합니다.

24시간 손에서 놓지 못하는 스마트폰과 같은 디지털 기기들이 현대인에게는 아틀라스가 받쳐야 할 하늘일지 모르겠습니다. 아틀라스는 제우스의 노여움을 사 벌을 받았다면, 현대인들은 사서 벌을 받고 있는 셈입니다. 너무 늦기 전에 아틀라스를 짓누르는 하늘을 잠깐씩 내려놓으시기 바랍니다.

스피츠베크 1808~1885
〈가난한 시인〉, 1837년, 캔버스에 유채 14

무리요 1617~1650
〈어린 거지〉, 1645~1650년, 캔버스에 유채 19

미에레벨트 1516~1641
〈윌렘 반 데어 메이르 박사의 해부학 수업〉, 1617년, 캔버스에 유채 35

렘브란트 1606~1669
〈니콜라스 튈프 박사의 해부학 강의〉, 1632년, 캔버스에 유채 36
〈돌아온 탕자〉, 1659~1669년경, 캔버스에 유채 126
〈웃고 있는 렘브란트〉, 1665년경, 캔버스에 유채 127
〈루크레티아〉, 1666년, 캔버스에 유채 195

리페랭스 1493~1503
〈역병 희생자를 위해 탄원하는 성 세바스티아누스〉, 1497~1499년, 패널에 유채 41

만테나 1431~1506
〈성 세바스티아누스〉, 1480년경, 캔버스에 유채 43

들로네 1828~1891
〈로마의 흑사병〉, 1869년, 패널에 유채 45

뵈클린 1827~1901
〈페스트〉, 1898년, 패널에 템페라 47
〈죽음의 섬 : 세 번째 버전〉, 1883년, 패널에 유채 48

필데스 1843~1927
〈의사〉, 1891년, 캔버스에 유채 50

실레 1890~1918
〈가족〉, 1818년, 캔버스에 유채 58
〈줄무늬 옷을 입은 에디트 실레의 초상〉, 1915년, 캔버스에 유채 62

뭉크 1863~1944
〈스페인독감을 앓은 후의 자화상〉, 1919년, 캔버스에 유채 65
〈마라의 죽음 1〉, 1907년, 캔버스에 유채 174

루소 1844~1910
〈시인에게 영감을 주는 뮤즈〉, 1909년, 캔버스에 유채 69

로랑생 1883~1956
〈예술가들〉, 1908년, 캔버스에 유채 70

브뤼헐 1525~1569
〈걸인들〉, 1568년, 패널에 유채 75
〈맹인을 이끄는 맹인〉, 1568년, 캔버스에 유채 123

크레스피 1575~1632
〈죽어가는 이 앞에 나타난 프란체스코 성인〉, 1610~1620년경, 패널에 유채 79

브록 1771~1850
〈히아킨토스의 죽음〉, 1801년, 캔버스에 유채 83

쿠르베 1819~1877
〈잠〉, 1866년, 캔버스에 유채 85
〈알프레드 브뤼야스의 초상〉, 1858년, 캔버스에 유채 160

휘슬러 1834~1903
〈흰색이 교향곡 1번, 하얀 옷을 입은 소녀〉, 1862년, 캔버스에 유채 86

로트레크 1864~1901
〈침대에서의 키스〉, 1892년, 카드보드지에 유채 87
〈빈센트 반 고흐의 초상〉, 1887년, 카드보드지에 파스텔 117
〈커피포크〉, 1884년경, 캔버스에 유채 199
〈페안 박사의 수술〉, 1891년 204
〈물랭루주에서〉, 1892~1895년, 캔버스에 유채 205
〈의료 검진〉, 1894년경, 카드보드지에 유채와 파스텔 207
〈말로메 살롱에 있는 아델 드 툴루즈 로트레크 백작부인〉, 1881~1883년, 캔버스에 유채 210

다비드 1748~1825
〈튈르리궁전 서재에 있는 나폴레옹〉, 1812년, 캔버스에 유채 91
〈나폴레옹 1세의 대관식〉, 1807년, 캔버스에 유채 99
〈마라의 죽음〉, 1793년, 캔버스에 유채 167

들라로슈 1797~1856
〈퐁텐블로의 나폴레옹 보나파르트〉, 1840년경, 캔버스에 유채 96

오라스 베르네 1789~1863
〈임종을 맞는 나폴레옹〉, 1826년, 캔버스에 유채 97

고야 1746~1828
〈디프테리아〉, 1819년, 캔버스에 유채 101

쿠퍼 1885~1957
〈병든 아이를 목 졸라 죽이는 유령의 골격〉, 1910년경, 수채화 103

쇠라 1859~1891
〈서커스〉, 1891년, 캔버스에 유채 105
〈분첩을 가지고 화장하는 여인〉, 1889~1890년, 캔버스에 유채 106

시코토 1868~1921
〈기도 삽관〉, 1904년, 캔버스에 유채 107

앙케 1859~1935
〈예방접종〉, 1889년, 캔버스에 유채 108

드가 1834~1917
〈압생트 한 잔〉, 1875~1876년, 캔버스에 유채 113

고흐 1853~1890
〈별이 빛나는 밤에〉, 1889년, 캔버스에 유채 119
〈의사 펠릭스 레이의 초상〉, 1889년, 캔버스에 유채 154
〈가셰 박사의 초상〉, 1890년, 캔버스에 유채 159
〈가셰 박사의 초상〉, 1890년, 캔버스에 유채 163
〈파이프를 문 가셰〉, 1890년, 종이에 에칭 165

와츠 1817~1904
〈희망〉, 1886년, 캔버스에 유채 129

푸젤리 1741~1825
〈악몽〉, 1790~1791년, 캔버스에 유채 131
〈악몽〉, 1781년, 캔버스에 유채 133
〈몽유병에 걸린 멕베스 부인〉, 1784년, 캔버스에 유채 136

루이스 1804~1876
〈시에스타〉, 1876년, 캔버스에 유채 138

보스 1450~1516
〈우석 제거〉, 1494년, 패널에 유채 140
〈유혹의 3매화〉, 1505~1506년, 캔버스에 유채 144

새턴 1810~1885
〈조지 워싱턴의 죽음〉, 1851년, 캔버스에 유채 142

호가스 1697~1764
〈유행에 따른 계약결혼 연작 중 3편〉, 1743년, 캔버스에 유채 148

다우 1613~1675
〈돌팔이 의사〉, 1652년, 캔버스에 유채 151
〈죽 먹는 여자〉, 1632~1637년, 캔버스에 유채 152

들라크루아 1798~1877
〈정신 병동에 갇힌 티소〉, 1839년, 캔버스에 유채 160
〈격노한 메데이아〉, 1838년, 캔버스에 유채 339

가셰 1828~1909
〈파이프를 문 가셰〉, 1890년, 종이에 에칭 165

라파엘로 1483~1520
〈십자가에서 내려지는 그리스도〉, 1507년, 패널에 유채 170

보드리 1828~1886
〈샤를로트 코르데〉, 1860년, 캔버스에 유채 172

라 투르 1593~1652
〈카드놀이에서 사기 도박꾼(루브르박물관)〉, 1635년경, 캔버스에 유채 177
〈카드놀이에서 사기 도박꾼(킴벨미술관)〉, 1630~1634년경, 캔버스에 유채 180

페로프 1833~1882
〈도스토옙스키의 초상화〉, 1872년, 캔버스에 유채 182

메소니에 1815~1891
〈카드 게임의 끝〉, 1865년, 패널에 유채 184

세잔 1839~1906
〈카드놀이 하는 사람들〉, 1890년, 캔버스에 유채 187

뷜랑 1852~1926
〈도박장〉, 1883년, 캔버스에 유채 189

티치아노 1488~1576
〈타르퀴니우스와 루크레티아〉, 1570년경, 캔버스에 유채 191
〈신성로마제국 황제 카를 5세의 초상〉, 1548년, 캔버스에 유채 288

젠틸레스키 1593~1652
〈루크레티아〉, 1621년, 캔버스에 유채 194
〈수산나와 두 노인〉, 1610년, 캔버스에 유채 378
〈홀로페르네스의 목을 베는 유디트〉, 1614~1620년, 캔버스에 유채 379

앵그르 1780~1867
〈안젤리카를 구하는 로제〉, 1819~1839년, 캔버스에 유채 214
〈스핑크스의 수수께끼를 푸는 오이디푸스〉, 1808년, 캔버스에 유채 325

우드 1891~1942
〈아메리칸 고딕〉, 1930년, 비버보드에 유채 220

카라바조 1573~1610
〈병든 바쿠스〉, 1593년경, 캔버스에 유채 225
〈바쿠스〉, 1595년경, 캔버스에 유채 228
〈나르키소스〉, 1597~1599년, 캔버스에 유채 327

레니 1575~1642
〈술 마시는 바쿠스〉, 1623년경, 캔버스에 유채 229
〈클레오파트라의 죽음〉, 1621~1626년경, 캔버스에 유채 233
〈수산나와 두 노인〉, 1620~1625년, 캔버스에 유채 376

아서 1871~1934
〈클레오파트라의 죽음〉, 1892년, 캔버스에 유채 239
카바넬 1823~1889
〈사형수들에게 독약을 시험하는 클레오파트라〉, 1887년, 캔버스에 유채 241
〈에코〉, 1874년, 캔버스에 유채 359

리베라 1591~1652
〈안짱다리 소년〉, 1642년, 캔버스에 유채 ······ 245
〈프로메테우스〉, 1630년경, 캔버스에 유채 ······ 393

모르 1517~1576
〈개와 함께 있는 그랑벨 주교의 난쟁이〉, 16세기, 캔버스에 유채 ······ 248

벨라스케스 1599~1660
〈궁정 난쟁이 세바스찬 데 모라의 초상〉, 1645년경, 캔버스에 유채 ······ 250

미에리스 1635~1681
〈의사의 방문〉, 1667년, 패널에 유채 ······ 255

스텐 1626~1679
〈의사의 방문〉, 1658~1662년, 패널에 유채 ······ 259
〈상사병〉, 1650년경, 캔버스에 유채 ······ 260

팔마롤리 1834~1896
〈상사병〉, 제작 연도 미상, 캔버스에 유채 ······ 262

시라니 1638~1665
〈베아트리체 첸치의 초상〉, 1650년경, 캔버스에 유채 ······ 265

레오나르디 1800~1870
〈감옥에 갇힌 베아트리체 첸치의 초상화를 그리는 귀도 레니〉, 1850년, 캔버스에 유채 ······ 270

지오토 1267~1337
〈성 프란체스코의 죽음〉, 1325년, 프레스코 ······ 272

미켈란젤로 1475~1564
〈다비드〉, 1501~1504년, 대리석 ······ 273

다 빈치 1452~1519
〈리타의 성모〉, 1490년경, 캔버스에 템페라 ······ 275
〈자궁 속 태아 연구〉, 1510~1513년경, 소묘 ······ 277

루벤스 1577~1640
〈시몬과 페로(로마인의 자비)〉, 1630년경, 캔버스에 유채 ······ 280
〈사슬에 묶인 프로메테우스〉, 1612년경, 캔버스에 유채 ······ 397

길레이 1756~1815
〈통풍〉, 1799년, 에칭 후 채색 283
〈나폴레옹 풍자화〉, 1803년, 에칭 후 채색 285
〈통풍을 위한 펀치〉, 1799년, 에칭 후 채색 293

빌 1632~1699
〈토머스 시드넘의 초상화〉, 1688년, 캔버스에 유채 286

반 에이크 1390~1441
〈참사위원 요리스 반 데르 파엘레와 함께 있는 성모자〉, 1436년, 패널에 유채 295

모로 1826~1898
〈오이디푸스와 스핑크스〉, 1864년, 캔버스에 유채 315
〈이아손과 메데이아〉, 1865년, 캔버스에 유채 344
〈프로메테우스〉, 1868년, 캔버스에 유채 399

야라베르 1819~1901
〈테베의 대역병〉, 1842년, 캔버스에 유채 320

지루스트 1753~1817
〈콜로노스의 오이디푸스〉, 1788년, 캔버스에 유채 323

벤츄르 1844~1920
〈나르키소스〉, 1881년, 캔버스에 유채 330

푸생 1594~1665
〈에코와 나르키소스〉, 1629년경, 캔버스에 유채 333

포이어바흐 1829~1880
〈고민 중인 메데이아〉, 1873년, 캔버스에 유채 337

모테 1809~1897
〈메데이아〉, 19세기경, 캔버스에 유채 341

티소 1836~1902
〈유다의 자살〉, 1890년, 회색 종이에 불투명 수채화 347

월리스 1830~1916
〈채터턴의 죽음〉, 1856년, 캔버스에 유채 351

마네 1832~1883
〈자살〉, 1877~1881년, 캔버스에 유채 ······ 355
〈팔레트를 든 자화상〉, 1879년, 캔버스에 유채 ······ 356

헤드 1753~1800
〈나르키소스를 떠나 날아오르는 에코〉, 1798년, 캔버스에 유채 ······ 363

워터하우스 1849~1917
〈에코와 나르키소스〉, 1903년, 캔버스에 유채 ······ 366
〈잠과 그의 형제 죽음〉, 1874년, 캔버스에 유채 ······ 383

콜리에 1850~1934
〈고다이바 부인〉, 1897년, 캔버스에 유채 ······ 369

틴토레토 1579~1594
〈수산나와 두 노인〉, 1555~1556년, 캔버스에 유채 ······ 373

트리오종 1767~1834
〈엔디미온의 잠〉, 1793년, 캔버스에 유채 ······ 386

게렝 1774~1833
〈모르페우스와 이리스〉, 1811년, 캔버스에 유채 ······ 389

우아스 1645~1710
〈이리스가 다가오자 잠에서 깨는 모르페우스〉, 1690년, 캔버스에 유채 ······ 391

사전트 1856~1925
〈아틀라스와 헤스페리데스〉, 1922~1925년경, 캔버스에 유채 ······ 401
〈마담 X〉, 1883~1884년, 캔버스에 유채 ······ 403

크라나흐 1472~1553
〈헤라클레스와 아틀라스〉, 1537년경, 패널에 유채 ······ 407
〈마틴 루터〉, 1532년경, 패널에 유채 ······ 408

레이턴 1830~1896
〈헤스페리데스의 정원〉, 1892년, 캔버스에 유채 ······ 410

작자 미상
〈존 배니스터의 해부대〉, 1580년경 ······ 31
〈덴마크에서 온 앤 왕비의 초상화〉, 1628~1644년, 캔버스에 유채 ······ 222

인명 찾아보기

| 가·나·다 |

가브리엘 Gabriel Tapie de Celeyran 203
가셰 Paul-Ferdinand Gachet 154
간디 Mahatma Gandhi 78
게랭 Pierre-Narcisse Baron Guerin 388
게임스 Abram Games 26
고야 Francisco de Goya 100,286
고트로 Madame Pierre Gautrea 403
고흐 Vincent van Gogh 66, 112, 116, 154, 201
괴테 Johann Wolfgang von Goethe 257, 350
굿페스쳐 Ernest William Goodpasture 72
그라시 Giovanni Battista Grassi 27
그레이트릭스 Valentine Greatrix or Greatrakes 142
길레이 James Gillray 285
김소월 257
나폴레옹 Napoleon Bonaparte 20, 90, 285
네케 Paul Nacke 329
다비드 Jacques Louis David 90, 169, 286, 360
다 빈치 Leonardo da Vinci 89, 143, 201, 276
다우 Gerrit Dou 150
달리 Salvador Dali 132, 145
당통 Georges Jacques Danton 168
도스토옙스키 Fyodor Mikhailovich Dostoevskii 181
뒤러 Albrecht Durer 408
뒤르켐 Emile Durkheim 349
드가 Edgar De Gas 112
들라로슈 Paul Delaroche 96
들라크루아 Eugene Delacroix 160, 340, 388
들로네 Jules Elie Delaunay 44

| 라·마 |

라 투르 Georges de La Tour 179
라르센 Tulla Larsen 174
라베랑 Charles Louis Alphonse Laveran 27
라캉 Jacques Lacan 381
라파엘로 Raffaello Sanzio 170, 334
라흐마니노프 Sergei Rachmaninoff 48
랭보 Arthur Rimbaud 89, 112
레니 Guido Reni 229, 236, 376
레오나르디 Achille Leonardi 269
레이 Dr. Felix Rey 154
레이놀즈 Joshua Reynolds 132
레이턴 Frederic Leighton 409
레인 Theodore Lane 292
렘브란트 Rembrandt van Rijn 36, 125, 152, 190, 195, 224, 334
로랑생 Marie Laurencin 68
로베스피에르 Maximilien Fran ois Marie Isidore de Robespierre 168
로스코 Mark Rothko 264
로트레크 Henri de Toulouse Lautrec 87, 116, 200
롤랜드슨 Thomas Rowlandson 22

루벤스 Pieter Paul Rubens ······ 279, 334, 396
루소 Henri Rousseau ······ 68
루이 14세 Louis XIV ······ 33
루이 18세 Louis XVIII ······ 217
루터 Martin Luther ······ 408
르냉 형제 Antoine Louise et Mathieu Le Nain ······ 186
르누아르 Pierre-Auguste Renoir ······ 186
르베이 Simon LeVay ······ 88
리베라 Jusepe de Ribera ······ 246, 392
리페랭스 Josse Lieferinxe ······ 42
마네 Edouard Manet ······ 115, 355
마라 Jean-Paul Marat ······ 166
마르게니 Graziella Magherini ······ 268
마르크스 Karl Heinrich Marx ······ 94
마티스 Henri Matisse ······ 70, 186
막시밀리안 1세 Maximilian Ⅰ ······ 288
말리노프스키 Bronislaw Kasper Malinowski ······ 325
맥닐 William H. Mcneill ······ 49
메르카토르 Gerardus Mercator ······ 404
메소니에 Jean-Louis Ernest Meissonier ······ 183
모네 Claude Monet ······ 158, 186, 403
모로 Gustave Moreau ······ 316, 396
모르 Anthonis Mor ······ 248
모차르트 Wolfgang Amadeus Mozart ······ 94, 209
모테 Victor Mottez ······ 341
무리요 Bartolome Esteban Murrillo ······ 18
몽테스키외 Charles-Louis de Secondat ······ 352
뭉크 Edvard Munch ······ 65, 173
미에리스 Frans van Mieris the Elder ······ 258
미에레벨트 Michiel Jansz van Mierevelt ······ 35
미켈란젤로 Michelangelo Buonarroti ······ 89, 272, 374

| 바·사 |

반 다이크 Anthony Van Dyck ······ 149
반 에이크 Jan van Eyck ······ 229
배니스터 John Banister ······ 32
베로네세 Veronese ······ 374
베르나르 Tristan Bernard ······ 211
베르네 Horace Vernet ······ 97
베링 Emil von Behring ······ 109
베살리우스 Andreas Vesalius ······ 37
베이 Khalil-Bey ······ 86
베이컨 Francis Bacon ······ 89
벤츄르 Gyula Benczur ······ 330
벨라스케스 Diego Velazquez ······ 224, 250
보드리 Paul Jacques Aimé Baudry ······ 171
보들레르 Charles Pierre Baudelaire ······ 158
보스 Hermann Voss ······ 180
보스 Hieronymus Bosch ······ 143
보일 Robert Boyle ······ 142
볼테라노 Il Volterrano ······ 272
뵈클린 Arnold Bocklin ······ 47
뷜랑 Jean-Eugene Buland ······ 189
브라크 Georges Braque ······ 71
브록 Jean Broc ······ 84
브뤼헐 Pieter Bruegel ······ 76, 122, 144
브뤼야스 Alfred Bruyas ······ 160
블라맹크 Maurice de Vlaminck ······ 70
블레이크 William Blake ······ 134
비야르 Edouard Vuillard ······ 207
빅토리아 여왕 Victoria ······ 365, 409
사이드 Edward W. Said ······ 243
사전트 John Singer Sargent ······ 402
새턴 Junius Brutus Stearns ······ 142
샤를로트 코르데 Marie-Anne Charlotte de Corday d' Armont ······ 169
서정주 ······ 74
세바스티아누스 Sebastianus ······ 43

세잔 Paul Cezanne ··· 158, 186
셰익스피어 William Shakespeare ··· 135, 149, 196, 239, 366
소쉬르 Raymond de Saussure ··· 321
소크라테스 Socrates ··· 242
소포클레스 Sophocles ··· 316
쇠라 Georges-Pierre Seurat ··· 104
스위프트 Jonathan Swift ··· 249
스탈린 Joseph Stalin ··· 332
스탕달 Stendhal ··· 268
스텐 Jan Steen ··· 259
스피츠베크 Carl Spitzweg ··· 16
시드넘 Thomas Sydenham ··· 286
시라니 Elisabetta Sirani ··· 269
시코토 Georges Chicotot ··· 107
실레 Egon Schiele ··· 69

| 아·자·차 |

아델 Marie Marquette Zoe Adele Tapie de Celeyran ··· 200
아르토 Antonin Artaud ··· 156
아서 Reginald Arthur ··· 239
아폴리네르 Guillaume Apollinaire ··· 68
안토니우스 Marcus Antonius ··· 232
안토마르치 Francois Carlo Antommarchi ··· 98
알퐁스 Alphonse Charlers de Toulouse-Lautrec-Montfa ··· 200
앙케 Anna Anche ··· 108
앤 왕비 Anne of Denmark ··· 222
앵그르 Jean Auguste Dominique Ingres ··· 217, 325, 360
야라베르 Charles Francois Jalabert ··· 319
에를리히 Paul Ehrlich ··· 209
에우리피데스 Euripides ··· 341
에인 Michael Ain ··· 253
엘리스 Havelock Ellis ··· 329
오바마 Barack Obama ··· 129
옥타비아누스 Octavianus Gaius Julius caesar ··· 235
와일드 Oscar Wilde ··· 89
와츠 George Frederic Watts ··· 128
와토 Jean-Antoine Watteau ··· 201
우드 Grant Wood ··· 219
우아스 Rene-Antoine Houasse ··· 391
워싱턴 George Washington ··· 94, 142
워즈워스 William Wordsworth ··· 353
워터하우스 John William Waterhouse ··· 365, 384
월리스 Henry Wallis ··· 354
위고 Victor Hugo ··· 158
유다 Judas Iscariot ··· 346
윤동주 ··· 331
융 Carl Gustav Jung ··· 134
이사벨라 1세 Isabel I de Castilla ··· 288
이중섭 ··· 106
일리자로프 Gavriil Ilizarov ··· 252
제너 Edward Jenner ··· 109
제르튀르너 Friedrich Serturner ··· 388
제이콥스 John W. Jacobs ··· 343
제임스 1세 James I ··· 222
젠틸레스키 Artemisia Gentileschi ··· 193, 378
졸라 Emile Zola ··· 112, 356
지루스트 Jean-Antoine-Theodore Giroust ··· 322
지오토 Giotto di Bondone ··· 372
차이콥스키 Peter I. Chaikovskii ··· 89
찰스 1세 Charles I ··· 222
채터턴 Thomas Chatterton ··· 351
처칠 Winston Churchill ··· 231

| 카·타 |

카라바조 Michelangelo da Caravaggio ··· 193, 224, 269, 326, 395

카를 5세 Karl V ······ 248, 288
카뮈 Albert Camus ······ 49
카바넬 Alexandre Cabanel ······ 241, 360
카사트 Mary Cassatt ······ 305
카이사르 Gaius Julius Caesar ······ 232
케플러 Johannes Kepler ······ 296
콜럼버스 Christopher Columbus ······ 209
콜리에 John Collier ······ 370
쿠르베 Jean-Desire Gustave Courbet ······ 85, 160
쿠퍼 Richard Tennant Cooper ······ 104
퀴리 Pierre Curie ······ 364
크노블로흐 Madeleine Knobloch ······ 106
크라나흐 Lucas Cranach ······ 406
크레스피 Giovanni Battista Crespi ······ 80
크롬웰 Oliver Cromwell ······ 222
클레오파트라 Cleopatra VII ······ 232
클림트 Gustav Klimt ······ 62
키츠 John Keats ······ 353
타시 Agostino Tassi ······ 194, 379
테르부쉬 Anna Dorothea Therbusch ······ 302
테이트 경 Sir Henry Tate ······ 52
튈프 Nicolaes Tulp ······ 36
튜더 Mary Tudor ······ 248
트리오종 Anne Louis Girodet Trioson ······ 385
티소 James Tissot ······ 346
티치아노 Tiziano ······ 190, 289, 334, 374
틴토레토 Tintoretto ······ 374

| 파·하 |

파스칼 Blaise Pascal ······ 232
팔마롤리 Vincente Palmaroli ······ 262
페로프 Vasily Perov ······ 182
페르디난도 2세 Ferdinando II de' Medici ······ 288
페스팅거 Leon Festinger ······ 335
페안 Jules-Emile Pean ······ 203
펠리페 2세 Felipe II ······ 289
펠리페 4세 Philip IV ······ 251
포슈버드 Sten Forshufvud ······ 98
포이어바흐 Anselm Feuerbach ······ 336
푸생 Nicolas Poussin ······ 334
푸젤리 Henry Fuseli ······ 132
푸코 Leon Foucault ······ 30
프란체스코 Francesco ······ 78
프랑수아 펠릭스 Charles-Francois Felix ······ 34
프랜시스 주니어 Thomas Francis Jr ······ 72
프레데르크 2세 Frederick II ······ 222
프로이트 Sigmund Freud ······ 132, 181, 314, 329
프루스트 Marcel Proust ······ 89
플레밍 Alexander Fleming ······ 53
플로어 Sir John Floyer ······ 56
플루타르코스 Plutarchos ······ 239
피사로 Camille Pissarro ······ 158, 186
피카소 Pablo Picasso ······ 54, 68, 112, 162, 186
필데스 Luke Fildes ······ 50
필리프 4세 Philippe ······ 93
한센 Gerhard Henrik Armauer Hansen ······ 81
황현 黃玹 ······ 309
헤드 Guy Head ······ 362
헤밍웨이 Ernest Hemingway ······ 112
호가스 William Hogarth ······ 147
홀바인 Hans Holbein the Younger ······ 408
휘슬러 James Abbott McNeill Whistler ······ 86
히틀러 Adolf Hitler ······ 48, 90, 127, 332
히퍼넌 Joanna Hiffernan ······ 86

미술관에 간 의학자

(개정증보판)

초판 1쇄 발행 | 2024년 9월 5일

지은이 | 박광혁
펴낸이 | 이원범
기획 · 편집 | 김은숙
마케팅 | 안오영
표지 및 본문 디자인 | 강선욱

펴낸곳 | 어바웃어북 about a book
출판등록 | 2010년 12월 24일 제2010-000377호
주소 | 서울시 강서구 마곡중앙로 161-8 C동 1002호(마곡동, 두산더랜드파크)
전화 | (편집팀) 070-4232-6071 (영업팀) 070-4233-6070
팩스 | 02-335-6078

ISBN | 979-11-92229-43-0 03470